等离子体合成射流
流动控制

宗豪华 吴 云 李金平 著

科学出版社

北京

内 容 简 介

等离子体合成射流激励器是唯一兼具高频（>10 kHz）、高速（>500 m/s）、零净质量流量三个特征的主动流动控制激励器，在航空航天和能源动力领域应用前景广阔。本书系统地介绍了空军工程大学团队在过去十多年取得的研究进展，共分为6章，包含激励特性、理论模型和流动调控三大部分。本书力求将理论性和实践性相融合，先通过严谨的数学公式推导得出等离子体合成射流激励器的重频解析模型，再通过综合实验测试诊断验证理论预测、总结出能够指导激励器设计的均一化无量纲规律。

本书可作为航空宇航或流体力学专业研究生参考书，也可作为流动控制领域研究人员的参考文献。

图书在版编目（CIP）数据

等离子体合成射流流动控制 / 宗豪华，吴云，李金平著. -- 北京：科学出版社，2025.4. -- ISBN 978-7-03-081639-9

Ⅰ.O53

中国国家版本馆 CIP 数据核字第 20254JX201 号

责任编辑：徐杨峰　霍明亮 / 责任校对：谭宏宇
责任印制：黄晓鸣 / 封面设计：义和文创

科学出版社 出版
北京东黄城根北街16号
邮政编码：100717
http://www.sciencep.com

南京展望文化发展有限公司排版
苏州市越洋印刷有限公司印刷
科学出版社发行　各地新华书店经销

*

2025年4月第 一 版　开本：B5（720×1000）
2025年4月第一次印刷　印张：15
字数：289 000
定价：130.00元
（如有印装质量问题，我社负责调换）

前 言

在航空航天领域,随着飞行器速域、空域和流域的不断拓展,传统的气动外形优化设计已经难以满足宽广包线高效飞行的需求。主动流动控制技术通过在流场中引入局部扰动来改变宏观绕流特性,在飞行器增升减阻、发动机扩稳增效等方面有着广阔的应用前景。美国国防部高级研究计划局在2020年正式启动了主动流动控制飞行器研究计划项目,其目的是将主动流动控制作为核心技术融入飞行器设计,以发展下一代革命性飞行器,验证机代号为X-65。工欲善其事,必先利其器。流动控制技术的本质是激励诱导扰动与外界气流的相互抗衡。因此,发展高效能高强度的激励手段,以适应日益复杂的飞行环境,是该领域的研究重点。在此背景下,等离子体合成射流激励器在2003年正式诞生。它作为等离子体激励器中的后起之秀,是唯一一个将结构简单、频响高、速度快三个优点结合在一起的激励器。

经过多年的发展,该项技术已经从最初的原理验证走向了超声速激波调控应用。本书系统阐述了作者团队在过去10年取得的研究进展。内容总体可以分为三大部分,分别对应等离子体合成射流激励特性、理论模型及流动控制应用。通过大量的高分辨实验所获得的合成射流生成演化机制和横流诱导涡结构,能够为读者提供一个全面而深入的激励器工作机理认知,为相关领域的研究人员和工程师提供实用的参考。

本书前两章由李金平撰写。其中,第1章为绪论,主要介绍等离子体合成射流的发展历程和基本工作原理,对国内外有代表性的研究进展进行回顾,勾勒出本书的逻辑思路;第2章为研究方法概述,总结本书后续章节中所使用的通用测量仪器设备和数据处理方法。

第3、4章由宗豪华撰写,分别对应激励特性和理论模型两大板块。激励特性回答了"等离子体合成射流能够产生哪些扰动""每项扰动的演化规律遵循哪些无量纲特征""这些特征又受制于哪些激励参数"三个问题。理论模型则围绕如何预测激励器性能这一核心,对等离子体合成射流的三阶段重频工作过程和能量转换过程进行详细的数学推导。该模型可用于指导激励器几何结构优化设计,解决激励器高频哑火问题和能量效率低下问题。

最后两章由吴云撰写。其中，第5章偏向于基础的作用机理研究，主要从涡动力学和湍流统计分析的角度介绍等离子体合成射流与湍流边界层的动态作用过程，其亮点是得到了复杂三维涡系结构的交联过程，澄清了以往研究对于射流/横流干扰过程的模糊认知；第6章则为实际的流动控制应用，分别选取低速翼型前缘分离和超声速激波/边界层干扰这两种典型场景作为测试对象，验证了激励器的控制能力。

在撰写过程中，我们力求将复杂的科学原理以通俗易懂的方式呈现，同时兼顾学术严谨性与工程实用性。希望无论是刚刚踏入这一领域的研究生，还是已经从业多年的研究人员，都能从本书中找到有价值的内容。我们相信，经过不断地研究积累，等离子体合成射流流动控制技术将在未来的高超声速飞行时代有着更广泛的应用。

最后，衷心感谢参与本书编写和校对工作的其他课题组成员（方子淇、陈杰、尹玥茗、相嘉伟、魏智稳等）。特别感谢国家自然科学基金委员会和其他部委对本研究的资助，以及科学出版社编辑团队的专业指导与辛勤付出。

由于作者水平有限，书中难免存在不足之处，恳请广大读者批评指正。

作者

2024年10月

符号说明

A. 拉丁字符

符　　号	意　　义
A_b	回流面积
A_e	射流出孔面积
A_r	再循环区域面积
A_s	分离区面积
c	翼型弦长
c_f	表面摩擦阻力系数
c_p	定压比热容
c_v	定容比热容
C_1	储能电容量
C_d	阻力系数
C_l	升力系数
C_μ	吹气动量系数
D	出口孔直径
D_c	射流占空比
D_v	涡环直径
E_c	电容器能量

续 表

符 号	意 义
E_{cm}	射流总机械能
E_d	放电能量
E_{diss}	对流和辐射引起的散热
E_{ex}	质量交换引起的热交换
E_g	理想气体内能
E_h	局部气体加热能
$E_{h,uniform}$	等效均匀加热能量
E_m	射流机械能
E_{total}	电源提供的总电能
f^*	无量纲放电/激励频率
f_d	放电频率
f_h	亥姆霍兹自然共振频率
F_p	时均推力
$\bar{G}_e$	纹影图像出口喷流的归一化灰度值
h_c	对流换热系数
H	边界层形状因子
i,j,k	空间坐标(x,y,z)的下标表示
i_d	瞬时放电电流
I_{cp}	累积冲量
I_p	射流冲量
I_p^*	无量纲射流冲量
k_{abs}	陶瓷壳的吸收率
k_{emi}	腔内气体的发射率

续 表

符 号	意 义
k_{xy}	xy 平面上的湍动能
k_τ	归一化壁面剪切力
L_e	喷射长度
L_I	相互作用长度
L_p	射流穿透长度
L_s	冲程
L_s^*	无量纲冲程/冲程比
L_{sep}	无量纲分离长度
L_{th}	激励器喉部长度
M	放大比
M_{ce}	累积质量流量
M_e	排出气体质量
M_e^*	无量纲排出气体质量
Ma_e	射流出口马赫数
Ma_p	射流峰值马赫数
Ma_∞	自由流马赫数
n	折射率
N	样本量
N_c	循环数
p_s	回流概率
P_0	环境压力
P_d	放电功率
Q_{ent}	射流携带的质量流量

续 表

符 号	意 义
r	径向坐标或射流速度比
R	气体常数
R_w	热线电阻
Re	雷诺数
s_a	激励器展向间距
S_c	射流的横截面积
S_{in}	腔体内表面积
S_k	斯托克斯数
Sr	射流扩散速率
St	斯特劳哈尔数
t	物理时间/射流相位
t^*	无量纲时间单位
T_0	环境温度
T_{ca}	腔体平均温度
T_{dis}	电弧放电持续时间
T_d	循环周期
T_h	亥姆霍兹自然振荡周期
T_{jet}	主射流段持续时间
u	瞬时速度
$\tilde{u}$	周期脉动速度
u'	随机脉动速度
u_d	瞬时放电电压
u_t	瞬时触发电压
u_τ	摩擦速度

续 表

符 号	意 义
$\overline{u_i u_j}$	雷诺应力
$\overline{U}$	时均速度
$\overline{U}_c$	时均射流中心线速度
U_e	空间平均射流出口速度
U_p	射流出口峰值速度
U_s	吸气速度
U_v	头部涡环传播速度
U_∞	自由流速度
V_1	储能电容器初始电压
V_{ca}	腔体体积
V_p	射流穿透率
w_h	最大半宽度
W	周期功
x	流向/轴向坐标
y	壁法向坐标
z	展向坐标

B. 希腊字符

符 号	意 义
α	攻角
α_{ent}	射流夹带系数
γ	气体比热比
Γ	涡环环量
δ^*	边界层位移厚度

续 表

符　号	意　义
δ_{99}	边界层厚度
δ_U	速度测量不确定度
δ_ν	黏性长度标度
$\Delta\alpha$	光偏转角
ε	无量纲能量沉积
ε_T	温度比
η_c	实际热力循环效率
$\eta_{c,\text{ideal}}$	理想热力循环效率
η_d	排气效率
η_h	气体加热效率
$\eta_{h,\text{uniform}}$	等效均匀加热效率
η_m	机电效率
η_p	能量节省比
η_t	总效率
η_{transfer}	传递效率
θ	边界层动量厚度
κ	冯·卡门常数
ν	运动黏度
ρ_0	环境密度
ρ_{ca}	空间平均的腔内气体密度
ρ_e	空间平均的射流出口密度
σ	斯蒂芬·玻尔兹曼常数
σ_U	速度标准差

续 表

符 号	意 义
τ_f	流动特性时间
τ_p	粒子响应时间
τ_w	壁面切应力
φ	互相关系数
ω	涡量

C. 缩略语

符 号	意 义
AFC	主动流动控制
CCD	电荷耦合器件
CVP	对转涡对
DC	直流电
DNS	直接数值模拟
EMI	电磁干扰
FOV	视场
FVR	头部涡环
FWHM	最大半宽度
HFSB	充氦肥皂泡
HV	发夹涡
JICF	横流中的射流
K-H	开尔文-亥姆霍兹
LES	大涡模拟
NACA	美国国家航空咨询委员会
PIV	粒子成像测速

续表

符号	意义
PSJ	等离子体合成射流
PSJA	等离子体合成射流激励器
PSJICF	横流中的等离子体合成射流
PTU	可编程定时单元
RMS	均方根
SDBDA	表面介质阻挡放电激励器
SJA	合成射流激励器
SVR	拉伸涡环
SWBLI	激波/边界层相互作用
TBL	湍流边界层
TDVR	扭曲涡环
TKE	湍动能
ZNMF	零质量流量

目　录

第1章　绪　　论

1.1　主动流动控制和激励器 …… 001
1.2　等离子体合成射流激励器 …… 003
　　1.2.1　发展历程 …… 003
　　1.2.2　几何结构和放电电路 …… 004
　　1.2.3　工作原理 …… 006
1.3　国内外研究现状 …… 006
　　1.3.1　放电参数对激励特性影响 …… 007
　　1.3.2　几何参数和环境参数对激励特性影响 …… 009
　　1.3.3　流动控制应用 …… 009
1.4　亟待解决的问题和本书内容框架 …… 011
参考文献 …… 012

第2章　激励系统设计与测试诊断方法

2.1　引言 …… 016
2.2　激励器 …… 016
2.3　放电电路 …… 018
　　2.3.1　单通道电弧放电 …… 018
　　2.3.2　多通道电弧放电 …… 019
2.4　测试诊断系统 …… 021
　　2.4.1　射流总压测量 …… 021
　　2.4.2　高速纹影系统 …… 022
　　2.4.3　热线风速仪 …… 023
　　2.4.4　PIV 系统 …… 023

2.5 数据处理方法 ·· 025
　　2.5.1 基于时均总压的射流冲量评估方法 ·· 025
　　2.5.2 基于纹影图像的射流速度、持续时间和面积评估方法
　　　　　··· 026
　　2.5.3 基于PIV数据的射流流量、动量和动能评估方法 ········· 027
　　2.5.4 PIV测量不确定性分析 ·· 029
参考文献 ·· 031

第3章　等离子体合成射流激励特性

3.1 引言 ·· 033
3.2 电容能量影响 ·· 033
　　3.2.1 实验装置 ·· 033
　　3.2.2 纹影流场演化 ·· 035
　　3.2.3 射流速度、持续时间和影响面积 ···································· 037
3.3 激励频率影响 ·· 039
　　3.3.1 实验装置 ·· 039
　　3.3.2 锁相平均流场分析 ··· 041
　　3.3.3 时均流场分析 ·· 049
　　3.3.4 瞬态工作过程分析 ··· 052
3.4 射流孔径影响 ·· 054
　　3.4.1 实验装置 ·· 054
　　3.4.2 高速纹影成像结果 ··· 055
　　3.4.3 锁相平均PIV流场 ··· 058
　　3.4.4 冲击波强度 ·· 061
　　3.4.5 出口速度 ·· 063
3.5 射流孔型影响 ·· 069
　　3.5.1 实验装置 ·· 069
　　3.5.2 高速纹影成像结果 ··· 072
　　3.5.3 锁相平均PIV流场 ··· 072
　　3.5.4 穿透深度和出口速度 ··· 080
3.6 电极间距和腔体体积影响 ·· 081
　　3.6.1 实验装置 ·· 081
　　3.6.2 射流出口速度和机电效率 ·· 083
3.7 本章小结 ··· 086

参考文献 ··· 087

第4章　等离子体合成射流理论模型

4.1　引言 ··· 089
4.2　重频解析理论模型 ··· 089
　　4.2.1　实验装置 ··· 089
　　4.2.2　传热过程分析 ··· 091
　　4.2.3　理论模型建立 ··· 093
　　4.2.4　模型性能验证 ··· 097
　　4.2.5　重频工作时的腔内温度和射流总压 ························ 099
　　4.2.6　重频工作时的脉冲射流强度 ································ 102
4.3　多层级能量转化效率模型 ··· 105
　　4.3.1　实验装置 ··· 105
　　4.3.2　能量转化过程分析 ·· 106
　　4.3.3　放电效率 ··· 108
　　4.3.4　热力循环效率 ··· 110
　　4.3.5　等效均匀加热效率 ·· 113
　　4.3.6　激励器总能量效率优化 ······································· 116
4.4　本章小结 ·· 117
参考文献 ··· 118

第5章　等离子体合成射流调控湍流边界层

5.1　引言 ··· 119
5.2　单脉冲射流与边界层的相互作用 ····································· 119
　　5.2.1　实验装置 ··· 119
　　5.2.2　PIV数据验证 ··· 122
　　5.2.3　锁相平均流场 ··· 124
　　5.2.4　湍动能 ·· 134
5.3　射流孔型的影响 ··· 138
　　5.3.1　实验装置 ··· 138
　　5.3.2　圆孔和狭缝孔射流所诱导的三维涡系 ···················· 139
　　5.3.3　边界层形状因子 ·· 144

5.4 射流速度比影响 ··· 145
　5.4.1 测量方案 ·· 145
　5.4.2 等离子体合成射流的形成演化特性 ······················ 148
　5.4.3 高射流速度比时的边界层响应($r=1.6$) ··············· 151
　5.4.4 低射流速度比时的边界层响应($r=0.7$) ··············· 162
　5.4.5 流动拓扑 ·· 166
5.5 本章小结 ·· 168
参考文献 ··· 168

第6章　等离子体合成射流抑制流动分离

6.1 引言 ··· 172
6.2 低速翼型前缘流动分离 ··· 172
　6.2.1 实验装置 ·· 172
　6.2.2 天平测力结果 ··· 176
　6.2.3 翼型基准流场 ··· 178
　6.2.4 失速攻角下的控制结果($\alpha=15.5°$) ················ 179
　6.2.5 深度失速下的控制结果($\alpha=22°$) ·················· 184
6.3 低速翼型后缘流动分离 ··· 189
　6.3.1 实验装置 ·· 189
　6.3.2 开环控制结果 ··· 194
　6.3.3 基于 Q-learning 的闭环控制 ··························· 198
　6.3.4 调控机理分析 ··· 209
6.4 超声速激波/边界层干扰诱导流动分离 ·························· 212
　6.4.1 实验装置 ·· 212
　6.4.2 锁相平均纹影结果 ··· 214
　6.4.3 PIV 测量结果与分析 ······································ 215
6.5 本章小结 ·· 219
参考文献 ··· 220

第 1 章
绪 论

1.1 主动流动控制和激励器

1904 年,普朗特在德国海德堡举行的第三届国际数学家大会上做了题为"论摩擦力极小的流体运动"的会议报告[1]。这篇短短八页的报告在流体力学发展史上有两个划时代的意义:一是提出了边界层理论;二是开创了流动控制的先河(基于抽吸成功实现圆柱表面流动分离的抑制)。流动控制技术的内涵是通过在流场中引入局部扰动来改变流场的全局特征,使绕流物体在"受力、传热、噪声"等方面朝着有益于控制目标的方向发展。2020 年,我国提出了"碳达峰"和"碳中和"的"双碳"目标,这对流动控制技术而言是个有利的发展机遇。根据国际能源署 2020 年的官方统计数据,所有经济领域中,交通运输行业温室气体排放量约占总排放量的 23%。通过流动控制技术减少航行器(如民航客机、长途货运汽车、轮船)表面的航行阻力,提高能源动力装置(如叶轮机械、内燃机、航空发动机)的能量效率,能够显著地降低单位里程的能耗、助推双碳目标的实现。

按照引入的扰动是否可控、系统是否需要外界能量注入,流动控制技术可以分为主动流动控制(active flow control)和被动流动控制(passive flow control)两大类[2]。部分飞机机翼/进气道/汽车顶部的涡流发生器及高尔夫球表面的凹坑均是被动流动控制技术的典型代表,这些扰动特征一般基于巡航状态进行优化设计,不具备宽工况下的适应性。相比而言,主动流动控制依靠激励器(吹吸、合成射流等)对流场产生可控扰动。在闭环状态下,扰动的幅值、频率和相位等参数能够根据外界工况的变化进行自动调节,保证始终工作于最佳状态。因此,主动流动控制激励器具有环境适应性强、鲁棒性好、非设计态无附加阻力等优点,是国内外的研究热点[3]。以航空领域为例,欧盟早在 2008 年就启动了"洁净天空"重大研究计划,参研单位包括欧盟 20 个国家的几百家单位。该项目其中一个重要目标就是通过主动流动控制技术实现"减碳、减排、降噪",使航空运输变得"更便宜、更轻便、更安静"。2014 年,"洁净天空"二期重大研究计划启动,规划经费超过 40 亿欧元。美国航空航天学会(American Institute of Aeronautics and Astronautics, AIAA)在

2010 年将主动流动控制技术列为未来美国航空航天领域保持领先的十大前沿技术之一,相关项目得到了美国空军和国防部高级研究计划局(Defence Advanced Research Projects Agency, DARPA)的持续资助。

主动流动控制技术的激励器多种多样。在理想情况下,为了实现可观的流动控制净收益,激励应具有足够的强度和频带,能够激发流场中的不稳定模态,从而实现"四两拨千斤"的效果。不借助于不稳定性,靠"蛮力出奇迹"这种思路去改变基准流场特性,往往是得不偿失的[4]。如图 1.1 所示,国内外研究较多的主动流动控制激励器可以分为三大类:流体类激励器(包括定常射流/吸气、脉冲射流、扫掠射流、合成射流等)、可变固壁边界类激励器(包括振荡丝线、行波壁面、可变形表面等)和等离子体激励器(包括介质阻挡放电、电晕放电、电弧放电和等离子体合成射流等)[3]。

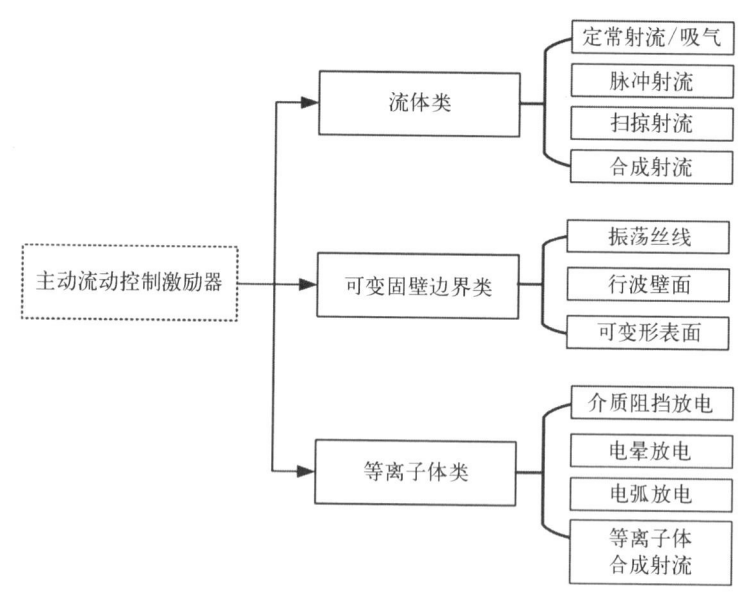

图 1.1 主动流动控制激励器分类[3]

每种激励器都有其局限性和优点,实际应用中应因地制宜,从结构、激励强度、频响和响应速度等方面进行综合考量。以抑制流动分离这一场景为例,吹气类激励器的调控效果十分显著,在典型条件下所需的动量系数(射流动量与主流动量之比)为 0.1%~1%[4]。2015 年,波音公司联合美国国家航空航天局(National Aeronautics and Space Administration, NASA)进行了一次引人瞩目的飞行试验[5]。他们在一架波音 757 飞机的垂直尾翼上加装了 31 个扫掠射流激励器,通过抑制大偏转角下的流动分离来增强方向舵的舵效。尽管控制后的侧向力可以增加 13%~16%,但加装主动流动控制系统的代价也很高[6]。一方面,扫掠射流激励器从辅助动力装置引走了大量高压空气,影响了其他分系统的使用(如机舱压力调节系统、发动机应急启动系统);

另一方面,为了给高压压缩空气降温,专门在机舱外加装了换热系统。这些机械部件(热交换器、管道、阀门等)给整架飞机带来了额外的重量负担,整体得不偿失。

从降低主动控制系统部署成本来讲,零净质量流量的合成射流激励器更有应用前景[7]。从结构上来讲,合成射流激励器仅需要一个封闭的腔体和一个出气孔;通过腔内气体的周期性增压,就能实现射流和吸气流动的轮换交替,无须提供任何气源。腔体增压方式既可以是体积压缩(如压电膜片、活塞和电磁线圈),也可以是快速加温(燃烧)[8]。压电式合成射流激励器的优点是结构简单、工作频率较高(1 kHz 量级),缺点是峰值射流速度较低(小于 60 m/s)、可用频带范围较窄[9,10];当偏离谐振点工作时,射流速度会急剧下降。活塞式合成射流激励器可以产生超声速的可压缩射流(600 m/s)[11]。但是,受限于机械部件的往复运动特性,其峰值工作频率不超过 200 Hz。对于燃烧型的合成射流激励器,其射流速度同样可以达到超声速,但受限于反应物的混合和再填充时间,其工作频率不超过 100 Hz;在结构上,该类激励器还需内嵌点火器和气液管道,整体较为复杂[12]。

1.2 等离子体合成射流激励器

1.2.1 发展历程

航空中的高速、高雷诺数气流环境(例如,襟翼表面的分离流动、进气道内的激波/边界层干扰)一方面要求激励器具有足够的频带和扰动强度,另一方面还要求结构尽可能简单紧凑[3]。2003 年,约翰·霍普金斯大学应用物理实验室的 Grossman 等[13]首次提出采用脉冲电弧放电这一方式对合成射流激励器腔体进行增压。由于常压下的脉冲气体放电具有时间尺度短(μs 量级)、能量便于调节的优点,该激励器能够在大于 5 kHz 的高重复频率下产生高速脉冲射流(大于 300 m/s),是所有合成射流激励器中唯一一个兼具高频和高速两大特征的激励器,航空应用潜力巨大,引起主动流动领域的广泛关注[14,15]。

在过去 20 年的研究中,国内外曾用不同术语来指代上述依靠脉冲电弧放电进行增压的合成射流激励器,如火花射流激励器[16-18]、脉冲等离子体射流激励器[14,19]、等离子体合成射流激励器(plasma synthetic jet actuators,PSJA)[20-23]。相比之下,本书认为等离子体合成射流激励器这一术语更为合理,原因主要有两点:首先,火花射流这一术语不准确,在绝大多数研究中所采用的气体放电类型属于电弧放电而非火花放电。火花放电的电流相对较小(0.1~1 A 量级)、放电维持电压相对较高(1~10 kV 量级),电离度和温度远小于电弧。在公开发表文献中,能量沉积阶段所对应的电压多为 100 V 量级,放电电流则高达几十甚至几百安培。此时,等离子体早已处于局部热平衡状态,电离度高、宏观温度高,属于电弧的范畴[14,17,23,24]。其次,脉冲等离子体射流激励器这一术语并没有体现出零净质量流场的特征,很容易与传统脉冲射流激励器及用于医疗的等离子体射流混淆。以前者为例,脉冲射流指代的是对定常射流施加幅值调制之后所形成的非定常射流激励器,不具备吸气特征,需要外接气源。

1.2.2 几何结构和放电电路

图 1.2 为不同类型的等离子体合成射流激励器。一般情况下,激励器由一个陶瓷外壳和一个顶盖组成,它们组装在一起形成一个封闭的腔体。腔体呈圆柱形,其大小取决于放电能量[量级:$O(1\sim1\,000)\,\mathrm{mJ}$],典型的体积为 20~2 000 mm^3。腔体的外壳由耐高温且绝缘性能良好的陶瓷材料[如可加工玻璃陶瓷(machineable ceramic, MACOR)、氮化硼等]制成,顶盖既可以是陶瓷也可以是金属件。顶盖上钻有一个或几个直径为 0.5~4 mm 的孔,作为射流出口孔。在陶瓷腔体的底部或侧面,插入若干根钨针,作为阳极、阴极或者触发电极[25]。两电极激励器的阳极兼具触发和注能功能,而三电极激励器将触发和注能功能分离,方便进行能量的独立

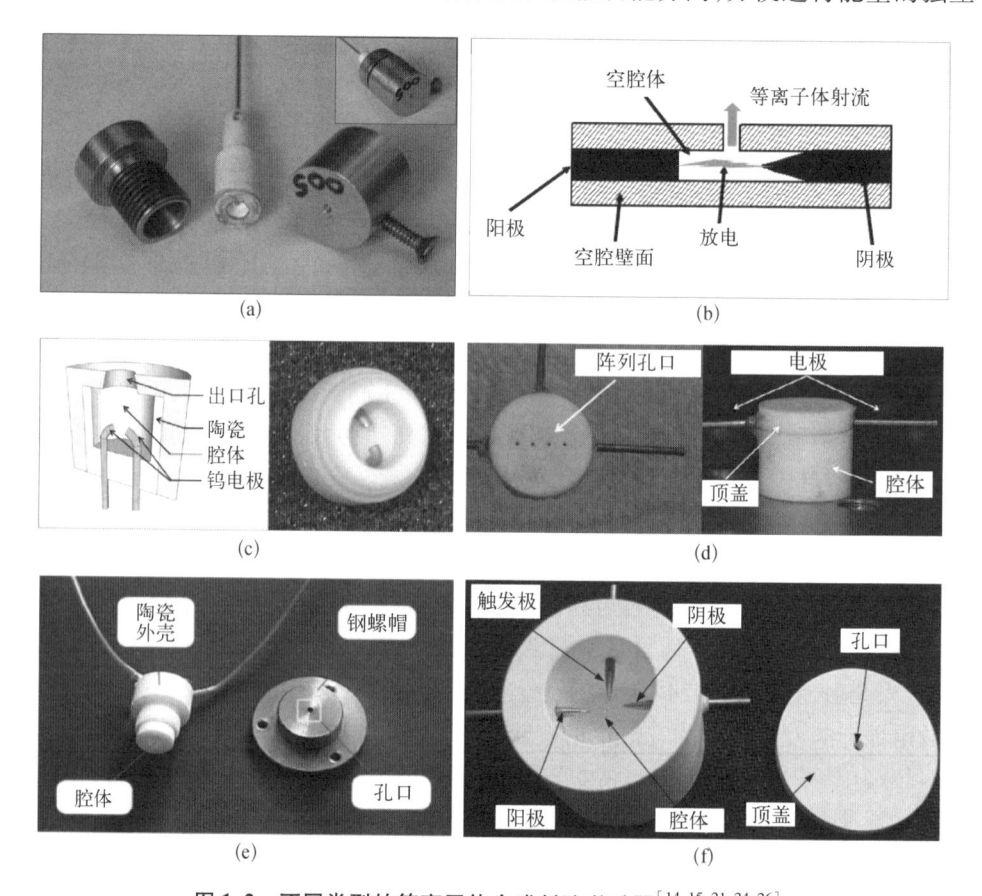

图 1.2 不同类型的等离子体合成射流激励器[14,15,21,24-26]

调节。触发电极和阴极之间的电极间隙一般为 1~3 mm,保证在 10~20 kV 的高压脉冲作用下能够完成放电击穿。在同一电极间隙下,为了降低激励器的击穿电压,可以利用尖端效应对电极头部进行锐化处理或者在激励器内部涂覆半导体材料。

根据电极几何布局(两电极或三电极)和所需要放电能量的差异,可采用包括高压纳秒脉冲放电[15,27]、电容放电[25]、电感放电[24]和脉冲直流放电[28]在内的不同放电电路完成激励器腔内气体的增压过程。图 1.3 为用于三电极等离子体合成射流激励器的典型电容放电电路。该电路使用直流电源(典型电压: 0.5~3 kV)对储能电容器 C_1 进行充电,峰值充电电流与限流电阻 R_1 相关(典型阻值: 100~1 000 Ω)。由于直流电源峰值电压通常低于电极间隙的击穿电压,因此,还需要额外的高压脉冲电源进行放电触发。当高压触发脉冲作用在触发电极和阴极之间的气体间隙上,两者之间形成微弱的火花放电、建立起导电的等离子体通道。一旦该通道形成,阳极和阴极之间的击穿电压大幅度地降低,储存在电容器 C_1 中的能量以脉冲电弧加热的形式迅速释放到电极间隙中。当电容储能释放完毕后,电弧通道熄灭,电容器再次由直流电源充电,等待下一个触发脉冲。为了隔离低压充电回路、保护高压触发电源,在电容 C_1 和阳极之间还增加了一个高压二极管 D_1(非必须)。由以上原理描述可知,脉冲放电的放电能量与直流源的初始电压和电容器 C_1 的容值相关,而放电频率则由触发频率决定。

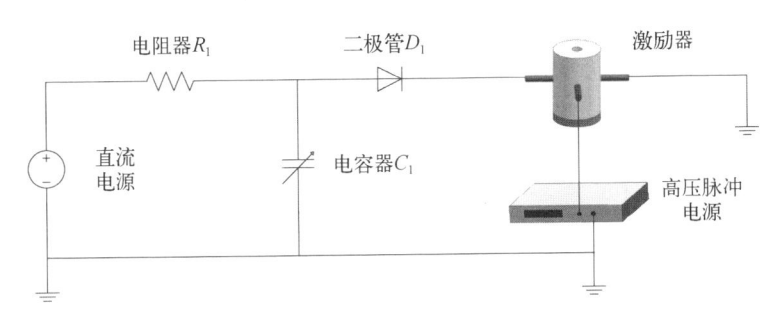

图 1.3　用于三电极等离子体合成射流激励器的典型电容放电电路

法国宇航院[24]、国防科技大学[29]和空军工程大学[22]在上述电路拓扑基础上提出了多种改进设计。在 Belinger 等[24]的研究中,电容器直接由高压变压器充电,其峰值电压足以能够击穿电极之间的气体间隙。因此,放电电路无须额外的高压触发电源,极大地简化了拓扑结构。但是,去掉独立的触发电源以后,脉冲放电能量由击穿电压决定,而击穿电压又很容易受到电极距离、电极尖端腐蚀和腔体密度的影响。这种多因素的交织耦合给等离子体合成射流激励特性的研究带来了诸多不便。在 Wang 等[29]的研究中,由于高压触发电源自带保护电路,因此,可以去掉隔离二极管 D_1;通过放电电流在电路中的周期性振荡和多次注能来提高放电效率。Zong 等[22]用磁开关取代了高压二极管,并将触发功能集成到阳极,在保证放电能量和频率能够独立调节的前提下减少了激励器的电极数目。

1.2.3 工作原理

如图1.4所示,PSJA的一个完整工作周期包括三个阶段:能量沉积阶段、射流阶段和吸气恢复阶段。在能量沉积阶段,外部电路在电极之间产生强烈的脉冲电弧放电,迅速对腔体进行加热增压[时间尺度:$O(10\ \mu s)$]。由于电弧加热区域局限于电极间隙附近,因此腔内温度和压力的分布极其不均匀。这种空间压力的突变会产生超声速的冲击波,自放电加热区域向其他未加热区域传播。腔体的增压过程实际上就是靠冲击波的传播和反射来实现的。在射流阶段,受腔体内外压差驱动,高温、低密度气体通过出口喉道排到外界环境,形成高速喷气流动。射流脱离出口后,会自然卷成一个启动涡环。随着腔内气体的不断喷出,腔内压力单调下降。需要说明的是,由于喉道内气体的惯性,射流速度为零时喉道两端的压差并不为零,而是一个负值。该负向压差才是激励器吸气恢复的真正驱动力,而并非早期研究中部分国外学者所提出的内外热交换。在吸气恢复阶段,外界高密度、低温气体被吸入激励器,与腔体内部残留的高温、低密度气体混合,从而使激励器恢复到初始状态。这种射流和吸气的交织作用,会在出口附近形成一个鞍点[7]。

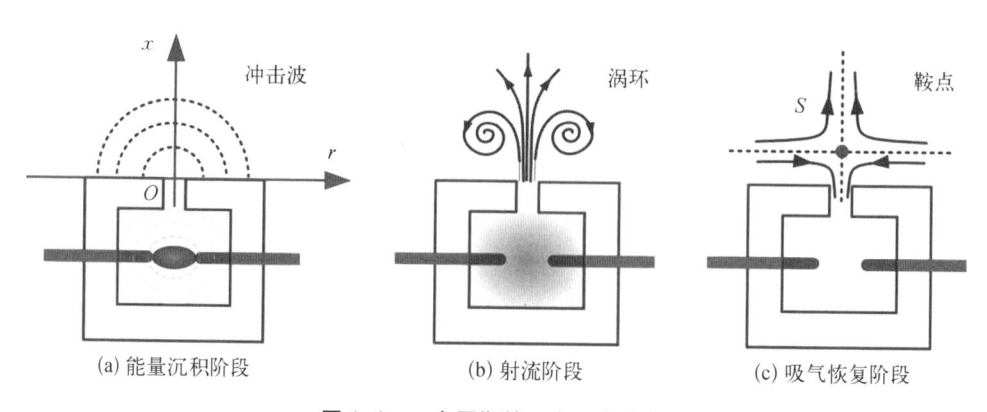

(a) 能量沉积阶段　　(b) 射流阶段　　(c) 吸气恢复阶段

图1.4　一个周期的三个工作阶段

1.3　国内外研究现状

本节主要从激励特性和流动控制应用两个方面简要回顾国内外的研究概况。激励特性研究的目的是获得各类参数对PSJA性能的影响规律。由于PSJA本质上是一个能量转换系统,因此,性能影响参数可以归纳为三大类:放电参数、几何参数和环境参数。这三类参数分别从系统输入、系统结构和系统运行环境三个方面对激励器进行了描述,具备完备性。

1.3.1 放电参数对激励特性影响

等离子体合成射流激励特性研究的相关国内外文献如表1.1所示。电参数主要包括放电能量（E_d）、放电频率（f_d）和放电持续时间（T_{dis}）。将放电能量除以初始状态下腔内气体的内能，即可得到一个无量纲的能量沉积：$\varepsilon = E_d/(c_v \rho_0 V_{ca} T_0)$ [30,44]；式中，c_v 与 T_0 分别表示定容比热和环境温度。

表1.1 等离子体合成射流激励特性相关研究工作分类

类 别	影响参数	相 关 文 献
放电参数	放电能量 E_d 放电频率 f_d 放电持续时间 T_{dis}	[17][19][21][24][25][31][32][33][34][35][36] [14][15][23][26][31][36][37][38] [24][37]
几何参数	腔体体积 V_{ca} 射流孔径 D 喉道长度 L_{th} 电极布局 射流孔型	[14][37][39][40][41] [22][39][38] [22] [22][42][43]
环境参数	环境压力 P_0 环境温度 T_0 湿度等	[17][23][26][44] — —

无量纲能量沉积 ε 直接决定着脉冲射流强度。具体而言，能量沉积过程可以描述为一个定容加热过程。由于电弧加热过程中激励器腔内的增压比与无量纲能量沉积成正比[16,33]，而压力比又进一步决定了射流阶段的峰值射流速度，因此，增大射流速度最直接的方式便是提高无量纲能量沉积。图1.5对不同文献中的实测射流速度进行了汇总。结果表明，峰值射流速度 U_p 随着无量纲能量沉积的增长呈现出非线性单调递增趋势[15,19,21,24]；在同一无量纲能量沉积下，不同几何结构激励器的峰值射流速度差异较大。这说明除了放电能量，几何形状和放电波形等其他参数对激励器工作特性也有着重要的影响。除了峰值射流速度，射流持续时间 T_{jet} 也是表征激励强度的一个重要指标。法国宇航院和空军工程大学的研究结果显示：随着能量沉积的增加，射流持续时间 T_{jet} 呈现出先增加而后饱和的变化趋势[24,31]。初始的增长趋势属于意料之中，而大能量沉积时的饱和则可以归因于腔体体积有限、所喷射的气体质量流量存在一个极限。根据上述出口速度和射流持续时间的变化趋势，不难进一步得出激励器在射流阶段所喷出的总气体质量、射流冲力和射流机械能均与无量纲能量沉积成正比[32,45,46]。

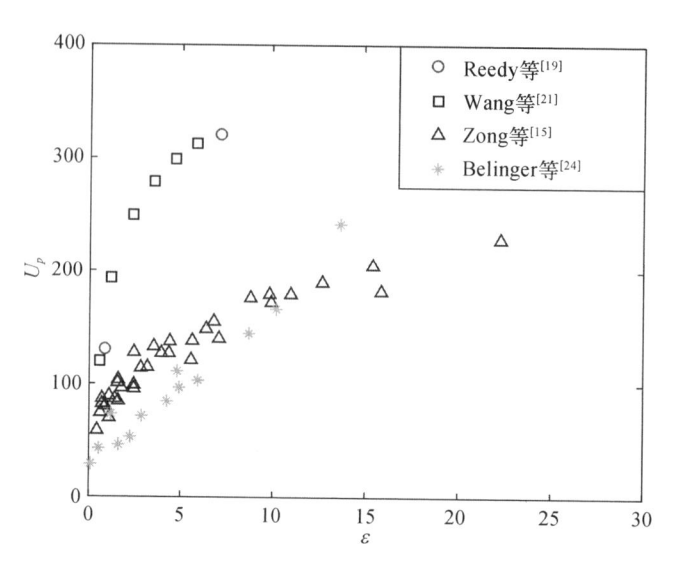

图 1.5　激励器峰值射流速度随着无量纲能量沉积的变化规律

当激励器重频工作时,最初的几十个周期处于一个过渡阶段。该阶段的特点是激励器腔体内部热量不断积累、温度逐渐升高[37,47]。过渡阶段之后是稳定阶段。稳定阶段的平均腔体温度随放电频率的增加而不断升高,平均腔体密度和射流密度则随着放电频率的增加而单调降低,这种变化趋势与吸气恢复时间的减少有关[24,47]。放电频率 f_d 通常会利用激励器腔体的亥姆霍兹自然振荡 f_h 进行归一化处理[37,48],两者的比值定义为无量纲工作频率 ($f^* = f_d/f_h$)。f_h 是大气参数和激励器几何参数的函数;孔径增大、腔体体积越小,亥姆霍兹自然振荡频率越高。亥姆霍兹固有频率可以理解为 PSJA 的极限工作频率。超过该频率以后,脉冲射流的强度急剧降低。Narayanaswamy 等[14]在实验中发现,激励器高频工作时(如工作频率为 10 kHz),由于吸气时间严重不足、射流脉冲的周期重复性变差,甚至出现了大量的"哑火"现象。目前,射流出口峰值速度随放电频率的变化仍然存在争议。在 Zong 等[31]的实验中,激励器采用脉冲直流电源供电,通过高速 Schlieren 成像发现射流峰值射流速度随激励器放电频率变化不大(89～97 m/s)。Sary 等[47]的数值模拟结果则表明,在放电频率高于 1 kHz 时,射流峰值出口速度显著地下降。

法国宇航院的 Belinger 等[24]还研究了放电持续时间 T_d 对脉冲射流强度的影响。在电容放电的情况下,能量沉积的时间较短(<10 μs),产生的射流速度较高;相比之下,电感放电[$O(100$ μs$)$]产生的射流峰值速度较低、但射流持续时间较长。对于脉冲直流放电,当无量纲能量沉积保持一定时,加热效率和热力学循环效率都随着放电持续时间的增加而降低[37]。

1.3.2 几何参数和环境参数对激励特性影响

几何参数主要包括腔体体积、出口直径、喉道长度和电极布局。前三个参数的影响实际上已包含在前文定义的两个无量纲量中(即 ε 和 f^*)。具体而言,当腔体体积增大时,峰值射流速度会因无量纲能量沉积的减小而降低,但射流持续时间会因亥姆霍兹自然振荡周期的增加而增加。此外,随着激励器腔体体积的增大,PSJA 的总能量转化效率降低。这种降低不仅与无量纲能量沉积的减小有关,还因为电弧放电区域占整个腔体体积的比重变小、气体加热的空间不均匀性加剧[37]。随着射流孔径的增大,射流持续时间会缩短,而峰值射流速度和射流冲力则基本保持不变[22,39]。

虽然喉道长度的变化不会影响单次工作模式下 PSJA 的峰值射流速度和射流持续时间,但是喉道变长后,亥姆霍兹频率会随之降低,激励器高频工作时的射流强度也会相应地减弱[22]。当放电能量固定时,随着电极间距的增加,电弧加热区域扩大,PSJA 的整体效率提高,进一步引起峰值射流速度的增大和射流持续时间的延长。电弧加热的均匀性可以用电弧加热体积与腔体体积之比来衡量;该比值越大,能量沉积过程中腔体内部的压力就越均匀,由冲击波传播所造成的能量损失就越小。Narayanaswamy 等的实验结果是这一结论的有力验证[14]。他们通过纹影图像对比了不同腔体体积激励器的特性($20~\text{mm}^3$ 和 $40~\text{mm}^3$),发现当无量纲加热体积保持不变时,射流头部轨迹基本重合。

大气参数(如压力、温度和湿度)决定了激励器的运行环境。为了保证飞行器处于高空时主动流动控制系统仍有足够的激励效能,有必要研究环境压力(P_0)对 PSJA 性能的影响。在 Emerick 等的实验中,不同气压下的放电能量保持不变[26,33,44]。因此,随着环境压力和密度的降低,无量纲能量沉积单调递增,射流速度峰值和腔体增压比也呈上升趋势。相反,在 Wang 等[23]的实验中,放电能量取决于电极间隙的击穿电压。由于环境压力越低、击穿电压越低,因此,他们观测到的峰值射流速度随气压基本不变。

1.3.3 流动控制应用

由于兼具高频($>5~\text{kHz}$)和高速($>300~\text{m/s}$)两大优点,PSJA 的应用范围非常广泛,既有中等雷诺数的低速流动、又有高雷诺数的超声速流动。如图 1.6 所示,典型的航空应用场景包括机翼/斜坡表面的流动分离控制、射流噪声控制激波/边界层相互干扰控制[49-55]。

在流动分离控制中,PSJA 通常布置在分离区的上游。射流出口既可以沿着壁面法线方向形成准流向对转涡对,也可以有一定的俯仰角和偏转角,产生单向旋转的流向涡[20,56]。这些旋涡将边界层外层的高动量流体输送到近壁区域,使边界层的速度剖面更加饱满、抵抗逆压梯度的能力更强。Caruana 等[49]将 5 个激励器嵌

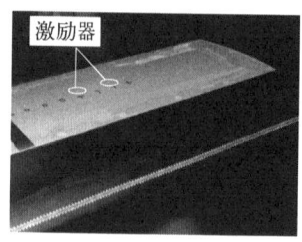

(a) 翼型流动分离控制 　　(b) 射流降噪 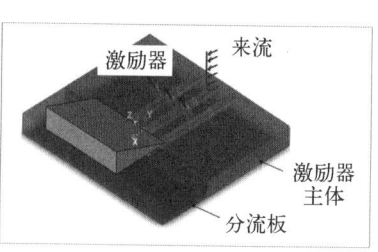　　(c) 激波/边界层干扰抑制

图 1.6　典型应用场景

入斜坡上游，射流出口的俯仰角与倾斜角分别为 30°和 60°。当主流速度为 37 m/s 时（$Re_\delta = 6.2 \times 10^4$），随着激励器频率的增加，斜坡表面分离区的面积呈现出先减小而后保持不变的趋势；最佳激励频率约为 600 Hz。随后，该团队又采用 20 个 PSJA 组成的阵列来抑制 NACA-0015 模型的后缘流动分离。激励器布置在距离前缘 32%弦长 c 的位置，射流俯仰角和倾斜角与斜坡实验中相同。当主流速度为 40 m/s（$Re_\delta = 1.2 \times 10^4$）、攻角为 11.5°时，随着激励频率的增加，分离区域逐步缩小、并在 $f_d > 250$ Hz 时转化为完全附着流动。厦门大学的 Liu 等[50]采用三个 PSJA 控制 NACA0021 机翼模型在 20 m/s 下的前缘流动分离。通过对比不同的激励器位置（$0.15c$ 和 $0.45c$）和射流俯仰角（45°和 60°），发现在 15%弦长位置施加激励能够将失速角推迟 2°，并将峰值升力系数提高 9%；不同射流俯仰角下的控制效能相差不大。

在射流降噪控制中，激励器多安装在喷嘴的唇部。通过在剪切层内施加周期性的扰动可以激发 K-H 不稳定性，进而产生大尺度的流动结构、改变高速射流的总体声压级。Léon 等[51]在射流出口马赫数为 0.6（$Re_\delta = 7 \times 10$）的工况下开展了降噪实验，12 个激励器被均匀地布置在直径为 50 mm 的喷嘴唇部周围。当激励器的斯特劳哈尔数接近 0.3、相邻激励器相位差为 180°时，总体声压级降低了 0.3 dB。Chedevergne 等[52]对照着该实验条件开展了基于 RANS-LES 混合方法的高精度数值模拟，受计算资源限制只仿真了一个激励器。根据他们的研究结果，电弧放电所产生的冲击波是射流混合层中大尺度结构发展的根源，脉冲射流所起的作用较为微弱。

除了亚声速流动控制应用，PSJA 还可以用于调控超声速激波/边界层干扰（shock wave/boundary layer interaction，SWBLI）。SWBLI 控制的目标包括两个方面：一是减少强压力梯度所引起的大尺度流动分离，二是消除与分离流动相关的低频不稳定性。Narayanaswamy 等[53,54]最早开展该方面的工作。纹影测试结果表明，当激励器出口倾斜角和偏转角分别为 45°和 90°时，等离子体合成射流阵列的最大穿透深度大约是超声速边界层厚度（δ_{99}）的 4 倍，具备在马赫数为 3 下调控

SWBLI 的能力。等离子体射流喷出后,分离激波会首先快速向下游运动 25%的边界层厚度,随后缓慢地向上游运动约 1 个边界层厚度。当基于干扰区长度和主流速度的无量纲放电频率达到 0.04 时,与分离流大尺度运动相关的低频压力波动降低了 30%。Greene 等[55]采用油流手段对平均分离区的长度进行了参数化研究,发现 PSJA 能够将分离线与压缩拐角之间的距离缩短 40%,最佳的激励位置位于压缩拐角上游约 $1.5\delta_{99}$ 处。

1.4 亟待解决的问题和本书内容框架

综上所述,包括约翰·霍普金斯大学、得克萨斯大学、法国宇航院、荷兰代尔夫特理工大学和国防科技大学在内的十几家国内外优势单位都已经参与到等离子体合成射流的研究。但是,由于等离子体合成射流激励器尺度小(mm)、射流速度高(300 m/s)、流场演化快(10 μs)、放电电磁干扰强烈(10 kV、100 A),大部分的研究成果还停留在定性的纹影观测和初步参数规律认知阶段,没有认知到物体问题的本征,难以支撑激励器的理论设计,距离实际的流动控制应用需求还有很大的差距。"本征规律不明、理论模型不准、控制机理不清"这三个方面的问题还很突出,亟须综合多种测试手段获得激励形成和演化的无量纲规律,建立能够指导激励器理论设计的简化解析模型,揭示等离子体合成射流调控典型分离流动的物理机制,为下一代飞行器主动流动控制系统的设计提供理论和方法支撑。

如图 1.7 所示,围绕着上述问题和研究目标,本书制定了"获得本征规律特性、建立简化理论模型、助推流动控制应用"这一技术路线,共安排了 6 章的内容。除绪论外,其他 5 章内容的逻辑关系如下所示。

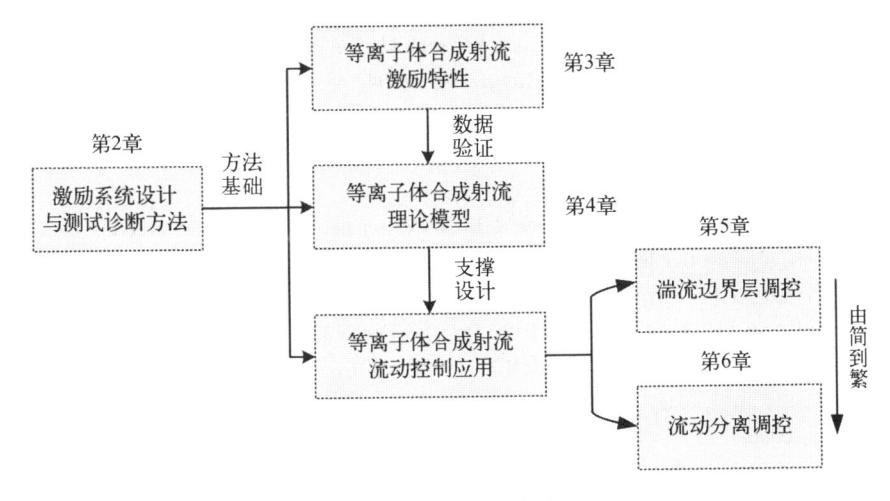

图 1.7　本书内容框架

第 2 章,属于基础部分。在内容安排上,主要从激励器几何结构、供电电路拓扑、测试诊断系统和数据处理方法四个方面对后续章节中所共用的硬件系统与理论方法进行了统一的介绍。

第 3 章,激励特性的研究目标是获得激励器放电参数、几何参数和环境参数对等离子体合成射流形成和演化的均一化、无量纲规律。这些规律融合了现有文献中的不同观测结果、能够反映物理问题的本质。因此,它是后续第 4 章等离子体合成射流理论建模的基础,为模型中关键简化假设的合理性和模型性能的验证提供实验数据支撑。

第 4 章,简化理论建模主要瞄准两个目标:一是通过建立激励器的重频工作特性模型、解决激励器高频性能衰减的问题;二是通过分析激励器内部复杂的"电-热-射流"能量转化过程,建立激励器的全过程能量转化效率模型,优化提升激励器的总能量效率。依托两个模型可对激励器进行快速的性能预测,为第 5 章和第 6 章中的实际流动控制应用提供设计支撑。

第 5 章,从某种意义上讲,绝大部分的流动控制都是扰动与近壁流动的相互作用,因此,湍流边界层调控的目标是揭示单个等离子体合成射流激励器与横流边界层的相互作用。它是第 6 章阵列等离子体合成射流进行流动分离调控的基础,对认知横流中的射流穿透、射流和横流相互作用产生的复杂涡结构、横流边界层的壁面摩擦阻力变化机理等关键科学问题有着重要的意义。

第 6 章,目的是验证 PSJA 调控典型分离流动的能力。按照由易至难、层层递进的思路,分亚声速翼型前缘流动分离、亚声速翼型后缘流动分离、超声速 SWBLI 诱导流动分离三个场景进行介绍,先分析调控规律、再揭示流动分离抑制机理。

参考文献

[1] Prandtl L. Über flussigkeitsbewegung bei sehr kleiner reibung[C]. Heidelberg: Verhandl. III, Internationalen Mathematiker Kongresses, 1904: 484.

[2] Gad-el-Hak M. Flow control: The future[J]. Journal of Aircraft, 2001, 38(3): 402-418.

[3] Cattafesta III L N, Sheplak M. Actuators for active flow control[J]. Annual Review of Fluid Mechanics, 2011, 43: 247-272.

[4] Seifert A, Greenblatt D, Wygnanski I J. Active separation control: An overview of Reynolds and Mach numbers effects[J]. Aerospace Science and Technology, 2004, 8(7): 569-582.

[5] Whalen E A, Shmilovich A, Spoor M, et al. Flight test of an active flow control enhanced vertical tail[J]. AIAA Journal, 2018, 56(9): 3393-3398.

[6] Lin J C, Andino M Y, Alexander M G, et al. An overview of active flow control enhanced vertical tail technology development[C]. San Diego: 54th AIAA Aerospace Sciences Meeting, 2016: 0056.

[7] Glezer A, Amitay M. Synthetic jets[J]. Annual Review of Fluid Mechanics, 2002, 34(1): 503-529.

[8] Wang L, Luo Z B, Xia Z X, et al. Review of actuators for high speed active flow control[J]. Science China Technological Sciences, 2012, 55: 2225-2240.

[9] Smith B L, Glezer A. The formation and evolution of synthetic jets[J]. Physics of Fluids, 1998, 10(9): 2281-2297.

[10] van Buren T, Leong C M, Whalen E, et al. Impact of orifice orientation on a finite-span synthetic jet interaction with a crossflow[J]. Physics of Fluids, 2016, 28(3): 037106.

[11] Crittenden T M, Glezer A. A high-speed, compressible synthetic jet[J]. Physics of Fluids, 2006, 18(1): 017107.

[12] Crittenden T, Glezer A, Funk R, et al. Combustion-driven jet actuators for flow control[C]. Anaheim: 15th AIAA Computational Fluid Dynamics Conference, 2001: 2768.

[13] Grossman K, Bohdan C, Vanwie D. Sparkjet actuators for flow control[C]. Reno: 41st Aerospace Sciences Meeting and Exhibit, 2003: 57.

[14] Narayanaswamy V, Raja L L, Clemens N T. Characterization of a high-frequency pulsed-plasma jet actuator for supersonic flow control[J]. AIAA Journal, 2010, 48(2): 297-305.

[15] Zong H, Wu Y, Li Y, et al. Analytic model and frequency characteristics of plasma synthetic jet actuator[J]. Physics of Fluids, 2015, 27(2).

[16] Cybyk B, Grossman K, van Wie D. Computational assessment of the sparkjet flow control actuator[C]. Orlando: 33rd AIAA Fluid Dynamics Conference and Exhibit, 2003: 3711.

[17] Haack S, Taylor T, Cybyk B, et al. Experimental estimation of sparkjet efficiency[C]. Honolulu: 42nd AIAA Plasmadynamics and Lasers Conference in Conjunction with the 18th International Conference on MHD Energy Conversion (ICMHD), 2011: 3997.

[18] Popkin S H, Taylor T M, Cybyk B Z. Development and application of the sparkjet actuator for high-speed flow control[J]. Johns Hopkins APL technical digest, 2013, 32(1): 404-418.

[19] Reedy T M, Kale N V, Dutton J C, et al. Experimental characterization of a pulsed plasma jet [J]. AIAA Journal, 2013, 51(8): 2027-2031.

[20] Hardy P, Barricau P, Caruana D, et al. Plasma synthetic jet for flow control[C]. Chicago: 40th Fluid Dynamics Conference and Exhibit, 2010: 5103.

[21] Wang L, Xia Z X, Luo Z B, et al. Three-electrode plasma synthetic jet actuator for high-speed flow control[J]. AIAA Journal, 2014, 52(4): 879-882.

[22] Zong H H, Wu Y, Jia M, et al. Influence of geometrical parameters on performance of plasma synthetic jet actuator[J]. Journal of Physics D: Applied Physics, 2015, 49(2): 025504.

[23] Wang L, Xia Z X, Luo Z B, et al. Effect of pressure on the performance of plasma synthetic jet actuator[J]. Science China Physics, Mechanics and Astronomy, 2014, 57: 2309-2315.

[24] Belinger A, Hardy P, Barricau P, et al. Influence of the energy dissipation rate in the discharge of a plasma synthetic jet actuator[J]. Journal of Physics D: Applied Physics, 2011, 44(36): 365201.

[25] Cybyk B, Grossman K, Wilkerson J. Performance characteristics of the sparkjet flow control actuator[C]. Portland: 2nd AIAA Flow Control Conference, 2004: 2131.

[26] Emerick T, Ali M, Foster C, et al. Sparkjet actuator characterization in supersonic crossflow [C]. New Orleans: 6th AIAA Flow Control Conference, 2012: 2814.

[27] Zhu Y, Wu Y, Jia M, et al. Influence of positive slopes on ultrafast heating in an atmospheric

nanosecond-pulsed plasma synthetic jet[J]. Plasma Sources Science and Technology, 2014, 24(1): 015007.

[28] Narayanaswamy V, Shin J, Clemens N, et al. Investigation of plasma-generated jets for supersonic flow control[C]. Reno: 46th AIAA Aerospace Sciences Meeting and Exhibit, 2008: 285.

[29] Wang L, Luo Z B, Xia Z X, et al. Energy efficiency and performance characteristics of plasma synthetic jet[J]. Acta Physica Sinica, 2013, 62(12): 125207.

[30] Shin J. Characteristics of high speed electro-thermal jet activated by pulsed DC discharge[J]. Chinese Journal of Aeronautics, 2010, 23(5): 518-522.

[31] Zong H H, Cui W, Wu Y, et al. Influence of capacitor energy on performance of a three-electrode plasma synthetic jet actuator[J]. Sensors and Actuators A: Physical, 2015, 222: 114-121.

[32] Golbabaei-Asl M, Knight D, Wilkinson S. Novel technique to determine sparkjet efficiency [J]. AIAA Journal, 2015, 53(2): 501-504.

[33] Haack S, Taylor T, Emhoff J, et al. Development of an analytical sparkjet model[C]. Chicago: 5th Flow Control Conference, 2010: 4979.

[34] Belinger A, Naudé N, Cambronne J P, et al. Plasma synthetic jet actuator: electrical and optical analysis of the discharge[J]. Journal of Physics D: Applied Physics, 2014, 47 (34): 345202.

[35] Tang M, Wu Y, Wang H, et al. Effects of capacitance on a plasma synthetic jet actuator with a conical cavity[J]. Sensors and Actuators A: Physical, 2018, 276: 284-295.

[36] Jin D, Cui W, Li Y, et al. Characteristics of pulsed plasma synthetic jet and its control effect on supersonic flow[J]. Chinese Journal of Aeronautics, 2015, 28(1): 66-76.

[37] Chiatto M, de Luca L. Numerical and experimental frequency response of plasma synthetic jet actuators[C]. Grapevine: 55th AIAA Aerospace Sciences Meeting, 2017: 1884.

[38] Emerick T, Ali M Y, Foster C, et al. SparkJet characterizations in quiescent and supersonic flowfields[J]. Experiments in Fluids, 2014, 55: 1-21.

[39] Grossman K, Cybyk B, van Wie D, et al. Characterization of sparkjet actuators for flow control [C]. Reno: 42nd AIAA Aerospace Sciences Meeting and Exhibit, 2004: 89.

[40] Wang L, Xia Z X, Luo Z B, et al. Experimental study on the characteristics of a two-electrode plasma synthetic jet actuator[J]. Acta Physica Sinica, 2014, 63(19): 194702.

[41] Popkin S H, Cybyk B Z, Foster C H, et al. Experimental estimation of sparkjet efficiency[J]. AIAA Journal, 2016, 54(6): 1831-1845.

[42] Zhang Z, Wu Y, Jia M, et al. Influence of the discharge location on the performance of a three-electrode plasma synthetic jet actuator[J]. Sensors and Actuators A: Physical, 2015, 235: 71-79.

[43] Zhang Z, Wu Y, Jia M, et al. The multichannel discharge plasma synthetic jet actuator[J]. Sensors and Actuators A: Physical, 2017, 253: 112-117.

[44] Li Y, Jia M, Wu Y, et al. Influence of air pressure on the performance of plasma synthetic jet actuator[J]. Chinese Physics B, 2016, 25(9): 095205.

[45] Anderson K V, Knight D D. Plasma jet for flight control[J]. AIAA Journal, 2012, 50(9):

1855 - 1872.
[46] Cybyk B, Land H, Simon D, et al. Experimental characterization of a supersonic flow control actuator[C]. Reno: 44th AIAA Aerospace Sciences Meeting and Exhibit, 2006: 478.
[47] Sary G, Dufour G, Rogier F, et al. Modeling and parametric study of a plasma synthetic jet for flow control[J]. AIAA Journal, 2014, 52(8): 1591 - 1603.
[48] Chiatto M, Palumbo A, de Luca L. A calibrated lumped element model for the prediction of PSJ actuator efficiency performance[C]. Actuators, 2018, 7(1): 10.
[49] Caruana D, Rogier F, Dufour G, et al. The plasma synthetic jet actuator, physics, modeling and flow control application on separation[J]. Aerospace Lab, 2013 (6): 1 - 13.
[50] Liu R B, Niu Z G, Wang M M, et al. Aerodynamic control of NACA 0021 airfoil model with spark discharge plasma synthetic jets[J]. Science China Technological Sciences, 2015, 58: 1949 - 1955.
[51] Léon O, Caruana D, Castelain T. Increase and decrease of the noise radiated by high-Reynolds-number subsonic jets through plasma synthetic jet actuation [C]. Vilnius: Proceedings of the International Conference on Acoustic Climate Inside and Outside Buildings, 2014: 23 - 26.
[52] Chedevergne F, Léon O, Bodoc V, et al. Experimental and numerical response of a high-Reynolds-number M = 0.6 jet to a plasma synthetic jet actuator[J]. International Journal of Heat and Fluid Flow, 2015, 56: 1 - 15.
[53] Narayanaswamy V, Raja L L, Clemens N T. Control of a shock/boundary-layer interaction by using a pulsed-plasma jet actuator[J]. AIAA Journal, 2012, 50(1): 246 - 249.
[54] Narayanaswamy V, Raja L L, Clemens N T. Control of unsteadiness of a shock wave/turbulent boundary layer interaction by using a pulsed-plasma-jet actuator[J]. Physics of Fluids, 2012, 24(7): 076101.
[55] Greene B R, Clemens N T, Magari P, et al. Control of mean separation in shock boundary layer interaction using pulsed plasma jets[J]. Shock Waves, 2015, 25(5): 495 - 505.
[56] Mahesh K. The interaction of jets with crossflow[J]. Annual Review of Fluid Mechanics, 2013, 45: 379 - 407.

第 2 章
激励系统设计与测试诊断方法

2.1 引　言

工欲善其事,必先利其器。等离子体合成射流激励器具有尺度小(mm)、射流速度高(300 m/s)、流场演化快(10 μs)、放电电磁干扰强烈(10 kV、100 A)等特点,这给激励器优化设计、射流强度的定量表征和射流流场测试诊断都提出了技术挑战。本章首先介绍研究中所用的两种典型等离子体激励器结构类型(2.2 节);随后,面向不同流动控制应用需求,设计单通道和多通道电弧放电电路(2.3 节);最后,着重对等离子体合成射流的测试诊断系统和数据处理方法进行介绍(2.4 节和 2.5 节)。

2.2 激 励 器

如图 2.1 所示,为满足后续研究需要,本节设计三种类型激励器(代号: A_1、A_2 和 A_3)。如图 2.1(a)所示,激励器 A_1 由一个圆柱形腔体和一个金属盖组成。腔体由玻璃陶瓷(MACOR)加工而成,直径为 12 mm,高度为 15 mm,腔体体积为 1 696 mm^3。在距离腔体底部 7.5 mm 的高度上,沿周向钻有四个均匀分布的小孔(直径为 1.1 mm)。其中的三个孔内部装有钨针,分别用作阳极、阴极和触发电极。另外一个孔与毛细金属管(内径为 0.4 mm)相连接,用于向腔体内注入 PIV 测量所需要的示踪粒子。这种类型的腔体设计是为了解决 Ko 等[1]在 PIV 测量中出现的粒子缺失的问题。金属盖通过阶梯槽与腔体实现配合,在金属盖顶部钻有圆形孔并将其作为射流的出口。进一步,将激励器固定在尼龙支架上,通过改变电极夹具旋入螺纹孔的深度来实现电极间距的精确调节。

如图 2.1(b)所示,激励器 A_2 的设计初衷是便于阵列化。该型激励器由一个立方体陶瓷外壳(尺寸 15×15×15 mm^3)和一个平板顶盖(厚度 3 mm)组装而成,材料为 MACOR。立方体陶瓷外壳内有一个圆柱形腔体,腔体直径和高度分别为 10 mm 和 12 mm,腔体体积为 942 mm^3。在陶瓷腔体两个侧壁的中心及底面中心,

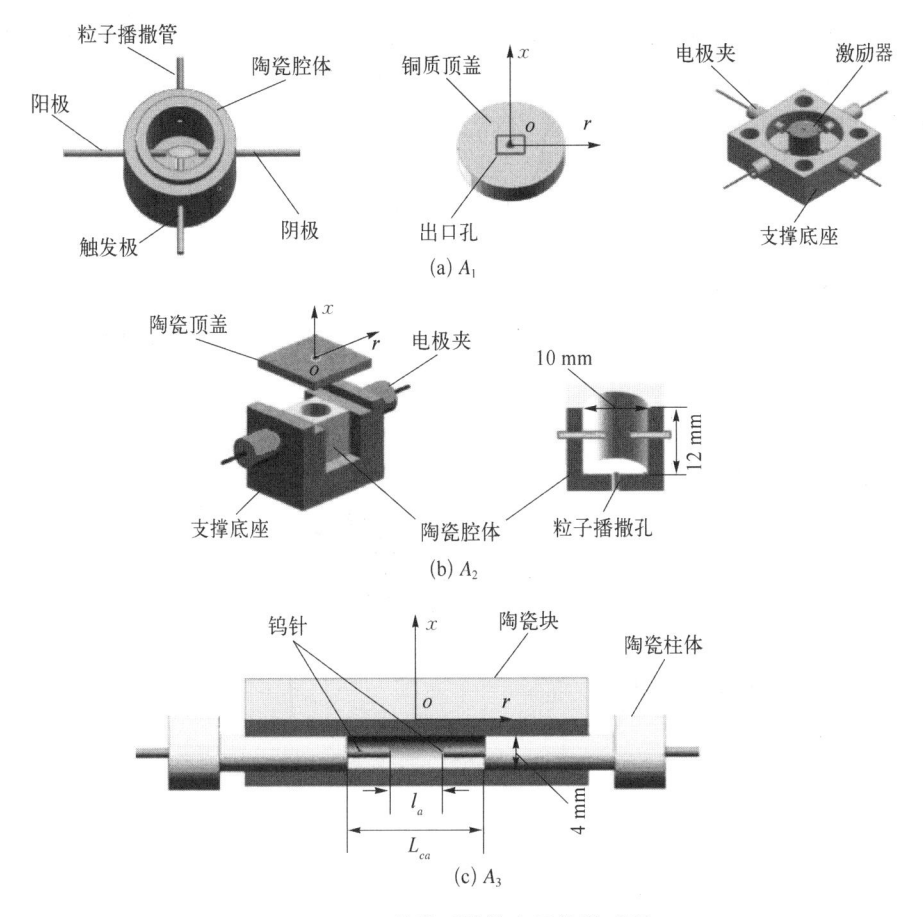

图 2.1 三种类型的等离子体激励器

共钻有三直径为 1.1 mm 的圆孔。两个侧面孔中心插入两根钨针,作为阳极和阴极。剩余的底部孔与金属毛细管(内径为 0.4 mm)相连,实现示踪粒子的播撒。阳极与阴极之间的距离固定为 3 mm。射流出口位于平板顶盖上,直径为 1.5 mm。在射流激励特性研究中,一般将坐标系建立在射流孔的中心,x 轴和 r 轴分别沿轴向和径向。

如图 2.1(c)所示,激励器 A_3 为小腔体激励器。激励器腔体的内径 D_{ca} 为 4 mm,而腔体长度(也称为 L_{ca})可以通过滑动两个陶瓷圆柱体(V_{ca}: 50~150 mm^3)在 4~12 mm 间调节。两个钨针(直径为 1 mm)插入两个陶瓷圆柱体的中心孔中,分别作为阳极和阴极。两电极的间距 l_a 可以根据腔体长度独立变化。这种激励器没有钻额外的播撒孔,PIV 粒子通过钨针和陶瓷圆柱体之间的径向间隙(0.1 mm)进入激励器腔体内部。射流出口位于激励器腔体的中部,喉道长度为 3 mm。这种小腔体激励器的孔径(1 mm)与大腔体激励器的孔径(1.5 mm)不同。不过,这并不会影响对腔体容积和电极距离的参数研究,因为在单次工作模式下,孔径对PSJA的效率特性影响微乎其微。另外,在射流出口中心建立一个圆柱坐标系,r轴与x轴分别沿径向和轴向。

2.3 放电电路

2.3.1 单通道电弧放电

根据激励器中是否有触发电极,本节提出两种单通道电弧放电电路(代号为E_1和E_2),如图2.2所示。

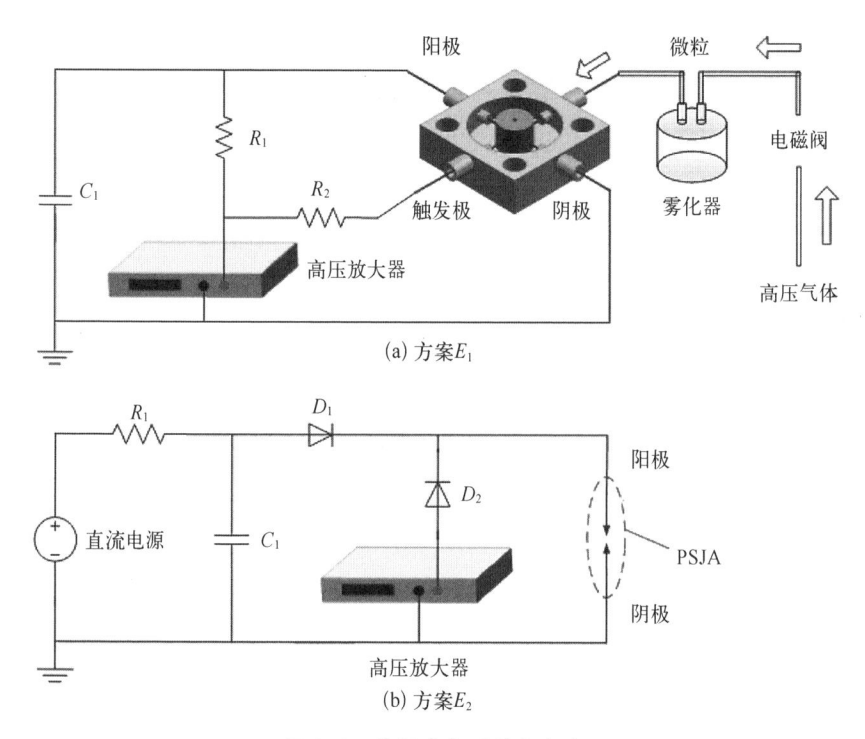

图 2.2 单通道电弧放电电路

方案E_1结构简单,不需要外部直流电源,触发和充电过程均由高压放大器来完成。整个工作过程如下:首先,对高压放大器(Trek 型号 20/20C,放大倍率为2 000)进行设置,使其输出一个低压脉冲(幅值为 2.5 kV),为电容器C_1充电(耐压为 5 kV,电容容量为 1 μF)。充电回路中电阻器R_1(200 kΩ,100 W)的作用是限制充电电流,使其不超过高压放大器的最大输出电流(20 mA)。充电脉冲的宽度应大于3~4倍的充电电路时间常数(即电容C_1和电阻R_1的乘积)。电容充满电后,电源立即输出一个高于电极间隙击穿阈值的高压触发脉冲(幅值为 20 kV,脉冲宽度为 100 μF),实现放电击穿。随后,电容器 C_1 中储存的电能通过电弧加热迅速释放到激励器腔体内。高压放大器和触发电极之间的电阻 R_2(2 kΩ,100 W)主要起保护作用,防止电容放电电流回传到高压放大器内部。在激励特性研究中,电容 C_1 一般选取为 1 μF,所对应的峰值放电频率小于 10 Hz。

与方案 E_1 相比,方案 E_2 合并了触发电极与阳极,减少了电极数量。同时,专门增加了大功率直流电源(峰值电压为 2.5 kV,功率为 2 000 W),用于给电容器 C_1 充电。充电回路中的限流电阻相对较小(典型值为 1 kΩ),故方案 E_2 可以在 1 ms 内完成对 0.1~1 μF 电容的充电,最大放电频率可达到几千赫兹。另外,还在电路中增加了两个高压二极管(D_1 和 D_2,耐压为 20 kV),用于隔离低压与高压电路。电路 E_2 的工作原理与电路 E_1 相似。首先,由高压放大器输出高电压、低能量的触发脉冲实现触发放电。当放电通道被触发后,储存在电容器 C_1 中的能量迅速地释放,并由直流电源重新充电。需要说明的是,对于以上两种电路(方案 E_1 和方案 E_2),放电频率均由触发频率控制,而电弧放电的强度则可以通过改变电容电压或容值进行调节。

2.3.2 多通道电弧放电

单个激励器所能控制的流场范围极其有限,仅为 mm 量级。因此,在实际工程应用中,经常需要几十到上百个激励器同步工作,实现对大范围流场的调控。如图 2.3 所示,在单通道电弧放电电路方案的基础上,本书提出两种用于驱动 PSJA 阵列的多通道放电电路方案(编号为 E_3 和 E_4)。供电电路方案 E_3 包括高压放大器(Trek 型号,20-20HS)、限流电阻 R_0(电阻 500 kΩ,功率为 200 W)和储能电容 C_0(电容为 4 nF,耐压为 20 kV)。在每两个激励器和地之间增加了一个虚拟继电器,实现激励器从前至后的顺次击穿[2]。虚拟继电器由小电容(电容为 0.1nF)和大电阻(电阻为 2 MΩ,功率为 6 W)并联构成,目的是与脉冲电弧的非线性阻抗相匹配。按照整个气隙通路是否已经形成,电路的工作过程可分为两个阶段,即预触发放电阶段和电容放电阶段。

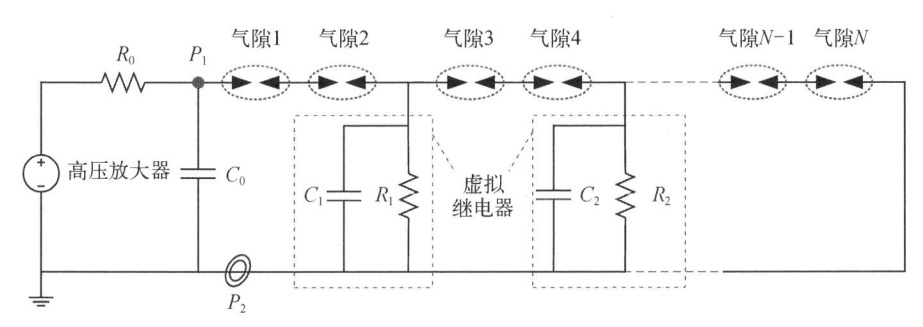

图 2.3 多通道放电电路 E_3

在预触发放电阶段,由高压放大器输出一个高压脉冲(峰值电压为 30 kV,脉冲宽度为 3 ms)加载至充电电容 C_0 的两端。由于所有电容器(C_1、$C_2\cdots$)在放电击穿前的初始电压均为 0,因此,虚拟继电器在此阶段可视为短路。伴随着 C_0 的充电过程,气隙 1 和气隙 2 两端的电压不断增高。对于间距为 2 mm 的两个气隙,总击穿电压(表示为 U_b)约为 9 kV[3]。当气隙 1 和气隙 2 击穿后,电容 C_0 迅速向第一个虚拟继电器中的电容 C_1 充电。C_1 两端的高压进一步向下传递到气隙 3 和气隙 4,实现放电击穿的传递。可见,只要这一高压传递过程和放电击穿过程重复进行,即可实现所有气隙的串联导通。在整个预触发放电过程中,放电电流主要通过电阻器的漏电流来维持,因此,电弧的强度相对较弱(能量级别:$C_1 U_b^2 / 2$)。当所有气隙被完全接通后,储存在电容器中的能量通过串联电弧通道瞬间释放,产生强烈的电容放电(能量水平:$C_0 U_b^2 / 2$),实现对腔内气体的快速加热和增压。根据上述原理描述可知,整个激励器阵列的工作频率直接由放电频率决定。受限于 Trek 高压放大器的输出功率,电路 E_3 的最大可靠放电频率仅为 100 Hz。

利用高压探头(Tektronix,P6015a)和电流探针(Pearson,Model325)对电路 E_3 中的放电电流 u_d 和放电电压 i_d 进行测量,得到的典型电压电流波形如图 2.4 所示。在实验中,将前两个电极气隙为 3 mm,略大于后续气隙间距(2 mm)。这种做法的目的是为后续的多路击穿过程提供一个过冲电压(14 kV),补偿预触发阶段的能量耗散、保证电容 C_0 的电压传递到最后一个通道时依然大于气隙的击穿电压[4]。预触发放电持续了约 0.8 μs,其特点是放电电压骤降、放电电流相对较低(10 A 左右)。在电容放电阶段,电容器、电弧通道和寄生导线构成了典型

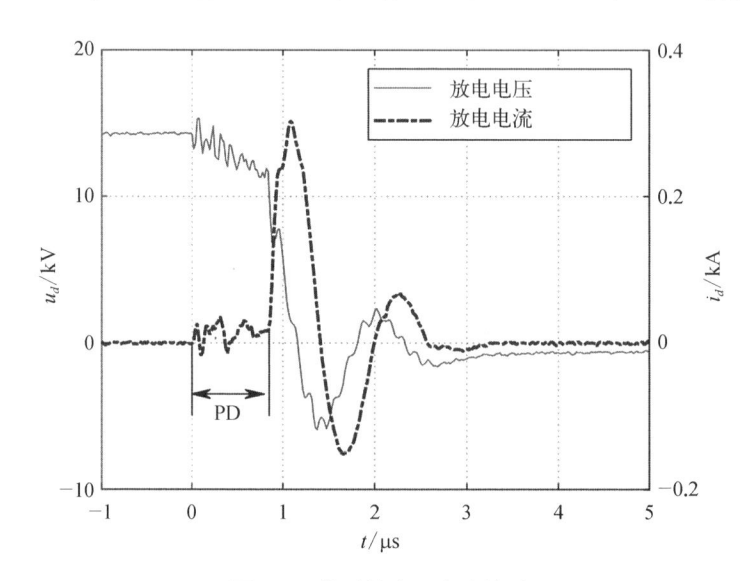

图 2.4 典型的电压电流波形

的 RLC 振荡电路[5],因此,放电电压和放电电流都呈现出周期性变化趋势。此阶段的峰值电流约为 300 A,持续时间约为 2 μs。通过电压电流积分计算得到的总放电能量约为 0.42 J。绝大部分的能量沉积都是在电容放电阶段完成的。

在 SWBLI 流动控制研究中,流场特征频率达到了 1 kHz 量级,远远超过了第一个放电电路所能实现的最高工作频率(100 Hz)。为满足高频高速流动控制的需求,设计了如图 2.5 所示的放电电路方案(E_4)。该电路与图 2.3 所示电路类似,均采用高压放大器与直流电源实现放电击穿和电弧能量注入。但与前述的虚拟继电器方案不同,在放电击穿过程中,为确保高压触发脉冲能够从一个气隙成功传输到另一个气隙,在每两个相邻的电极气隙之间添加了一个耐高压电阻器($R_2 \sim R_5$,电阻值为 5 MΩ,耐压大于 20 kV),目的是与放电触发过程中电弧的快速阻抗变化相匹配。具体而言,在气隙击穿之前,电极气隙可以看作阻值无限大的电阻,触发脉冲高压仅施加在气隙 1 两端。气隙 1 击穿后,放电通道的电阻会逐渐下降到 10 Ω 左右,与 $R_2 \sim R_5$ 相比可忽略不计。因此,绝大部分的高压触发脉冲施加在气隙 2 两端,类似的击穿过程不断重复,直到通过气隙 1~5 建立起完整的放电通道。

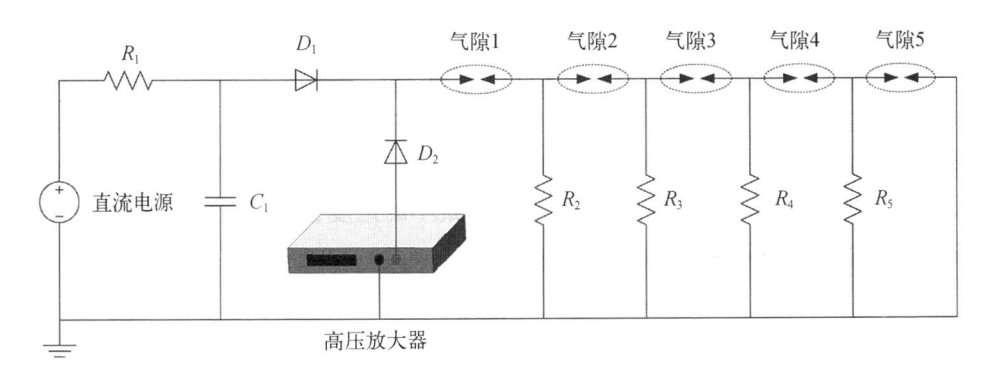

图 2.5 多通道放电电路 E_4

2.4 测试诊断系统

2.4.1 射流总压测量

由于总压表征了气体做功的能力,因此,射流的时均出口总压在一定程度上反映了射流内部所蕴含的机械能。如图 2.6 所示,总压采集系统由总压探头、压力变送器和示波器组成。微型总压探针布置在射流出口轴向距离 1 mm 处,探头为弯管型,入口为 1 mm 圆柱形,通过 0.5 m 长的 PVC 管与压力传感器相连。传感器量程为 0~3 000 Pa,精度为 0.1%,响应频率约为 145 Hz。采用示波器 Tektronix DPO4104 对压力传感器的输出信号进行采集,采样频率与记录长度分别为 1 kHz 和 10 s。由于电磁干扰的存在,原始压力信号不可避免会存在"毛刺"。为保证数据的可靠,采用中值滤波器将突刺型的干扰去掉。每次实验均重复五次以上,取滤波后压力的平均值作为射流时均总压。

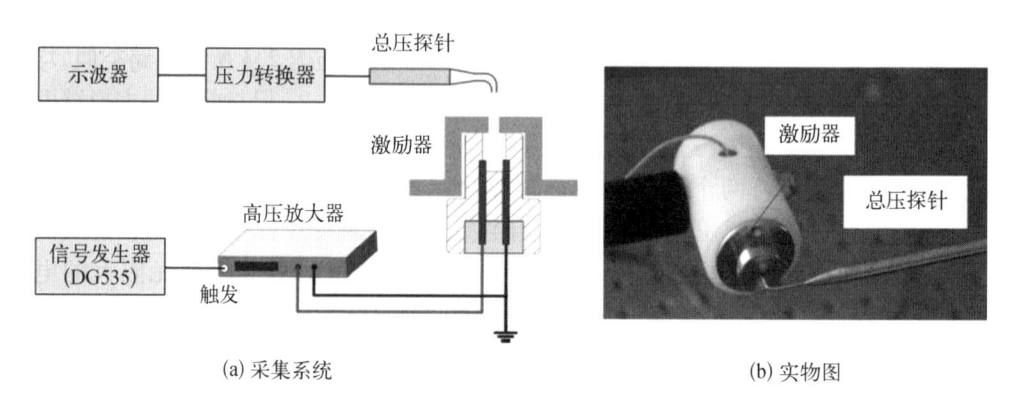

(a) 采集系统

(b) 实物图

图 2.6　时间平均总压测量的实验设置

2.4.2　高速纹影系统

截至目前,纹影成像是 PSJ 相关研究中使用最广泛的技术。根据格拉斯顿-代尔(Gladston - Dale)定律 ($n = K\rho_0 + 1$),气体的折射率 n 与气体密度 ρ_0 呈线性关系;其中,K 为 Gladston - Dale 常数。当光线穿过可变折射率场(如可压缩流)时,会向折射率较大的区域弯曲,对应产生一个微小的角度偏差。光线通过流场后的总偏转角 $\Delta\alpha$ 可根据式(2.1)积分得到:

$$\Delta\alpha = \frac{1}{n}\int \frac{\partial n}{\partial x}\partial z \qquad (2.1)$$

其中,x 表示与光传播垂直的方向。

纹影成像通过建立总偏转角 $\Delta\alpha$ 与图像不同区域亮度的关系,实现可压缩流动的可视化。图 2.7 为典型的 Z 字形纹影成像系统,主要由光源、两个凹面镜、刀口和高速相机组成。首先,点光源发出的光线在两个凹面镜处(直径为 30 cm)反射转化为平行光;然后,平行光通过一个焦距为 250 mm 的球面透镜汇聚到刀口上;最后,光斑一部分被遮挡、另一部分通过刀口投影到相机传感器上。由于光线局部偏转方向和角度不同,相机传感器像素不同,接收到的光子数量也会不同。因此,流动的密度梯度会通过图像的亮度表现出来。对于线性刀刃的特定方向,纹影成像只能感知沿刀刃方向的密度梯度,为了获得所有方向的灵敏度,可以采用圆形刀刃。

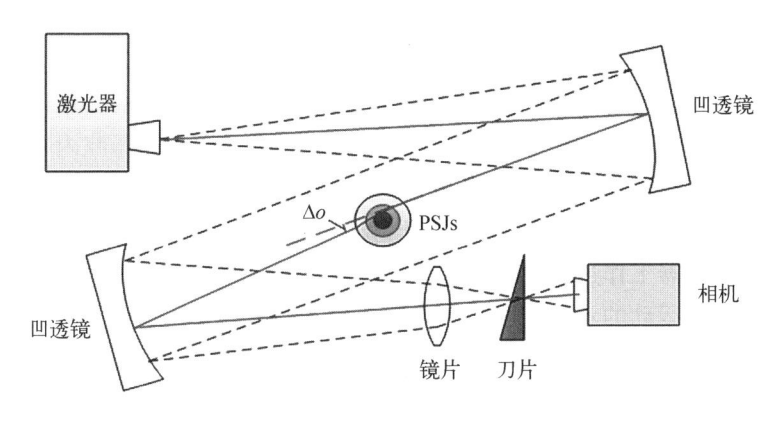

图 2.7　Z 字形纹影成像系统

2.4.3　热线风速仪

热线风速计(hot-wire anemometer，HWA)是一种利用对流换热进行测速的装置。其基本工作原理是将热敏电阻丝(即热线)连接到惠斯登电桥的一个桥臂上，根据热丝两端的电压进行流体流速的测量。具体而言，当流体流经热线时，对流换热所带走的热量与电流加热所产生的热量始终处于平衡状态。根据能量平衡关系式，可以导出金氏定律(King's Law)如下：

$$E_w^2 = (T_w - T_f)(A_0 + B_0 U^{C_0}) \tag{2.2}$$

其中，E_w 与 U 分别表示电阻丝两端的电压和流体的流速；T_w 与 T_f 分别表示电阻丝温度和流体温度；A_0、B_0 和 C_0 是常数，需针对每个探头进行标定。热线探针既可以工作在恒温模式，也可以工作在恒流模式。与后一种模式相比，恒温模式频响高、应用更为广泛。热线电阻与热线温度呈线性相关：$R_w = R_0[1 + \alpha_0(T_w - T_0)]$；其中，$R_0$ 与 α_0 分布表示冷态电阻与温度系数。热线的恒温工作由惠斯通电桥来实现。通过持续监控该电桥中点的电势差，反馈调整流经电桥的电流即可实现电路的平衡。当热线在恒温模式工作时，$C_0 \approx 0.5$，金氏定律可近似地表示为四阶多项式。因此，热线探头的校准关系式通常也是通过四阶多项式对电压与速度进行拟合而得到的。

为了提高热线风速仪的频率响应，热线探针的热惯性应尽可能小。本书采用了 DANTEC 公司生产的 P15 型探头。该热丝探头表面涂铂，直径为 5 μm、长度为 1.25 mm，与 TSI 公司生产的 IFA300 电桥相连接。根据方波测试结果，热线探针的最高频响约为 20 kHz。

2.4.4　PIV 系统

PIV 是伴随着数码相机的出现而兴起的一种非接触式速度测量技术。如

图 2.8 所示,二维平面 PIV 实验系统由激光器、相机、粒子发生器及同步装置组成。典型的示踪粒子包括液滴、烟雾、TiO_2/Al_2O_3 粉末和肥皂泡等[6,7]。对于等离子体合成射流这一种特殊的高速流动,示踪粒子受离心力作用影响较大,难以进入启动涡的中心,因此,难免会在粒子图像上出现空洞。本书采用激励器腔内粒子播撒方案来解决这一问题。如图 2.1(a)所示,将电磁阀与插入激励器腔内的粒子散播管相连接。在激励器工作之前,电磁阀打开,粒子发生器向腔体内部注入足够多的示踪粒子。在激励器工作过程中,电磁阀关闭,保证腔内的高压气体只能通过激励器出口外泄。高速运动的示踪粒子被片光打亮后,投射到相机传感器上。为了判别每个粒子的运动速度,跨帧相机在很短的时间间隔 Δt 内抓取两帧粒子图像,进一步根据互相关操作来分析每个问询窗内粒子的运动速度。

$$\phi(m, n) = \frac{\sum \sum I(i, j) \cdot I'(i + m, j + n)}{\sqrt{\sum \sum I^2(i, j) \cdot \sum \sum I'^2(i, j)}} \quad (2.3)$$

其中,I 与 I' 分别表示相邻两帧的光强矩阵,ϕ 表示互相关系数云图。

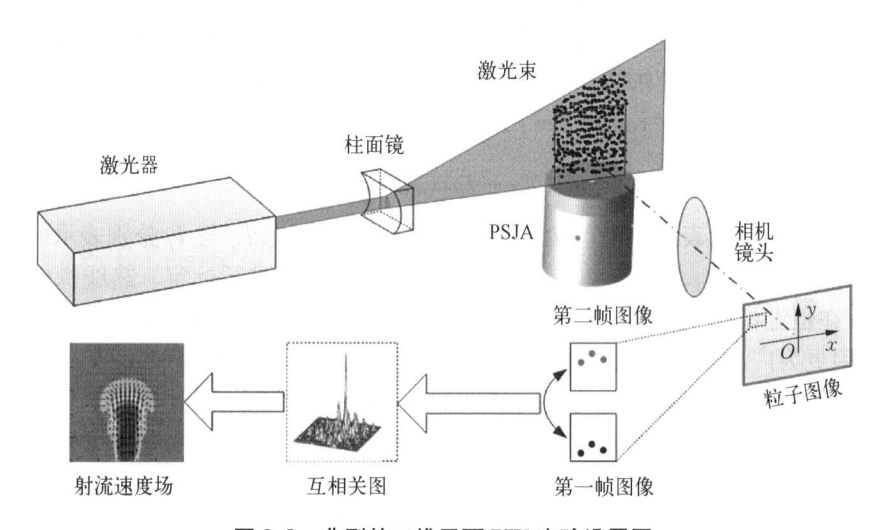

图 2.8 典型的二维平面 PIV 实验设置图

得到互相关云图后,首先采用高斯函数对峰值点位置进行拟合,确定出最可能的粒子位移 Δx。然后,利用粒子位移 Δx、时间间隔 Δt、放大率 M 和像素间距 d_τ,即可计算出粒子速度场 $[U = \Delta x \cdot d_\tau/(M \cdot \Delta t)]$。需要说明的是,粒子速度场与真实流体速度场的接近程度取决于粒子的斯托克斯数 S_k。一般来讲,示踪粒子越小、越轻,粒子的响应时间与流动特征时间的比值 (τ_p/τ_f) 就越小,粒子的跟随性越好。在实际应用中,一般应确保 $S_k < 0.1$。除了示踪粒子的跟随特性,PIV 测量的不确定性还取决于片激光的厚度、粒子最大位移等。后续章节将对这些测量不确

定性进行深入的分析。

平面 PIV 测量只能获得位于平面内的两个速度分量,信息极其有限。对于复杂三维流场的诊断(如横流与射流相互作用),多采用立体 PIV(Stereo‑PIV)。Stereo‑PIV 采用两台相机从不同角度观察同一流场,得到两组二维速度场。进一步地,利用物平面与像平面之间的几何关系,即可建立两组二维速度分量与直角坐标系中三个速度分量的关系式(四个方程)。从线性代数的角度来讲,该问题是超正定的,可以采用最小二乘法来求解。最小二乘法求解后的方程残差代表了三个速度分量的测量不确定性(典型范围为 0.1~0.5 像素)。

Stereo‑PIV 需要两步校准程序才能获得粒子图像重构所需的精确几何对应关系:物理校准和自校准。在物理校准中,两台照相机分别对双层标定板进行成像,根据标识点的像素坐标拟合图像和物体平面之间的映射关系。由于在物理校准中,标定板与实际激光片的位置可能并不完全匹配,所以得到的映射关系仍然可能存在较大的误差,需要通过自校准进行修正。在自校准过程中,两台相机同时记录激光所照亮的原始粒子图像,并根据物理校准函数将粒子图像投影到真实的激光平面位置。理论上,这两张粒子图像应该完全重合,所有的粒子位置不一致都会造成一个虚拟位移。利用该虚拟位移去纠正物理校准的结果,即可得到三维速度场计算所需要的精确几何对应关系。

2.5　数据处理方法

2.5.1　基于时均总压的射流冲量评估方法

本节将根据实验中所测得的射流出口总压剖面,对 PSJA 脉冲推力(冲量)进行理论推导。如图 2.9 所示,冲量评估所采用的实验设备与图 2.6 中几乎相同,均包含一个总压探头、压力传感器和数据采集设备。不同之处在于,冲量评估需要将总压探针架设在位移机构上,通过不同径向位置的测量获得完整的射流出口总压剖面。另外,总压探头距离出口相对较远(3~5 倍出口直径),确保在射流宽度范围内有 10~20 个测量点。

根据动量定理,PSJA 的射流冲量计算公式如下:

$$F_p = \int_0^T \int_{-r_0}^{r_0} [(p(r,t) - p_0) \cdot \pi r + \rho(r,t) \cdot v^2(r,t) \cdot \pi r] dr \cdot dt \quad (2.4)$$

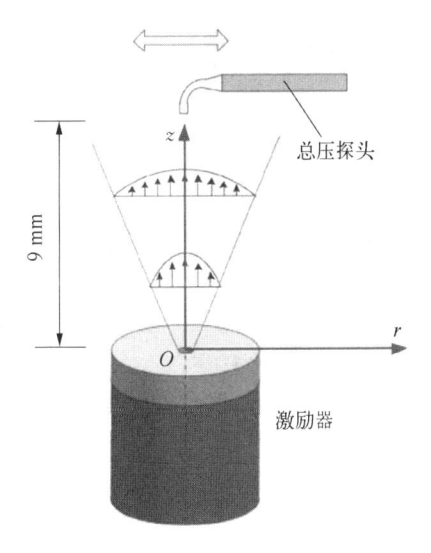

图 2.9　激励器冲量测量示意图

其中，$p(r,t)$、$\rho(r,t)$ 和 $v(r,t)$ 分别表示每个径向位置的静压、气体密度和轴向速度。T 是 PSJA 的工作周期，r_0 表示射流的径向边界。由于激励器喉道为等直径管道，因此，静压 $p(r,t)$ 与环境压力 p_0 大致相同。此外，由于射流速度的快速衰减，测量平面上的流动可视为低速不可压缩流动（$Ma<0.3$），即

$$P^*(r,t) - p_0 = 0.5 \cdot \rho(r,t) \cdot v^2(r,t) \tag{2.5}$$

式中，$P^*(r,t)$ 为瞬时总压。

根据上述两个假设，PSJA 射流冲量的最终计算公式如下：

$$F_p = \int_0^T \int_{-r_0}^{r_0} P^*(r,t) \cdot 2\pi r dr dt = \frac{1}{f} \int_{-r_0}^{r_0} \bar{P}^*(r) \cdot 2\pi r dr \tag{2.6}$$

其中，$\bar{P}^*(r)$ 表示时间平均总压；f 表示放电频率。

2.5.2　基于纹影图像的射流速度、持续时间和面积评估方法

尽管纹影是一种定性的流场可视化技术，但通过图像处理手段也可以从高速纹影图像序列中提取出诸多的定量信息[8]。如图 2.10(a) 所示，放电后激励器会产生一个涡环，根据涡环在相邻两帧中的轴向传播距离，可以计算出涡环的传播速度 U_v。由于涡环始终位于射流头部，因此，U_v 可以近似等效为射流的传播速度。典型的涡环传播速度如图 2.10(b) 所示：U_v 首先急剧增加，然后逐渐降低，峰值涡环速度大约为 PIV 所测得的峰值射流出口速度的 1/2。

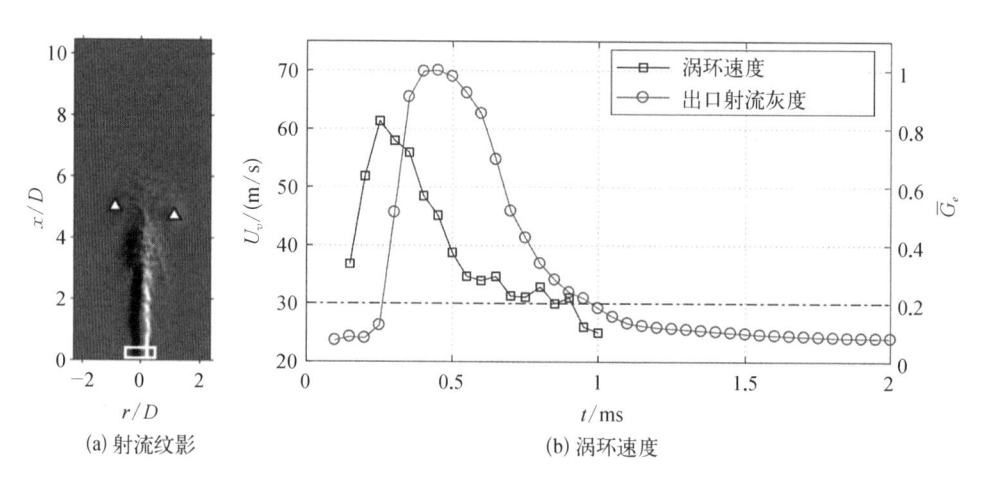

(a) 射流纹影　　(b) 涡环速度

图 2.10　典型的射流纹影图像（$t=400~\mu s$）和涡环速度随时间变化

除了涡环传播速度，还可以进一步提取射流持续时间。首先，在射流出口小孔（孔径：D）的正上方选取一个问询窗口（宽度为 D，高度为 $0.2D$），并监控问询窗口内平均射流灰度 G_e 随一个完整周期的变化；然后，选取 G_e 的最大值作为基准，对

上述窗口进行归一化处理,即可得到如图 2.10(b)所示的趋势;最后,选择合适阈值,当无量纲化后的 G_e 小于该阈值时即可认为射流结束。该阈值所对应的时间即为射流持续时间。在一般情况下,阈值取 0.2~0.3 时所获得的射流持续时间与 PIV 测量的射流持续时间吻合较好。

纹影图像上的射流影响面积也是衡量射流强度的一个关键指标,在一定程度上代表了总的射流质量流量。激励器所喷出的流体越多,射流影响面积就越大。为了识别射流的影响区域,需要采用图像处理的方法。如图 2.11 所示,完整的流程主要包含四个步骤。首先,从射流演化图像的灰度矩阵 B 中减去背景图像的灰度矩阵 A,得到对应的差分矩阵 C;该步骤的目的是消除激励器边缘和背景噪声的干扰。其次,对差分图像 C 进行梯度增强;由于射流边缘的梯度较大,通过选取一个适当的临界灰度梯度就可以将射流影响区域与背景区域分割开来。再次,对增强后的图像 D 进行中值滤波,去除梯度算法所引入的背景噪声;由于中值滤波器是一种常用的非线性滤波器,它能在消除背景噪声的同时很好地保持图像的原始边缘。最后,对去噪后的图像 E 进行填充处理,去掉白色区域内的黑洞,即可得到图像 F。与原始图像相比,最终图像 F 中的白色区域很好地描述了射流影响区域,通过像素统计即可很容易地计算出射流的影响面积。

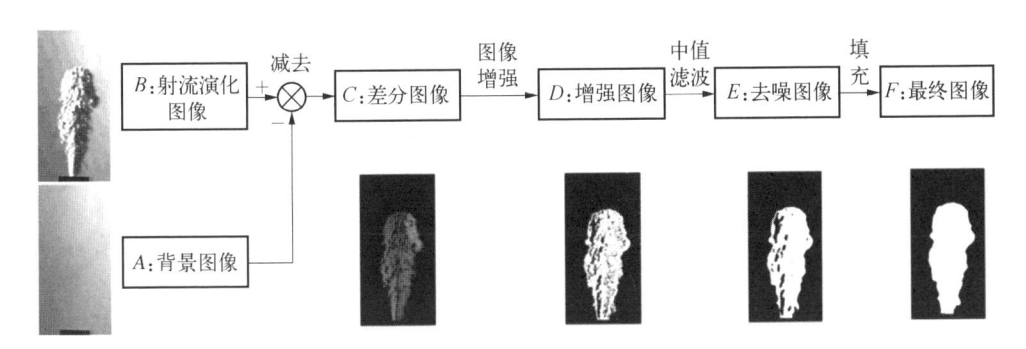

图 2.11 射流影响面积提取流程

2.5.3 基于 PIV 数据的射流流量、动量和动能评估方法

图 2.12 为 PSJA 所产生的典型射流速度场[9]。假设激励器出口为轴对称圆形,通过对射流径向出口速度剖面进行积分,得到空间平均的射流出口速度:

$$U_e(t) = \frac{\int_0^{D/2} 2\pi r U_x(r, t \mid x = 0) \mathrm{d}r}{\pi D^2/4} \quad (2.7)$$

U_e 的时间演变过程如图 2.12(b)所示,从中可以直接提取出射流峰值出口速度 U_p 和射流持续时间 T_{jet}。

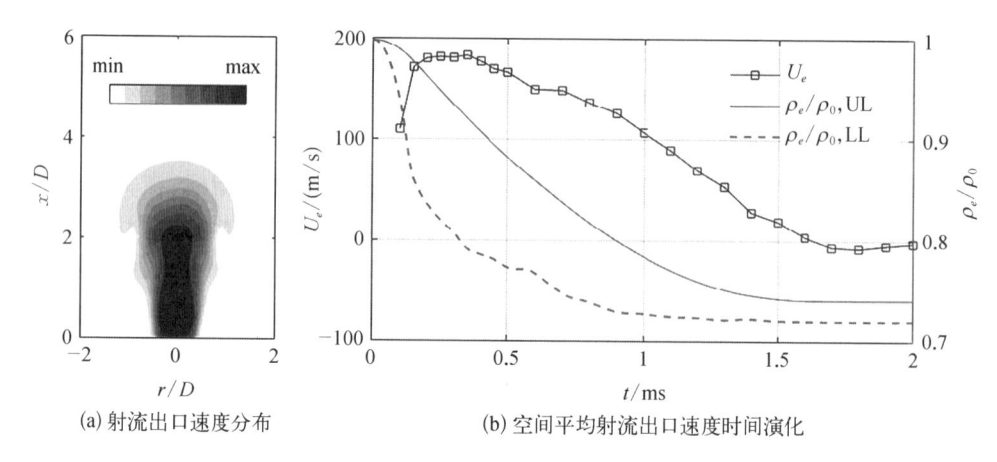

(a) 射流出口速度分布　　(b) 空间平均射流出口速度时间演化

图 2.12　典型的 PIV 测量结果

为了评估射流流量，还需要密度信息。为此，下面将从射流阶段的控制方程出发，在合理的简化假设基础上，推导了一个用于评估射流密度的解析模型[9]。射流阶段的控制方程如式(2.8)所示；其中，$\rho_{ca}(t)$ 为时变的腔内气体密度，A 为出口射流孔面积，$Ma_e(t)$ 与 $T_e(t)$ 分别为射流出口马赫数和射流出口温度，γ 与 R 分别为气体比热容和气体常数。

$$\begin{cases} \dfrac{\mathrm{d}(\rho_{ca}(t)V_{ca})}{\mathrm{d}t} = -\rho_e(t)U_e(t)A_e \\ \dfrac{\rho_{ca}(t)}{\rho_e(t)} = \left[1 + \dfrac{\gamma-1}{2}Ma_e^2(t)\right]^{1/(\gamma-1)} \\ Ma_e(t) = U_e(t)/\sqrt{\gamma RT_e(t)} \end{cases} \quad (2.8)$$

在式(2.8)中，第一个公式本质上是质量守恒定律，第二个公式为等熵膨胀关系式，第三个公式中除了 $U_e(t)$ 外，共引入了 4 个未知变量（ρ_{ca}，ρ_e，Ma_e，T_e）。进一步推导，射流出口密度可以表示为

$$\begin{cases} \rho_e(t) = \rho_0 \bigg/ \left[f(t) \cdot \exp\left(\dfrac{A_e}{V_{ca}} \cdot \int_0^t \dfrac{U_e(t)}{f(t)}\mathrm{d}t\right) \right] \\ f(t) = \left[1 + \dfrac{\gamma-1}{2}Ma_e^2(t)\right]^{1/(\gamma-1)} \end{cases} \quad (2.9)$$

由于射流气体温度较高，$0 \leq Ma_e(t) \leq U_e(t)/\sqrt{\gamma RT_0}$ 始终成立。因此，函数 $f(t)$ 的上限与下限分别为 $f_{UL}(t) = [1 + (\gamma-1) \cdot U_e^2/(2\gamma RT_0)]^{1/(\gamma-1)}$ 和 $f_{LL} = 1$。与之相对应，射流出口密度的变化应在以下区间内：

$$\begin{cases} \rho_e(t) \geqslant \rho_0 \Big/ \Big[f_{\mathrm{UL}}(t) \cdot \exp\Big(\frac{A_e}{V_{ca}} \cdot \int_0^t U_e(t)\mathrm{d}t\Big) \Big] \\ \rho_e(t) \leqslant \rho_0 \Big/ \exp\Big[\frac{A_e}{V_{ca}} \cdot \int_0^t \frac{U_e(t)}{f_{\mathrm{UL}}(t)}\mathrm{d}t\Big] \end{cases} \quad (2.10)$$

图 2.12(b) 为由式(2.9)计算得到的射流出口密度的上下限,用这两条曲线的平均值来近似 $\rho_e(t)$,可以保证最大相对误差小于 8%。此外,基于时变的射流出口密度和出口速度,还定义了与单脉冲射流相关的三个关键指标：射流气体质量(M_e)、脉冲(I_p)和射流机械能(E_m)。

$$\begin{cases} M_e = \int_0^{T_{\mathrm{jet}}} \rho_e(t) U_e(t) A_e \cdot \mathrm{d}t \\ I_p = \int_0^{T_d} \rho_e(t) U_e(t) \mid U_e(t) \mid A_e \cdot \mathrm{d}t \\ E_m = \int_0^{T_d} 0.5\rho_e(t) U_e^2(t) \mid U_e(t) \mid A_e \cdot \mathrm{d}t \end{cases} \quad (2.11)$$

式中,T_d 为循环周期,在单个射流模式下可以用 T_{jet} 代替。需要注意的是,方程(2.11)中的三个积分项是出口密度与出口速度不同幂次的乘积。由于这几个指标依赖于激励器的几何形状和输入能量,因此,可以进行无量纲处理如下：

$$\begin{cases} M_e^* = M_e/(\rho_0 V_{ca}) \\ I_p^* = I_p/\sqrt{2E_d \cdot \rho_0 V_{ca}} \\ \eta_m = E_m/E_d \end{cases} \quad (2.12)$$

其中,$\rho_0 V_{ca}$ 为腔内气体的初始质量；E_d 是放电电压和电流积分得到的放电能量；η_m 为电能的转化效率。在假定全部放电能量 E_d 转化为腔内气体的动能的前提下,可以计算得到 $\sqrt{2E_d \cdot \rho_0 V_{ca}}$ 这一数值。显然,无量纲脉冲 I_p 的上限为 1,含义为"冲量转化效率"。典型条件下,η_m 与 I_p 的数量级分别为 0.1% 和 1%。

2.5.4 PIV 测量不确定性分析

在本书中,有限样本、峰值锁定误差、有限空间分辨率、有限激光厚度、放电时间不确定性和粒子跟踪滞后是 PIV 测量不确定性的六个主要来源。假设所有样本不相关且服从正态分布,则由有限样本导致的测量不确定度(第一类测量不确定度)可以利用如下公式进行估算[10]：

$$\delta_{U1} = \sigma_U/\sqrt{N} \quad (2.13)$$

式中,σ_U 与 N 分别为速度的标准差和样本总数。因此,在速度脉动强烈的区域(如头部涡环和射流剪切层),测量不确定度也对应较高。随着样本量的增加,第一类测量不确定度也会降低。

峰值锁定误差来源于互相关分析中的亚像素拟合,与样本数无关。它主要受粒子图像直径 d_p 的影响,当 d_p 小于两个像素时尤其显著[11]。在本书中,粒子图像直径为 2~3 像素,峰值锁定误差约为 0.15 像素[12]。考虑最大粒子位移为 10 个像素,峰值锁定误差 σ_{U2} 引起的测量不确定度约为峰值速度的 1.5%。

Scarano 等[13]分析了有限空间分辨率所引起的测量误差。当问询窗口不变时,该误差 σ_{U3} 与速度场的二阶空间导数成比例,如式(2.14)所示:

$$\delta_{U3} = \frac{1}{24}\left(\frac{\partial^2 U}{\partial^2 x}l_x^2 + \frac{\partial^2 U}{\partial^2 y}l_y^2\right) \tag{2.14}$$

其中,l_x 和 l_y 表示二维情况下每个方向的窗口大小。在实验中,真实的速度场不可能预先得到。公式中的二阶速度导数可以通过其他测速技术(如热线测量)或更高分辨率的 PIV 来评估[14]。

有限的激光厚度相当于对测量区域的速度场进行了空间平均,与有限问询窗口的影响类似。考虑图 2.12 所示的测量结果,在激光平面内的射流速度分布是极其不均匀的,其顶部形状如图 2.13(a)所示。

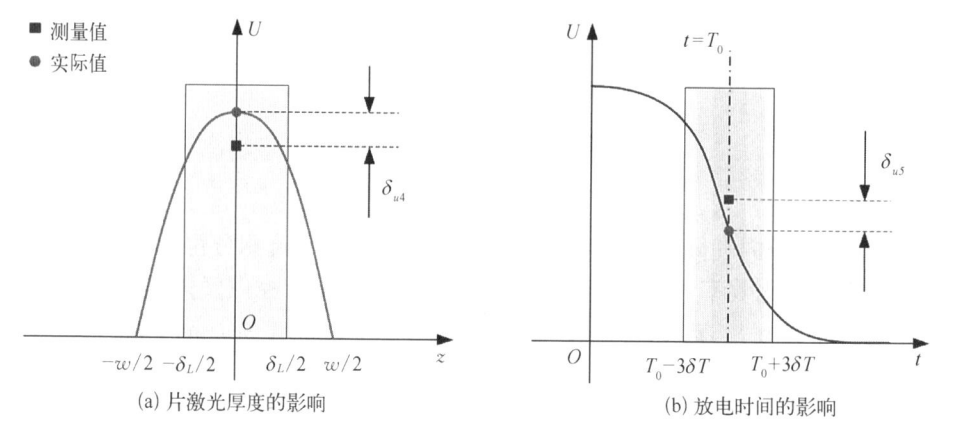

(a) 片激光厚度的影响

(b) 放电时间的影响

图 2.13 由片激光厚度与放电时间不确定性引起的速度测量误差

空间平均效应与片激光厚度及平面法向的二阶速度导数成比例。这里,考虑最坏的情况,假定激光平面上的速度分布为抛物线。基于该假设,测量得到的平均速度 U_m 和相应的估计误差 σ_{U4} 可以推导如下:

$$\begin{cases} U_m = \int_{-\delta_L/2}^{\delta_L/2} U(z)\,\mathrm{d}z = \int_{-\delta_L/2}^{\delta_L/2} U(0)\cdot\left(1 - \frac{4z^2}{D^2}\right)\mathrm{d}z \\ \delta_{U4} = U_m - U(0) = -\frac{1}{3}\left(\frac{\delta_L}{D}\right)^2 \cdot U(0) \end{cases} \tag{2.15}$$

其中，$U(0)$ 是实际速度，z 表示激光平面的法线方向。根据上式，空间平均效应倾向于低估射流出口速度，并且该误差与片激光厚度成正比、与射流孔径成反比。对于典型案例（$D = 2$ mm 和 $\sigma_U = 0.5$ mm），由片激光厚度所引起的相对测量误差为 2%。

第五个误差与放电时间不确定性有关[图 2.13(b)]。具体而言，由于放电电源的内部阻抗不匹配或者电容充电等，高压触发信号不是理想的方波，需要在一定时间内上升到击穿电压。因此，电极间隙中的火花放电时刻是不确定的，这个小范围波动会进一步引起射流速度的测量不确定性[15]。假定放电时间标准差为 δ_T，由此所产生的测量不确定度 σ_{U5} 可以由式(2.15)导出。

$$\delta_{U5} = U(T_0 + \delta_T) - U(T_0) \approx \delta T \frac{\partial U}{\partial t}\Big|_{t = T_0} \tag{2.16}$$

根据文献[16]中的测量结果，标准差 δ_T 约为 3 μs。考虑到典型的射流加速时间为 100 μs，峰值射流速度为 200 m/s（图 2.12），σ_{U5} 的峰值误差约为 6 m/s。

最后一项测量误差是由粒子跟踪滞后所引起的，这项误差在速度剧烈变化的区域（如冲击波、射流头部）较为显著。根据 Raffel 等[16]的结论，示踪粒子在这些区域 σ_{U6} 中的滞后速度可以用以下关系式来估计：

$$\delta_{U6} = U_f - U = \tau_p \frac{\partial U}{\partial t} \tag{2.17}$$

其中，U_f 与 U 分别代表流体速度和示踪粒子速度；τ_p 为粒子的响应时间，与流体和示踪粒子性质相关，$\tau_p = d_p^2(\rho_p - \rho_f)/18\mu$；$d_p$ 为示踪粒子直径；ρ_p 和 ρ_f 分别是粒子和流体的密度；μ 表示流体动态黏度。本书中所采用的粒子为雾化矿物油或水乙二醇，τ_p 估计为 3.4 μs[1]，故由粒子跟随滞后所导致的测量不确定度与放电时间所导致的不确定度相近。

上述六个测量误差的矢量和即为总的测量不确定度。需要注意的是，六个误差中的每一项都是时间 t 和空间坐标 (x, y, z) 的函数。想要获得总测量误差的时空分布难度较大，后面的章节只对峰值测量不确定性进行评估。

参考文献

[1] Ko H S, Haack S J, Land H B, et al. Analysis of flow distribution from high-speed flow actuator using particle image velocimetry and digital speckle tomography [J]. Flow Measurement and Instrumentation, 2010, 21(4): 443-453.

[2] Zhang Z B, Wu Y, Jia M, et al. The multichannel discharge plasma synthetic jet actuator[J]. Sensors and Actuators A: Physical, 2017, 253: 112-117.

[3] Zong H, Kotsonis M. Realisation of plasma synthetic jet array with a novel sequential discharge [J]. Sensors and Actuators A: Physical, 2017, 266: 314-317.

[4] Zhang Z B, Wu Y, Jia M, et al. Modeling and optimization of the multichannel spark discharge[J]. Chinese Physics B, 2017, 26(6): 065204.

[5] Belinger A, Naudé N, Cambronne J P, et al. Plasma synthetic jet actuator: Electrical and optical analysis of the discharge [J]. Journal of Physics D Applied Physics, 2014, 47 (34): 345202.

[6] Adrian R J, Yao C S. Pulsed laser technique application to liquid and gaseous flows and the scattering power of seed materials[J]. Applied Optics, 1985, 24(1): 44-52.

[7] Scarano F, Ghaemi S, Caridi G C A, et al. On the use of helium-filled soap bubbles for large-scale tomographic PIV in wind tunnel experiments[J]. Experiments in Fluids, 2015, 56(2): 42.

[8] Zong H H, Cui W, Wu Y, et al. Influence of capacitor energy on performance of a three-electrode plasma synthetic jet actuator[J]. Sensors & Actuators A Physical, 2015, 222 (222): 114-121.

[9] Zong H, Kotsonis M. Electro-mechanical efficiency of plasma synthetic jet actuator driven by capacitive discharge[J]. Journal of Physics D: Applied Physics, 2016, 49(45): 455201.

[10] Sciacchitano A, Wieneke B. PIV uncertainty propagation [J]. Measurement Science and Technology, 2016, 27(8): 084006.

[11] Huang H, Dabiri D, Gharib M. On errors of digital particle image velocimetry [J]. Measurement Science and Technology, 1997, 8(12): 1427-1440.

[12] Chen J, Katz J. Elimination of peak-locking error in PIV analysis using the correlation mapping method[J]. Measurement Science and Technology, 2005, 16(8): 1605.

[13] Scarano F. Theory of non-isotropic spatial resolution in PIV[J]. Experiments in Fluids, 2003, 35(3): 268-277.

[14] Scarano F. Iterative image deformation methods in PIV [J]. Measurement Science and Technology, 2002, 13(1): R1.

[15] Laurendeau F, Leon O, Chedevergne F, et al. Particle image velocimetry experiment analysis using large-eddy simulation: Application to plasma actuators[J]. AIAA Journal, 2017, 55 (11): 3767-3780.

[16] Raffel M, Willert C, Scarano F, et al. Particle image velocimetry: A practical guide[M]. Cham: Springer, 2018.

第3章
等离子体合成射流激励特性

3.1 引　　言

约翰·霍普金斯大学、法国宇航研究院等国外单位从2003年开始等离子体合成射流激励特性的探索,但受强电磁干扰下小尺度(mm)、快演化(μs)流场测量这一技术难题制约,一直停留在单次射流脉冲的定性纹影表征上[1-5]。揭示等离子体合成射流激励的形成演化机理,获得激励特性变化的均一化无量纲规律,是亟须解决的关键科学问题。本章采用高速纹影成像、高速锁相PIV等技术对静止空气中等离子体合成射流的激励特性进行诊断,探索电源输入参数(包括电容能量、激励频率等)与系统结构参数(包括射流孔径、孔型、电极间距和腔体体积等)对激励诱导特征结构演化特性和激励器性能的影响。

针对电容能量的影响(3.2节),首先采用纹影方法获得不同能量下的射流演化模式,进一步提取出射流峰值速度、持续时间和影响面积等关键性能指标。针对激励频率的影响(3.3节),分稳态和瞬态两个阶段进行分析;稳态阶段分析的主要内容是射流穿透深度、出口速度、腔内参数、激励器效率和射流扩散率等特性随激励频率的变化规律,瞬态阶段的关注重点是激励器启动后腔体参数随工作周期的演化机理。针对孔径的影响,3.4节设计三种激励器,基于高速纹影成像结果探究各个案例下的射流拓扑演变特征,明确孔径对激波强度、涡环演化、射流速度和不对称性的影响。针对孔型的影响,3.5节选取圆孔射流作为参考对象,研究狭缝孔射流的时空演化特征,从剪切层卷吸、动量输入、黏性阻力等方面分析头部涡环的扭曲变形,并揭示孔口形状对射流穿透特性的影响机制。针对电极间距和腔体体积的影响,3.6节设计腔体体积和电极间距均可变化的小腔体激励器,获得无量纲加热体积对射流出口速度和机电效率的影响。

3.2　电容能量影响

3.2.1　实验装置

采用2.2节中图2.1所示的激励器结构开展电容能量影响研究,激励器腔体直径、高度和体积分别为 10 mm、15 mm 和 1 178 mm³,顶盖上的射流孔径为 3 mm。将三根直径均为 1.6 mm 的钨针插入腔体中,分别用作触发电极、阳极和阴极,电极所在平面和腔体顶部平面之间的距离为 6 mm。触发电极的尖部位于阳极和阴极中间,与两个电极的距离均为 2 mm。激励器供电电路采用 2.3 节中图 2.2 所示的电容放电电路,直流电源的输出电压范围为 0~3 kV,电容容值的变化范围为 0.1~1.4 μF。在本实验中,高压脉冲电源的放电频率为 1 Hz,电阻阻值为 1 000 Ω,高压二极管型号为 2CL30kV/5A。

供电系统的工作流程如下。首先,利用直流电源对电容器充电,并根据电阻和电容的乘积确定充电电路的特征时间。接着,当高压脉冲电源被触发后,阳极和阴极之间形成放电通路,电容器能量迅速释放至气体间隙内,对激励器腔体中的气体进行快速加热。一旦电容器电压下降至电弧维持电压以下,放电过程就会终止。最后,电容器将再次充电并为下一次放电做好准备。

实验中采用高压探头(P6015)、电流探头(TCP0030 A)和示波器(DPO4140)对电路中电压与电流变化情况进行测量记录。图 3.1 为电容容值 1.4 μF、初始电压 1 600 V 条件下的放电波形。在整个放电过程中,受连接导线的寄生电感影响,放电电压、电流发生了剧烈振荡,振荡持续时间约 40 μs。根据放电过程中的峰值电流(260 A)和电极的横截面积,估算电流密度为 12 900 A/cm²,表明在腔体中形成了强烈的电弧放电(非火花放电)。

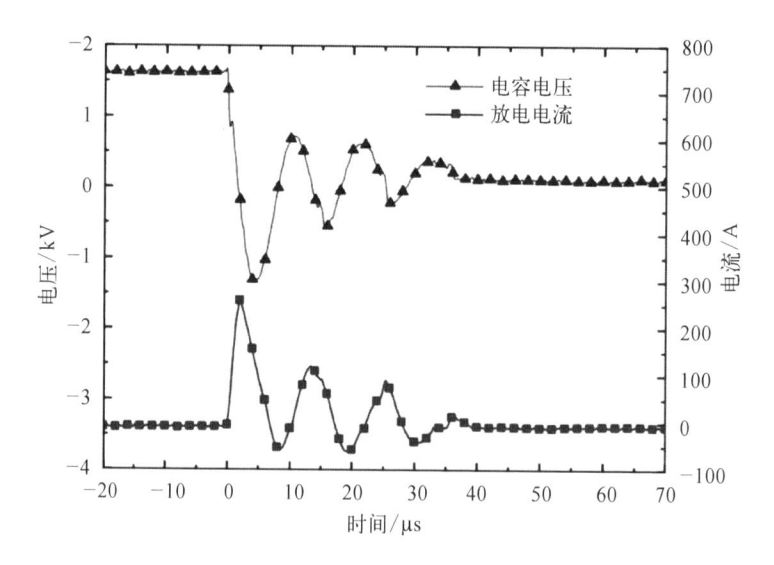

图 3.1 放电电压和电流随时间变化

电容能量对 PSJA 性能影响较大,多采用腔体内的气体内能对电容能量进行无量纲化处理。无量纲电容能量用 ε 表示,计算公式如下所示:

$$\varepsilon = \frac{0.5CU^2}{c_v \rho_0 V_0 T_0} \quad (3.1)$$

式中,V_0、ρ_0、T_0分别表示腔体体积、环境密度和温度;C与U分别表示电容容值和电容电压。通过改变电容容值或电容电压均可对电容能量进行调节。

为了系统地分析电容能量对激励器性能的影响,需要ε在较大范围内变化,覆盖多个参数量级。由于电容放电存在一个最小的维持电压,故仅靠调整电压所获得的ε变化范围是不够的,需要同时调节电容容值和电容电压。在本书中,电容容值的变化范围为 0.1~1.4 μF,电容电压的范围为 500~3 000 V,对应的ε变化范围为 0.044~22.1,覆盖了约三个数量级。

3.2.2 纹影流场演化

图 3.2 为电容容值 1.4 μF、初始电压 3 000 V 条件下的射流流场演化过程。在电源触发后的 41.3 μs,放电仍在继续,腔体被放电照亮。此时,可以观测到前驱冲击波从腔体中迸发出来,但没有观察到明显的射流,说明冲击波和射流的形成存在一定时延。在 82.6 μs 时,有明显的蘑菇状射流从激励器腔体内喷出。随着气体不断被排出,射流沿激励器轴向传播距离增大,受射流影响的区域也越来越大。660.7 μs 之后,孔口附近纹影灰度变弱,相应的射流速度开始降低。在图 3.2(f)中,孔口附近几乎看不到明显射流,意味着射流阶段已经彻底结束。随后,已经喷射出的流体向四周扩散,形成大面积的阴影区域。

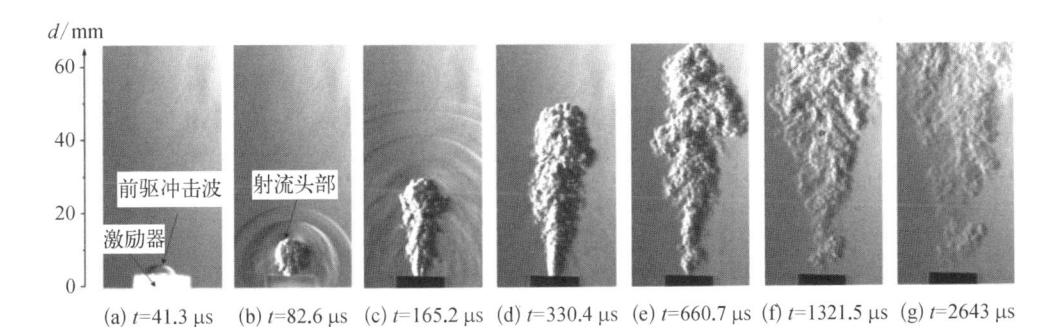

图 3.2 典型的射流流场演化

图 3.3 为电容能量变化时出现的三种典型流场演化模式。当电容能量较小时,流场演化表现为模式 1。该模式下只能观察到冲击波,射流孔附近没有明显的流体喷出,且形成的冲击波也相对较弱,消散很快。大约在 330.4 μs 之后,流场便恢复到了放电之前的状态。随着电容能量的增加,出现了第二种流场演化模式。该模式下,腔内流体开始从孔口喷出,但此时的射流较为薄弱。随着射流的传播,

射流头部逐渐脱离主体并形成涡环。当电容能量进一步增加时，流场开始演变为模式3，模式3中的射流比模式2中的强度更高、体积更大。在整个演化过程中，射流头部始终与主体相连，几乎看不到启动涡环。

(a) 模式1 ($U = 500$ V, $C = 0.4$ μF, $\varepsilon = 0.175$)

(b) 模式2 ($U = 1500$ V, $C = 0.22$ μF, $\varepsilon = 0.868$)

(c) 模式3 ($U = 2000$ V, $C = 0.4$ μF, $\varepsilon = 2.806$)

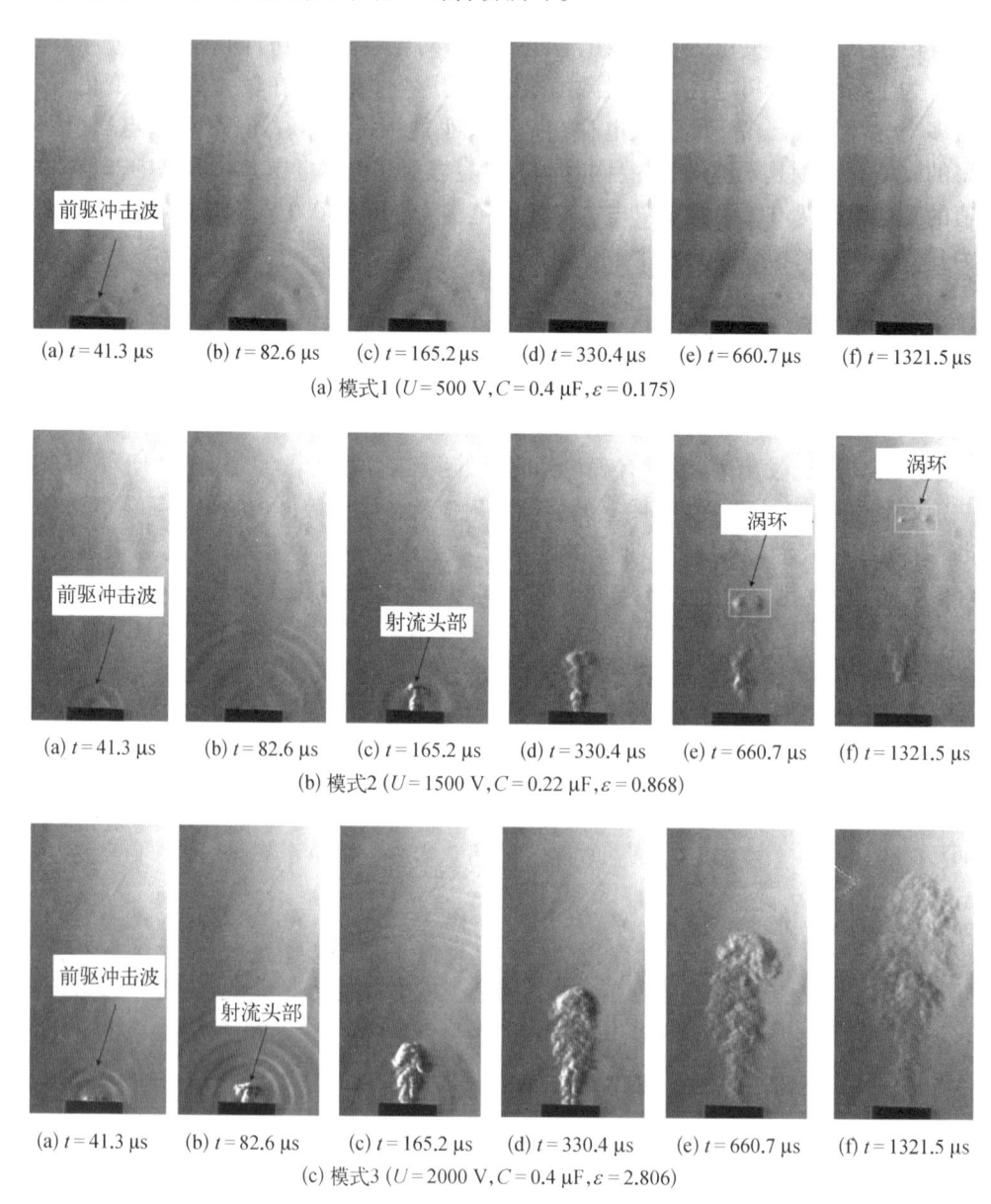

图 3.3　不同的射流演化模式

图 3.4 为流场演化模式与电容能量的关系。随着电容能量的增加，流场演化模式逐渐发生转变。当无量纲电容能量 $\varepsilon < 0.35$ 时，流场表现为模式1；当 $0.35 <$

$\varepsilon<1.1$ 时,流场表现为模式 2;当 $\varepsilon>1.1$ 时,流场表现为模式 3。这表明电容能量存在一个最小极限值,低于该值等离子体合成射流不会形成。

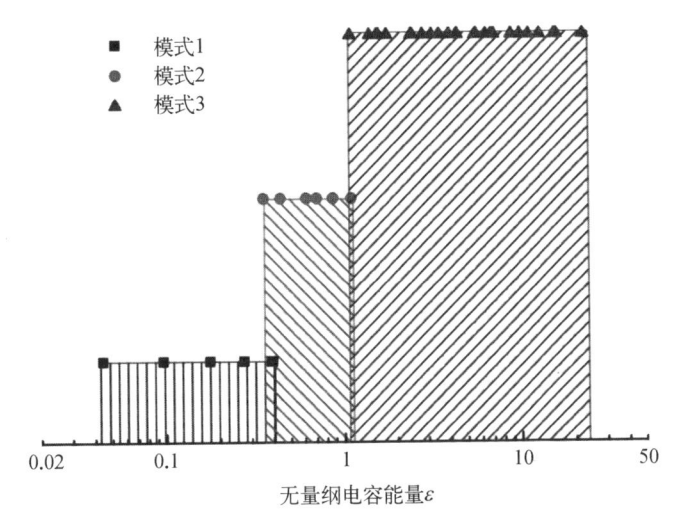

图 3.4 流场演化模式与电容能量的关系

3.2.3 射流速度、持续时间和影响面积

图 3.5 展示了不同电容能量下的射流头部峰值速度。在半对数坐标下,射流头部峰值速度与电容能量之间近似呈线性关系。这表明随着电容能量的增加,射流头部峰值速度也增加,但增加速度逐渐放缓。当无量纲电容能量 ε 为 22.1 时,射流头部峰值速度达到 230 m/s,PSJA 较高的射流速度使其在高速流动控制中具

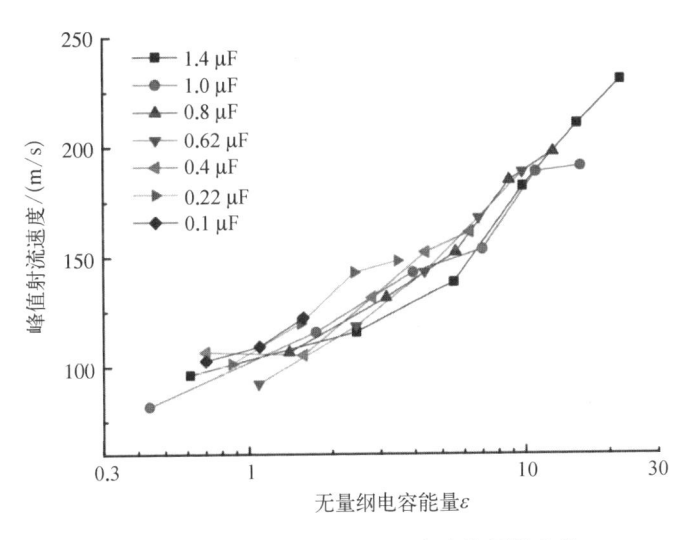

图 3.5 射流头部峰值速度随电容能量的变化

有较大应用潜力。此外,当电容能量相同、电容容值不同时,射流峰值速度存在一定差异。这种差异可能与放电时间和气体加热效率不同有关,第 4 章将对这种关系进一步研究[6-8]。

图 3.6 为射流持续时间随电容能量的变化。无论电容容值大小如何,随着电容能量的增加,射流持续时间均呈现出一种先上升、然后保持不变的规律,最大射流持续时间达到了 578 μs。此外,图 3.6 还表明,为了进一步延长射流持续时间,还应该采取其他措施,如减小孔径。

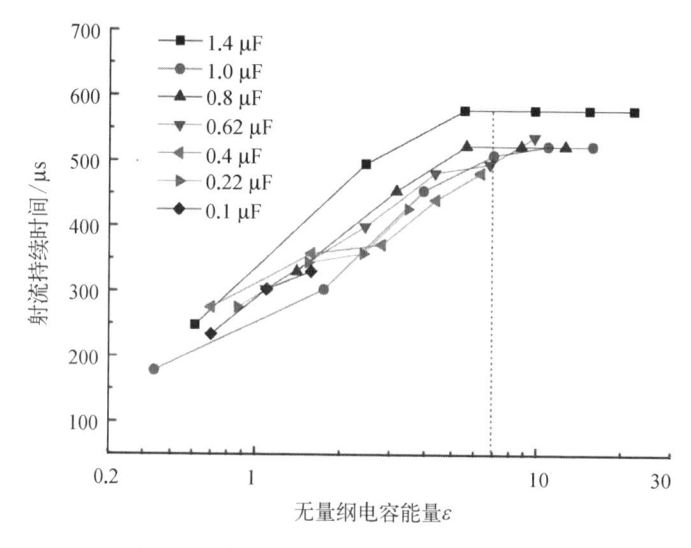

图 3.6 射流持续时间随电容能量的变化

在电容容值为 1.4 μF、初始电压为 500 V 时,一个工作周期内射流影响面积的变化如图 3.7 所示。射流阶段,由于气体排出和射流膨胀,射流影响面积逐步增大。射流阶段结束以后,由于湍动能耗散,射流影响面积会逐步缩小。在整个工作周期中,射流影响面积存在一个最大值。最大的射流影响面积可以在一定程度上反映 PSJA 的射流质量流量,因此,也是衡量射流强度的一个重要指标。

图 3.8 给出了最大射流影响面积随电容能量的变化。随着电容能量的增加,最大射流影响面积先上升,然后保持不变。这种变化趋势与射流持续时间的变化趋势相似,表明二者之间是关联的,均由射流质量流量决定。具体而言,在固定腔体体积时,随着电容能量增大,PSJA 的射流流量也会随之增加。但总的射流质量流量存在一个上限,不会超过激励器腔体内部的初始气体质量。因此,一旦无量纲电容能量超过某个临界值($\varepsilon \approx 10$),射流质量流量就会维持不变,很难再进一步增大。由于射流持续时间和最大射流影响面积直接由射流质量流量决定,因此,它们也存在一个极限值。

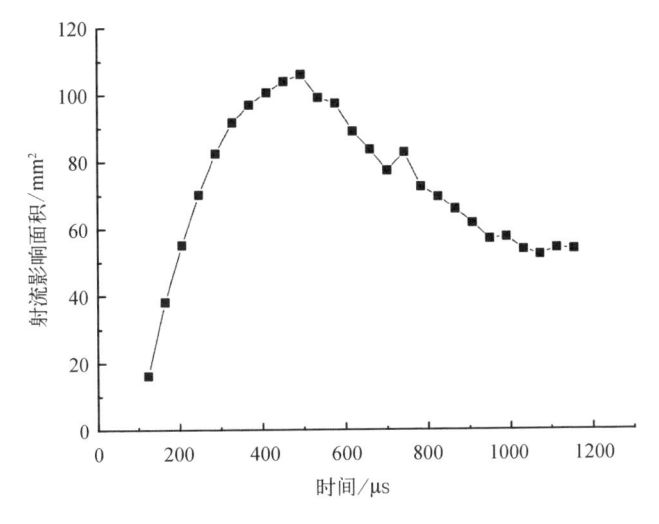

图 3.7 一个工作周期内射流影响面积变化

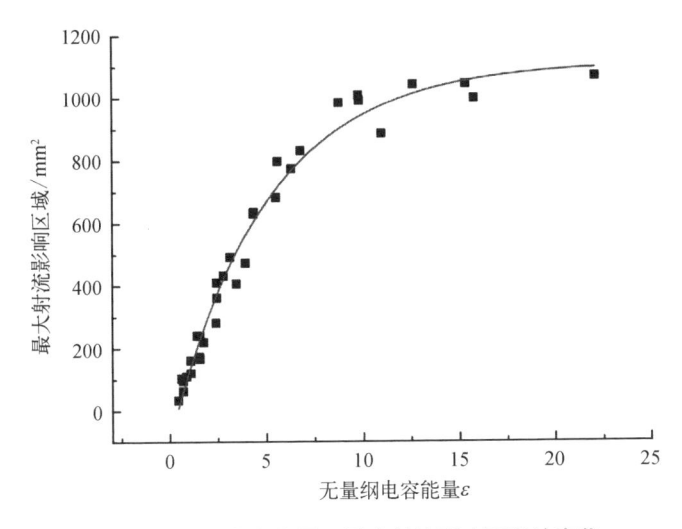

图 3.8 不同电容能量下最大射流影响面积的变化

3.3 激励频率影响

3.3.1 实验装置

1. 激励器和供电系统

采用图 2.2 中的电路 E_2 和图 2.1 中的激励器 A_2 开展激励器的频率特性研究,供电电路采用的电容器容值为 $C_1 = 0.1$ μF。根据充电电路特征时间尺度($\tau_d = C_1 R_1 = 0.15$ ms)所估算的激励器最大放电频率为 $1/4.67\tau_d = 1429$ Hz。激励器 A_2

的射流控制、喉道长度和腔体体积分别为 $D = 1.5$ mm、$L_{th} = 3$ mm、$V_{ca} = 942$ mm^3，对应的亥姆霍兹固有频率为 1 353 Hz，公式如下：

$$f_h = \frac{1}{2\pi}\sqrt{\frac{\gamma P_0}{\rho_0}}\sqrt{\frac{A_e}{V_{ca}L_{th}}} \tag{3.2}$$

式中，A_e 为孔口面积；L_{th}、P_0 和 γ 分别代表喉道长度、大气环境压力和比热比；V_{ca} 表示 PSJA 的腔体容积，ρ_0 表示大气环境密度。在射流出口中心建立圆柱坐标系，r 轴与 x 轴分别沿轴向和径向。

2. PIV 测量系统

采用高速锁相 PIV 系统对对称平面上的射流速度场进行测量。该系统主要由高速激光器（Continuum Mesa PIV，532-120-M）、高速照相机（Photron，Fastcam SA-1，分辨率为 1024 像素×1024 像素）和可编程计时单元（PTU）（LaVision，HSC）组成。在测量过程中，为了避免外界环境中的微弱气流扰动，将激励器放置在一个封闭的有机玻璃盒子中。示踪粒子为绝缘植物油液滴，雾化器为 TSI 公司生产的 9302 型高压粒子发生器。在放电之前，通过激励器腔体的粒子散播孔向腔体内部注入粒子。由激光头发出的激光束通过两个球形透镜和一个圆柱形透镜整形为厚度 0.6 mm 的片激光，该片激光所在平面与 xr 平面重合。高速相机头部安装了一个 200 mm 的微距镜头（Nikon，Micro-Nikkor）和一个延长镜头（36 mm），所实现的视场范围为 12 mm×12 mm（8D×8D）、放大倍率为 1.7。图像的采集和处理均依托 Davis 8.3.1 软件平台来完成。在最后一步互相关运算中，使用的问询窗大小为 24 像素×24 像素，重叠率为 75%，对应的速度场空间分辨率为 0.07 mm。

为了捕捉不同相位下的射流演化，PIV 工作在锁相模式。将放电和图像记录之间的时延（即相位）定义为 t。硬件层面，该相位 t 的调节由数字时延/脉冲发生器（Stanford Research Systems，DG535）完成，锁相精度优于 1 μs。如表 3.1 所示，共选取了六个案例开展频率特性的测量。这些案例的能量沉积相同（$C_1 = 0.1$ μF，$V_1 = 2.0$ kV），放电频率从 50 Hz 依次增加至 1 429 Hz。根据式(3.1)计算出的无量纲能量沉积 ε 为 0.84，无量纲频率 f^* 为 0.037~1.056。在每个案例下，选择了 50 个左右的相位进行锁相 PIV 测量，以覆盖一个完整周期。在每个相位下，采样数目为 200 张。

表 3.1 不同案例下的放电参数

案 例	f_d/Hz	T_d/ms	f^*	ε
案例 1	50	20	0.037	0.84
案例 2	100	10	0.074	0.84

续 表

案 例	f_d/Hz	T_d/ms	f^*	ε
案例3	200	5	0.148	0.84
案例4	500	2	0.370	0.84
案例5	1 000	1	0.739	0.84
案例6	1 429	0.7	1.056	0.84

正如Sary等[9]和Zong等[10]所提到的,PSJA在启动后的前几个脉冲(少于20个)处于性能不稳定的瞬态工作阶段,而后面的脉冲则处于稳定工作阶段。在瞬态工作阶段,腔体密度和腔体温度呈阶梯状变化,峰值射流速度逐步增加。相比之下,稳态工作阶段的出口速度、腔体密度和腔体温度均呈现出一种周期性变化规律。需要说明的是,重频工作下的瞬态阶段是不可避免的,只要满足以下两个特定条件,就会过渡到稳态:第一,在一个周期内通过射流孔喷出的质量流量与吸入腔体质量流量相等,满足质量守恒方程;第二,PSJA所做的循环功与一个周期内环境与激励器之间的热交换相等,满足能量守恒关系。出于这种考虑,在计算不同频率下的锁相平均流场时,只使用最后100张瞬时流场。此外,为揭示激励器瞬态工作阶段的形成机理,选择频率效应最显著的案例6进行额外的数据记录。在该案例下的每个相位,激励器都记录了20个瞬时流场。根据本书2.5.4节的方法,对锁相PIV测量不确定性进行评估,得到的最大速度测量误差不超过峰值射流速度的5%。

3.3.2 锁相平均流场分析

1. 射流穿透深度和出口速度

图3.9显示了最低激励频率(案例1,$f^* = 0.037$)和最高激励频率(案例6,$f^* = 1.056$)两种情况下的锁相平均速度场。当$f^* = 0.037$、$t = 50$ μs时,射流孔附近出现了弓形结构,这种结构实际上是由多个冲击波经过相位平均之后而形成的[11]。从本质上来讲,等离子体合成射流激励器的冲击波是由脉冲电弧的快速加热引起的,与高亚声速流动分离控制中所采用的纳秒脉冲等离子体合成射流激励具有异曲同工之处[12]。继这些冲击波之后,脉冲射流喷出,射流主体类似于一个锤形,峰值速度高达70 m/s。在图3.9(b)与(c)中,可以观察到在这个直立的射流主体内部有几个并不连续的高速流动区域[13]。这些高速流动区域的形成与剪切层涡环的诱导效应有关,相邻两个区域的轴向间距从$t = 250$ μs时的2D增长到$t = 500$ μs时的3D。射流阶段停止后,出口孔附近的环境气体($1 < r/D < 1$, $x/D < 1$)被缓慢吸入到激励器内部,与腔体内的高温低密度气体进行掺混。

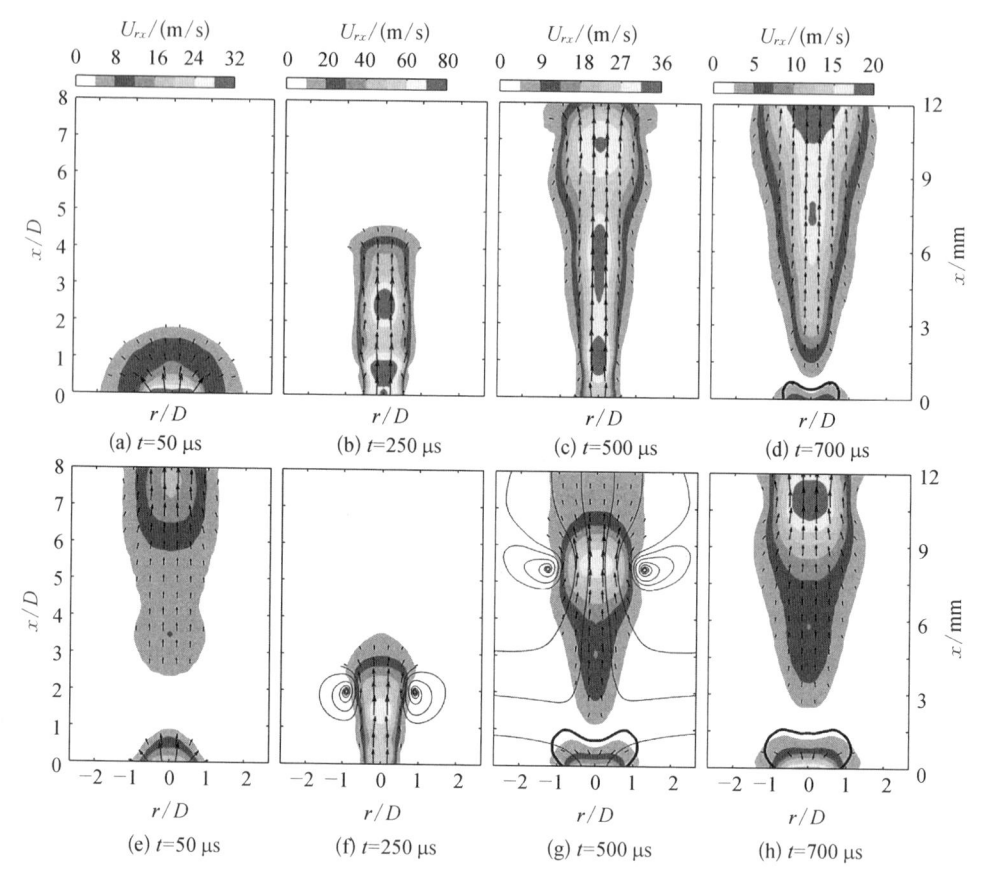

图 3.9 案例 1 和案例 6 锁相平均速度场的时间演化:
(a)~(d) $f^* = 0.037$;(e)~(h) $f^* = 1.056$

与案例 1 相比,案例 6 中的弓形冲击波局限在出口孔附近。起始时刻,上一个脉冲射流的尾部流动仍然在视场范围内,在一定程度上淹没了冲击波诱导流动。在 $t = 250\ \mu s$ 时,孔口附近形成了脉冲射流,但峰值速度相对较弱、仅为 60 m/s。随后,在 $t = 500\ \mu s$ 时,出现了明显的吸气流动。射流主体中只能观察到一个高速核心,表明其他剪切层中旋涡的数量相应减少。当 $t = 700\ \mu s$ 时,吸气速度进一步增加,达到了 15 m/s。该峰值吸气速度是案例 1 中峰值吸气速度的 3 倍。

由以上分析可知,激励器高频工作所带来的两个主要变化是射流减弱和吸气增强。在此利用射流穿透深度和射流速度来量化这些变化。图 3.10 显示了所有案例下 $t = 250\ \mu s$ 时的速度云图,红色实线为 $U_{rx} = 20$ m/s 的等值线。可以发现 $f^* = 0.739$ 时的峰值射流速度和射流穿透深度与频率更低时相差不大,而 $f^* = 1.056$ 时的穿透深度则相对其他案例显著下降。如图 3.10(a) 所示,射流穿透深度 L_p 可以被定义为 20 m/s 速度等值线[14]所对应的最远传播距离。图 3.11 显示了不同频率

下 L_p 随时间的变化情况。总体来看，L_p 随时间稳定增长，趋势与本书作者团队先前研究结果一致[14]。当 $f^* \leq 0.739$、$100~\mu s < t < 300~\mu s$ 时，L_p 随频率增加而单调下降，但这种差异在后续时间演化中逐渐减小。当 f^* 从 0.739 增加到 1.056 时，L_p 呈现出一种急剧下降的趋势，下降幅度约为 $1D$。该现象在图 3.10 中也有体现，主要与吸气增强有关。

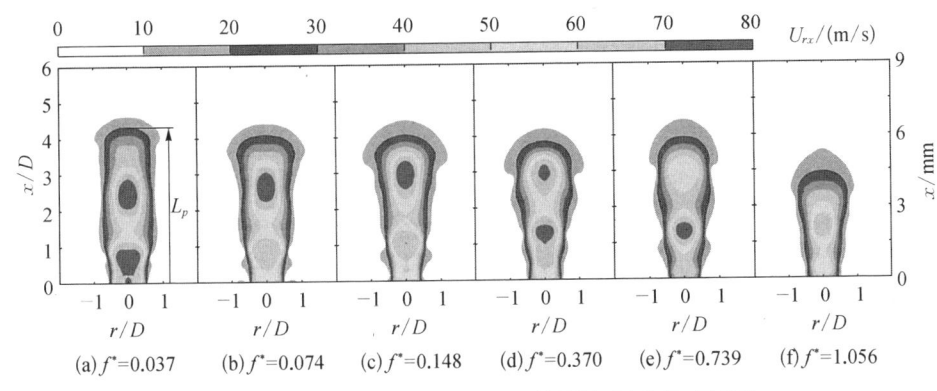

图 3.10　不同频率下 $t = 250~\mu s$ 时的锁相平均速度云图

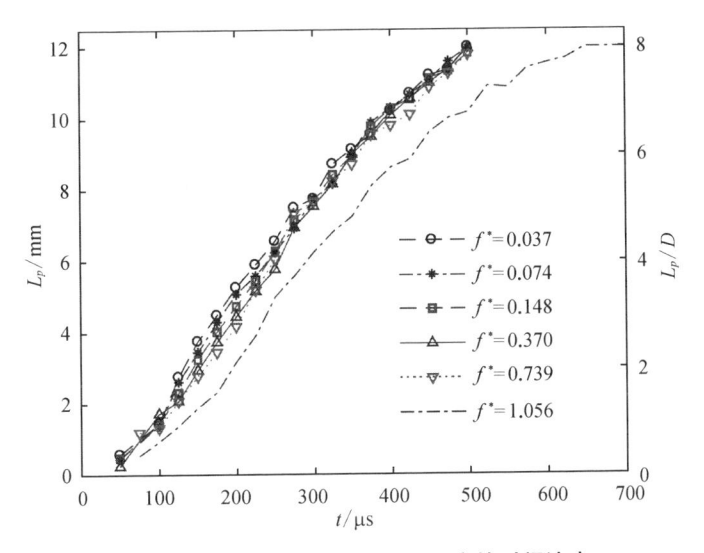

图 3.11　不同频率下射流穿透深度的时间演变

图 3.12 显示了不同频率下 $t = 500~\mu s$ 时的锁相平均速度等值线，黑色实线为 $U_x = -1~m/s$ 的等值线。该序列直观地展示了射流和吸气流动是如何完成交替的。最初，孔口外缘附近的空气被吸入射流喉道，而孔口中心区域附近的空气仍在持续喷出。随着射流流动的减少，吸气流动开始向内扩展，逐渐占据整个出口。最后，在流场中形成鞍形流动模态，射流与吸气流动分别位于近场和远场，两者的分割线

在 $x/D=1$ 附近 [图 3.9(g)]。

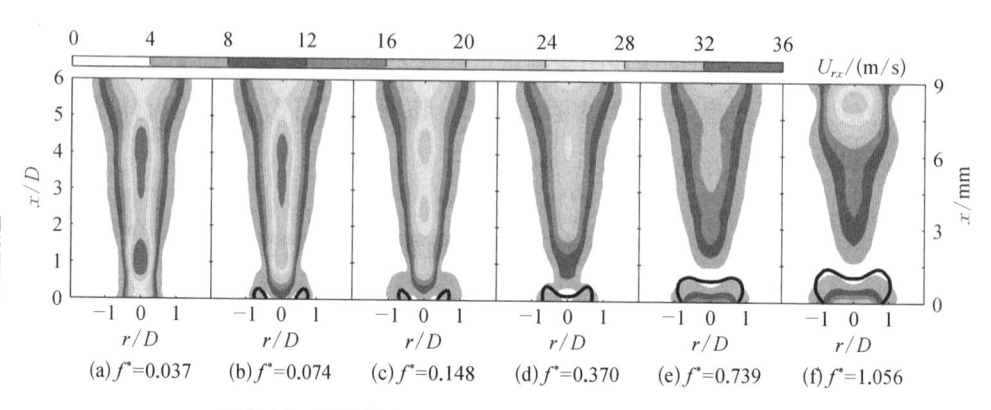

图 3.12　不同频率下 $t=500~\mu s$ 时的锁相平均速度云图

从图 3.12(a)~(f)中进一步提取出口速度剖面 U_x，结果如图 3.13(a)所示。这些曲线与钟形类似，且吸气速度曲线明显比射流速度曲线更加饱满。假设射流诱导流动为轴对称的，则可以根据式(3.3)计算出空间平均的射流出口速度 U_e：

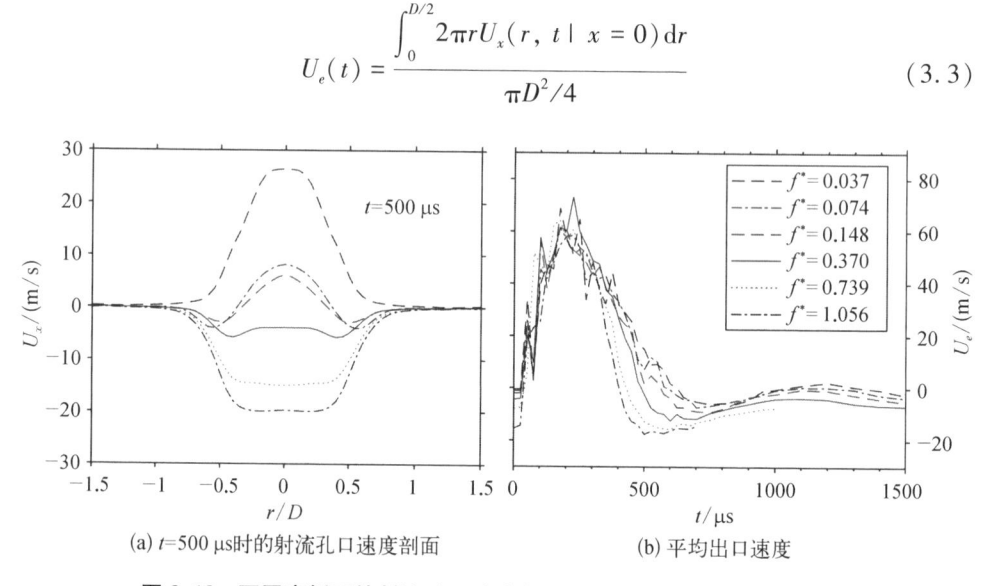

$$U_e(t) = \frac{\int_0^{D/2} 2\pi r U_x(r, t \mid x=0)\,\mathrm{d}r}{\pi D^2/4} \tag{3.3}$$

图 3.13　不同案例下的射流孔口速度剖面和平均出口速度随时间演变

图 3.13(b)为所有案例下 U_e 的时间变化，U_e 的正负符号分别表示射流阶段和吸气恢复阶段。在主射流阶段，U_e 急剧上升，然后在峰值附近出现小幅振荡，最后缓慢线性下降。U_e 的峰值(用 U_p 表示)出现在 $t=200~\mu s$ 和 $t=300~\mu s$ 之间，不同频

率情况下的峰值速度范围为 58~73 m/s。将射流持续时间 T_{jet} 定义为 U_e 第一次由正变负的时间。随着激励频率的增加，T_{jet} 从 627 μs 单调下降到 402 μs，而吸气峰值速度(用 U_s 表示)则从 6 m/s 增加到 18 m/s。表 3.2 列出了所有案例下的峰值射流速度、吸气速度和射流持续时间。当 $f^* = 0.037$ 时，$t = 1\,100$ ~ $1\,300$ μs 出现了微弱的二次射流(峰值速度为 2.3 m/s)。相比之下，当 $f^* \geqslant 0.074$ 时，$t = T_{jet}$ 之后的射流速度未出现正值的情况。这表明在高频重复工作时，一个周期内的射流阶段只有一个，不存在射流和吸气多次交替出现情况[11,15]。

表 3.2 峰值速度、射流持续时间和平均腔体密度

f^*	U_p/(m/s)	U_s/(m/s)	T_{jet}/μs	L_e/D	L_s/D	ρ_{ca1}/ρ_0	ρ_{ca2}/ρ_0
0.037	68.8	−6.0	627	12.8	12.5	97.7%	97.8%
0.074	61.3	−7.3	588	12.0	10.4	87.0%	87.0%
0.148	61.6	−9.2	563	11.6	8.8	75.6%	75.4%
0.370	73.1	−12.4	488	12.1	6.2	51.7%	51.6%
0.739	64.1	−15.7	430	10.8	4.4	40.9%	41.1%
1.056	58.4	−17.6	402	9.3	3.2	34.9%	34.2%

值得注意的是，在 $f^* = 1.056$ 的情况下，当 $t \leqslant 25$ μs 时的初始射流速度为负值(15 m/s)，远高于其他案例(小于 7 m/s)。换句话说，案例 6 中的射流($f^* = 1.056$)是在前一个脉冲引起的吸气阶段还未完全结束时产生的。这种初始吸气流动显然不利于脉冲射流的轴向传播，因此，该案例下的射流穿透深度必然要比其他案例小。

2. 平均腔体密度和腔体温度

由于射流出口速度在一个完整周期中的时间演化是已知的，因此，可以利用质量流量守恒定律估算出准稳态工作条件下的平均腔体密度 ρ_{ca}。相应的估算方法有两种[15]。第一种方法假设在一个周期中喷出的气体质量与初始腔体气体质量相比较小(小于 5%)。根据这一假设，无量纲平均腔体密度(ρ_{ca}/ρ_0)可以用等效吸气长度 L_s 与等效射流长度 L_e 之比来近似计算，如式(3.4)所示。

$$\begin{cases} \rho_e(t) \approx \rho_{ca0} \\ \dfrac{\rho_{ca0}}{\rho_0} \approx \dfrac{\int_0^{T_0} U_e^-(t)\,\mathrm{d}t}{\int_0^{T_0} U_e^+(t)\,\mathrm{d}t} = \dfrac{L_s}{L_e} \end{cases} \quad (3.4)$$

第二种方法采用简化的解析模型来模拟PSJA的重复工作过程,并寻找符合质量流量守恒定律的最佳初始腔体密度。利用这种方法,可以计算腔体密度和孔口密度的时间演变。表3.2列出了用上述两种方法计算出的所有案例的平均腔体密度(通过下标ρ_{ca1}/ρ_0和ρ_{ca2}/ρ_0区分)和无量纲射流/吸气长度。两种方法得出的结果相当,最大相对偏差仅为0.7%。L_e/D和L_s/D的峰值也非常接近,分别为12.8和12.5。随着激励频率的增加,L_e/D和L_s/D均呈现出单调下降趋势。然而,等效吸气长度的下降速度明显地小于等效射流长度,导致平均腔体密度降低。

由于所有案例下的峰值射流速度都小于80 m/s,因此估算的绝对腔体压力p_{ca}在101 kPa和105 kPa之间变化(伯努利原理,$p_{ca} \approx P_0 + \rho_0 U_e^2/2$)。取平均腔体压力$p_{ca}$为103 kPa,则稳态工作阶段的平均腔体温度$T_{ca}$可由理想气体定律估算,$T_{ca} = p_{ca}/\rho_{ca}R$,其中,$R$为气体常数。由方法2得到的$T_{ca}$和$\rho_{ca}$随$f^*$的变化如图3.14所示。在$f^* = 0.037$以下,稳态工作阶段的平均腔体密度高于环境密度的97%,表明频率影响可以忽略不计。随着频率的增加,腔体密度在$0.037 \leq f^* \leq 0.370$区间内急剧下降,随后减小速度放缓。当$f^* = 1.0156$时,平均腔体密度仅为环境密度的1/3,对应的平均腔体温度为860 K。腔内气体的高温、低密度特征主要是由瞬态工作阶段的持续热量积累造成的[10],详细机理见3.3.4节。

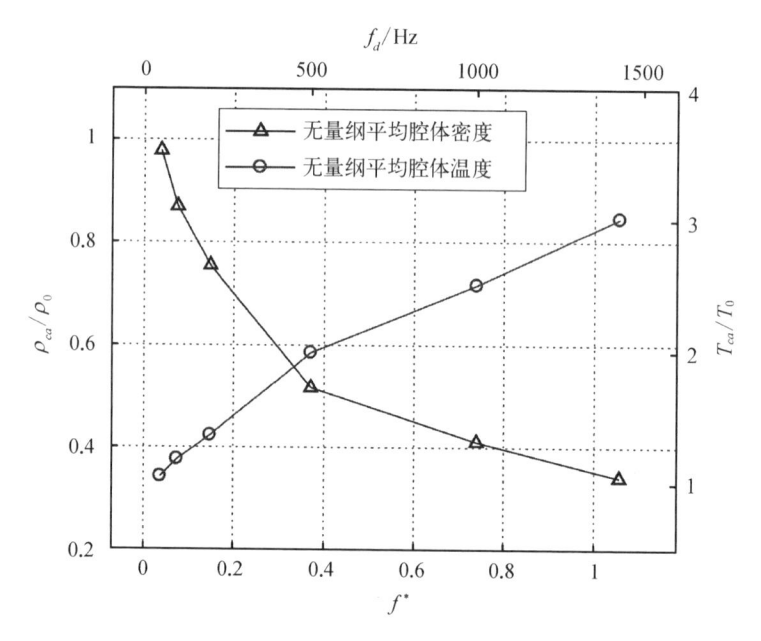

图3.14 稳态工作阶段的平均腔体密度和温度

3. 射流质量流量、冲量和机械能

如式(3.5)所示,结合时变出口速度和出口密度可评估累积射流质量流量M_{ce}、

冲量 I_{cp} 和机械能 E_{cm}。这三个参数可通过射流总质量流量 M_e、总冲量 I_e 和总机械能 E_m 进一步无量纲化，从而得到另外三个物理量，即 $\overline{M}_{ce}$、$\overline{I}_{cp}$ 和 $\overline{E}_{cm}$ [见式(3.6)]。

$$\begin{cases} M_{ce}(t_0) = \int_0^{t_0} \rho_e(t) U_e(t) A_e \mathrm{d}t \\ I_{cp}(t_0) = \int_0^{t_0} \rho_e(t) U_e(t) |U_e(t)| A_e \mathrm{d}t \\ E_{cm}(t_0) = \int_0^{t_0} 0.5 \rho_e(t) U_e^2(t) |U_e(t)| A_e \mathrm{d}t \end{cases} \quad (3.5)$$

$$\begin{cases} M_e = M_{ce}(T_{\mathrm{jet}}) \\ I_p = I_{cp}(T_d) \\ E_m = E_{cm}(T_d) \end{cases} \quad (3.6)$$

图 3.15 为所有案例中这三个无量纲物理量（概括为 $\overline{X}_{ci}$）在一个周期内的时间演变。为确定主射流阶段和吸气恢复阶段各自的贡献，将每条曲线上的符号标识在 $t = T_{\mathrm{jet}}$ 处。通过观察图 3.15(a)中曲线的斜率，可以发现 $f^* = 0.037$ 时，由于射流占空比较小（定义为 T_{jet}/T_d，$D_c \approx 0.03$），主射流阶段的平均质量流量明显地高于恢复阶段。随着频率的增加，D_c 快速增加，并在 $f^* = 1.056$ 时超过 0.5，这表明恢复阶段的平均质量流量已超过射流阶段。在图 3.15(b)中，恢复阶段对一个周期内产生的总射流冲量产生负面影响。当 $f^* < 0.148$ 时，这种负面影响的比例可以忽略不计（小于 10%）。随着频率的增加，负面影响变大。在 $f^* = 1.056$ 情况下，主射流阶段产生的射流冲量的 33% 被吸气抵消。$\overline{E}_{cm}$ 则在一个周期内呈单调增长趋势，恢复阶段对总机械能的贡献随频率的增加而增加，在 $f^* = 1.056$ 时达到 9.5%。

M_e 和 I_p 可通过腔内气体的初始质量 $\rho_0 V_{ca}$ 和最大可转换冲量 $\sqrt{2E_c(\rho_0 V_{ca})}$ 进行无量纲化[16,17]，从而得到无量纲射流质量流量 M_e^* 和无量纲冲量 I_p^*。此外，E_m 与 E_c 的比值定义了激励器的总效率 η_t。这些变量在不同频率下的情况如表 3.3 所示。M_e^* 的峰值仅为 4.1%，表明一个周期内腔体密度的变化相对较小。无量纲冲量与总效率的量级分别为 0.1% 和 0.01%。图 3.16 为不同频率下的 M_e^*、I_p^* 和 η_t，与图 3.14 中观察到的平均腔体密度趋势类似。M_e^*、I_p^* 和 η_t 随着频率的增加单调减小，M_e^* 和 I_p^* 的下降速率在 $f^* < 0.370$ 时几乎重合，但随后略有不同，主要是因为吸气流动对射流冲量的负向影响。在 $f^* > 0.148$ 的情况下，η_t 随频率增加缓慢下降。$f^* = 1.056$ 时的高频工作模式使 M_e^*、I_p^* 和 η_t 相对 $f^* = 0.037$ 时分别减少 3.9、5.3 和 3.3 倍。PSJA 产生的时间平均推力 F_p 可由放电频率和冲量的乘积计算。F_p 随 f^* 先增大后减小，在 $f^* = 0.739$ 时达到峰值 0.544 mN。这一观察结果与 Zong 等[10]中的总压力测量结果一致。

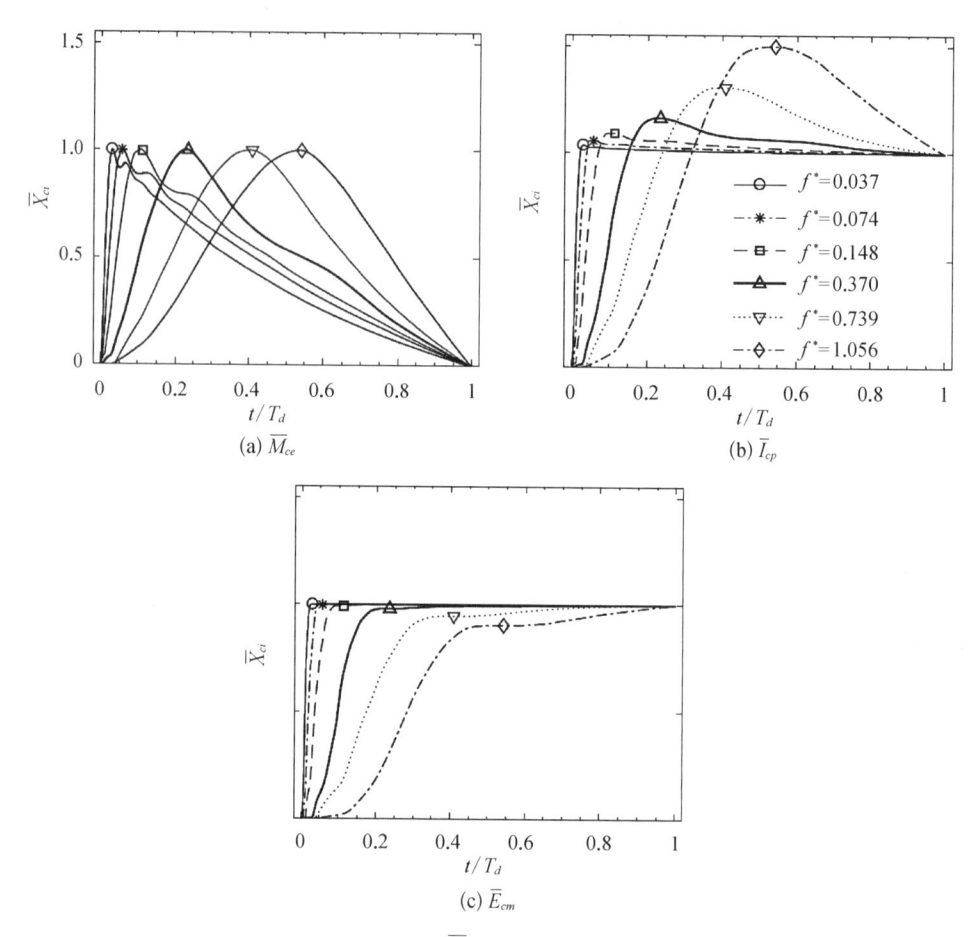

图 3.15　不同频率下 $\overline{X}_{ci}$ 在一个周期内的时间演化

表 3.3　PSJ 稳态工作阶段的积分参数

f^*	$M_e^*/\%$	$I_p^*/(\mu N \cdot s)$	I_p^*	F_p/mN	$E_m/\mu J$	$\eta_t/\%$
0.037	4.14	1.65	0.27	0.082	41.2	0.0206
0.074	3.50	1.34	0.22	0.134	32.8	0.0164
0.148	2.95	1.15	0.18	0.229	30.4	0.0152
0.370	2.09	0.86	0.14	0.428	27.5	0.0137
0.739	1.47	0.54	0.09	0.544	19.8	0.0099
1.056	1.05	0.31	0.05	0.441	12.6	0.0063

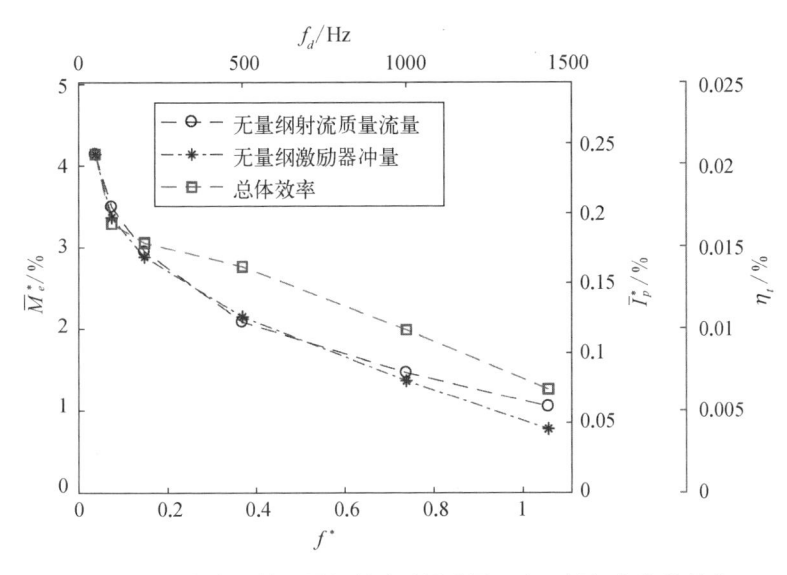

图 3.16 不同频率下的无量纲射流质量流量 M_e^*、冲量 I_p^* 和总效率 η_t

在射流质量流量较小和无量纲的出口速度演化是自相似的这两个假设下,可以证明主射流阶段的总射流质量流量、冲量和机械能与平均腔体密度、射流持续时间和峰值射流速度的不同幂次成正比[参见式(3.7)~式(3.9)]。当 f^* 从 0.037 增加到 1.056 时,峰值射流速度略有变化,而平均腔体密度与射流持续时间分别减少了 2.8 倍和 1.6 倍。这两个因素合在一起可以估算出 M_e^*、I_p^* 和 η_t 在理论上应下降 4.4 倍,与实验测量结果(3.9 倍、5.3 倍和 3.3 倍)基本相当。总体而言,腔体密度的降低和射流持续时间的缩短是 PSJA 高频工作性能下降的主要原因。

$$M_e \approx \rho_{ca0} T_{jet} U_p A_e \int_0^1 f(s) \, ds \tag{3.7}$$

$$I_p \approx \rho_{ca0} T_{jet} U_p^2 A_e \int_0^1 f^2(s) \, ds \tag{3.8}$$

$$E_m \approx 0.5 \rho_{ca0} T_{jet} U_p^3 A_e \int_0^1 f^3(s) \, ds \tag{3.9}$$

3.3.3 时均流场分析

根据一个周期内的锁相平均速度场 $U(r, x, t)$,可以用式(3.10)计算等离子体合成射流的时均速度场 $\overline{U}(r, x)$。

$$\overline{U}(x, y, z) = \int_0^{T_d} U(x, y, z, t) \cdot dt \approx \frac{1}{T_d} \sum_{i=1}^{N} U_i(x, y, z, t) \cdot \Delta t_i \tag{3.10}$$

图 3.17 为不同频率下的时均轴向速度 $\overline{U}_x$ 云图。为方便对比,采用中心线峰值速

度 $\overline{U}_{cm}$ 对 $\overline{U}_x$ 进行无量纲化处理,得到的数据范围为[0,1]。定性来看,PSJ 的时均流场与定常射流类似。由于不断地卷吸周围流体,射流宽度在向下游传播过程中不断扩大。尽管在出口附近没有观察到像定常射流一样的核心射流区域,但距离孔口约 $1D$ 处仍然可以找到明显的高速流体区域。当 f^* 从 0.037 增加到 1.056 时,该高速区域的轴向范围从 $7D$ 缩小到 $2D$。每个云图上的两条红色虚线对应于 $\overline{U}_x$ 下降到射流中心线速度 50% 的射流边界。这两条虚线之间的距离就是射流宽度(ω_h)[18]。

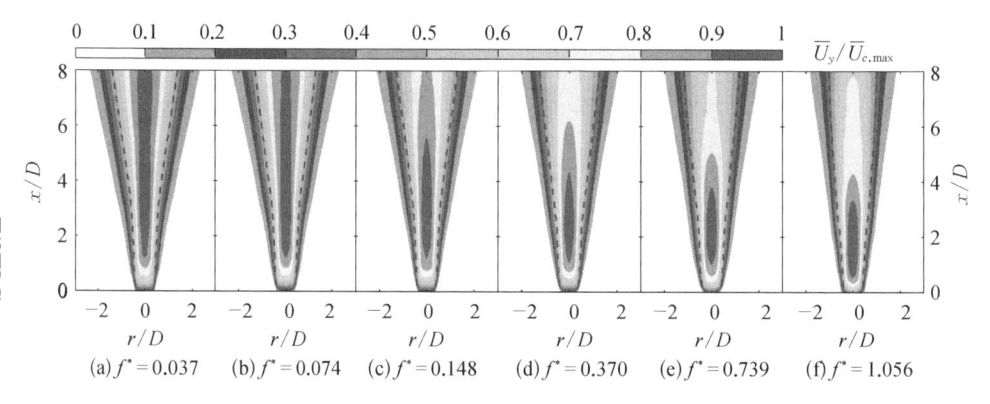

图 3.17 不同频率时的时均速度云图

射流中心线峰值速度 $\overline{U}_{cm}$ 随频率的变化情况见图 3.18(a)。$\overline{U}_{cm}$ 随频率单调增加,从 1.5 m/s 增加到 20 m/s。采用放电频率与喷射长度的乘积对 $\overline{U}_{cm}$ 进行无量纲处理,即可得到均一化的中心线峰值速度。$\overline{U}_{cm}/(f_d L_e)$ 在低频工作(f^* < 0.148)时约为 1.5,而高频工作时(f^* > 0.739)则缓慢下降至 1.0。图 3.18(b)为射流中心线速度沿着轴向的变化规律。总体来看,$\overline{U}_c/\overline{U}_{cm}$ 随轴向距离的增加呈现先增

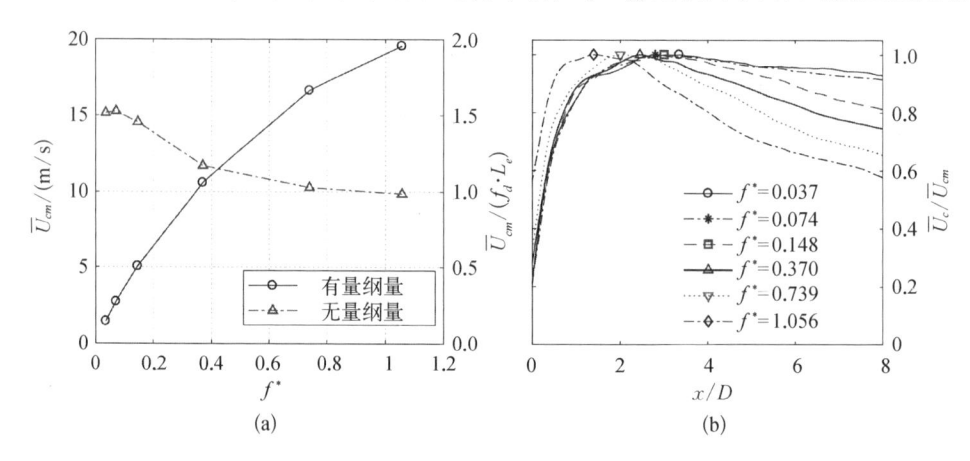

图 3.18 (a)频率对射流中心线峰值速度的影响;(b)射流中心线速度的轴向衰减规律

加而后减小的变化趋势。放电频率越高,峰值速度点越靠近射流孔口($x = 4D \rightarrow x = 2D$),此外,由于射流动量减小,$\overline{U}_c/\overline{U}_{cm}$ 的衰减速率随着放电频率的增加而逐步加快。

如图 3.19(a) 所示,射流宽度 w_h 随着轴向距离的增加而稳步增加。但这一变化并不是线性的,每条曲线上均存在一个拐点。拐点将每条曲线分成两个线性增长的部分,其位置大致位于射流中心线速度峰值位置(即图中的符号)。图 3.19(b) 显示了根据第二段曲线斜率所计算的射流扩散率[用 S_r 表示,$S_r = 0.5\mathrm{d}(w_h)/\mathrm{d}x$]。总体来看,PSJ 的射流扩散率($0.09 \sim 0.17$)介于定常射流($0.09 \sim 0.11$)[18,19] 和压电合成射流($0.13 \sim 0.195$)[20] 之间。随着激励频率的增加,$S_r$ 单调下降。

(a) 射流宽度的轴向变化

(b) 射流扩散率与无量纲激励频率的关系

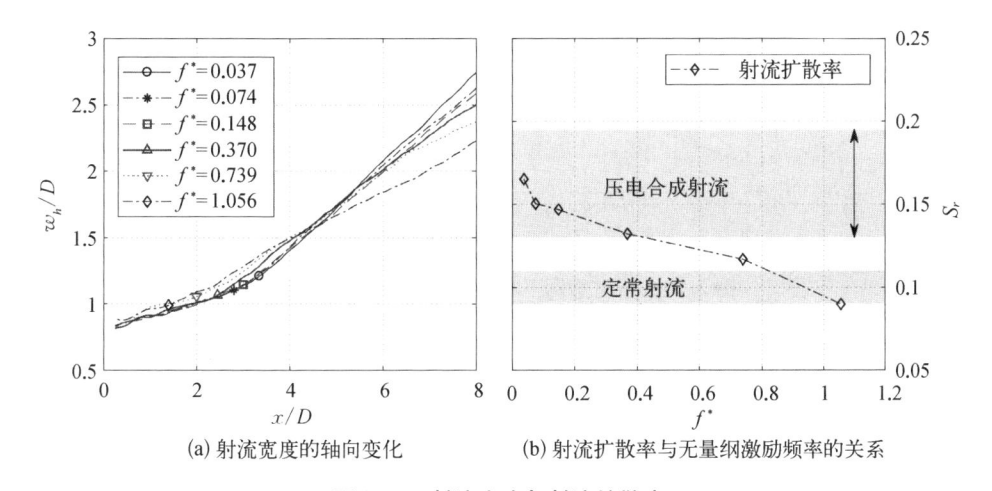

图 3.19 射流宽度与射流扩散率

低频案例下($f^* \leqslant 0.148$)的高射流扩散率与头部涡环(front vortex ring,FVR)有关。具体而言,PSJ 所诱导的头部涡环与压电合成射流产生的连续涡环极为类似,这两种涡环都比定常射流剪切层中 K-H 涡尺度大得多[11]。这些大尺度涡环会将环境流体迅速卷吸到射流核心区域,同时将射流流体向外输运,从而导致涡环尺寸和射流宽度快速扩张。此外,射流间歇性停止所产生的卷吸流动也会进一步促进射流的掺混和扩散[21]。在高频案例中($f^* \geqslant 0.739$),上述机理虽然存在,但由于射流质量流量 M_e 下降,一个周期内所卷吸的总气体质量不可避免会少于低频案例。最终,射流扩散率随着频率的增加而单调下降。

PSJ 在演化过程中卷吸的质量流量 Q_{ent} 可以通过时均速度场计算出来,具体计算公式参考文献[15]。理论分析表明,如果不同轴向位置的射流速度剖面是自相似的,那么射流卷吸质量流量 Q_{ent} 与射流中心线峰值速度 $\overline{U}_{cm}$ 和射流宽度 w_h 的平方成正比。图 3.20 为不同案例下射流所卷吸的质量流量。总体来看,Q_{ent} 与轴向坐标 x 近似呈线性关系,且不同案例下的 Q_{ent} 经过 $f_d M_e$ 进行无量纲化后可以近似重合在一起。从物理原理上来讲,$f_d M_e$ 表示单位时间内激励器所喷射的总质量流量。$f_d M_e$ 越大，射流所卷吸的质量流量就越多，这种相关性是意料之中的。

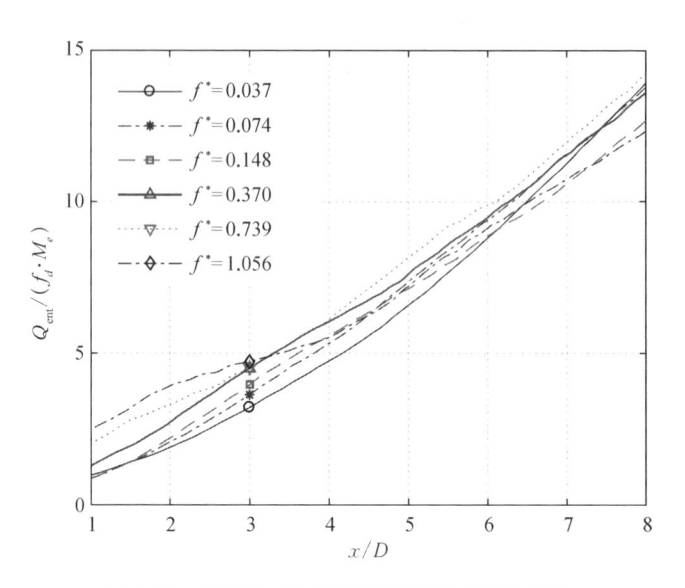

图 3.20　所有案例下卷吸质量流量的轴向变化

3.3.4　瞬态工作过程分析

前述章节的结果表明，高频工作下的脉冲射流强度与单次工作模式相比明显降低。高频工作下的性能恶化与腔体密度降低、射流持续时间缩短和吸气增强有关。为了解释这种射流强度高频衰减的机制，本节对最初几个激励周期的瞬态工作过程进行分析。

在 $f^* = 1.056$ 时，前 30 个周期内的锁相平均出口速度随时间演化如图 3.21 所示。需要注意的是，这里的"相位"（用 t_1 表示）是指自第一次放电触发后所经历的时间，与 3.3.2 节中使用的 t 有所不同（$0 \leq t \leq T_d$）。图 3.22 显示了峰值射流速度、吸气速度及射流持续时间随周期数的变化。值得注意的是，第一个周期没有吸气恢复阶段。此外，第一个周期的峰值射流速度（70.4 m/s）接近 $f^* = 0.037$ 时的稳态值（68.8 m/s）。这是因为在这两个案例下，平均的腔体密度都接近环境密度。在瞬态工作过程中，峰值吸气速度在 $N_c \leq 7$ 时稳定上升，之后大致保持在 18 m/s 左右。射流占空比 D_c 在前 10 个周期内从 1 急剧下降到 0.65，直到 $N_c \geq 20$ 时才接近稳态值（0.57）。吸气速度的增加和射流占空比的降低表明吸气流动在不断增强。如图 3.22(a) 所示，在前 10 个脉冲中，峰值射流速度不稳定。当 $N_c \geq 10$ 后，峰值射流速度接近平稳，偏离稳态值的幅度不超过 3 m/s。根据这三个参数的变化趋势，不难发现激励器的出口速度需要大约 20 个周期才能稳定下来。这与 Zong 等[10]的解析模型结果和 Sary 等[9]的数值模拟结果较为一致。

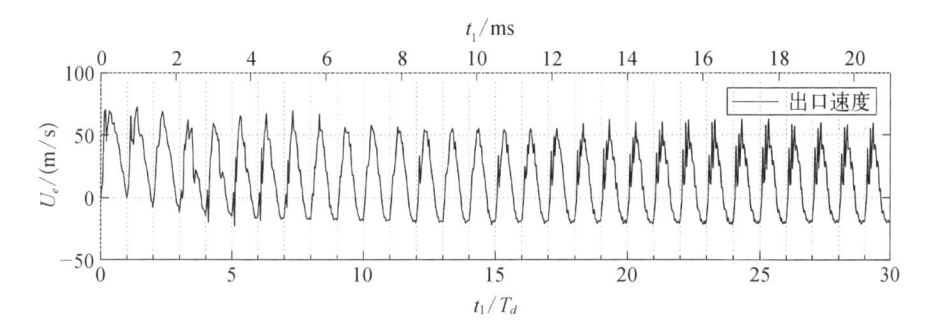

图 3.21　$f^* = 1.056$ 时前 30 个周期内的出口速度演化

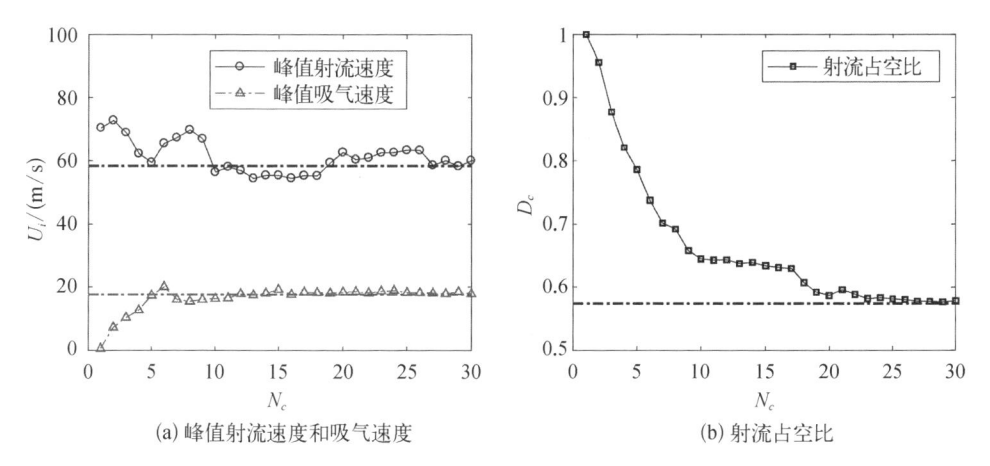

图 3.22　$f^* = 1.056$ 时瞬态阶段的射流性能参数随周期数(N_c)的变化

(a) 峰值射流速度和吸气速度　　(b) 射流占空比

基于图 3.21 的出口速度曲线,可以用 Zong 等[15]提出的解析模型估算瞬态阶段的腔体密度。所采用的基本假设与 3.3.2 小节中相同:即平均腔体压力为 103 kPa,平均腔体温度与腔体密度之间呈反相关。图 3.23 为前 200 个周期内 ρ_{ca} 和 T_{ca} 的变化规律。虽然出口速度在 20 个周期后已经呈现出周期性变化规律(图 3.21),但平均腔体密度和温度直到 $N_c = 129$ 时才趋于稳定(准则:相对变化 <5%)。收敛速度较慢的原因是射流质量流量较低(<5%),限制了激励器腔体和外部环境之间的质量交换速率。

由于瞬态阶段腔内热量持续累积,平均腔体温度随着周期数 N_c 的增加而稳步上升,腔体温度的升高又进一步影响了射流持续时间的变化。Anderson 和 Knight[16]指出,无量纲射流持续时间 T_{jet}^* 仅取决于无量纲能量沉积 ε,而与激励器喉道的流动状态(声速或亚声速)无关。

$$T_{\text{jet}}^* = \frac{T_{\text{jet}} A_e \sqrt{\gamma R T_{ca}}}{V_{ca}} = g(\varepsilon) \tag{3.11}$$

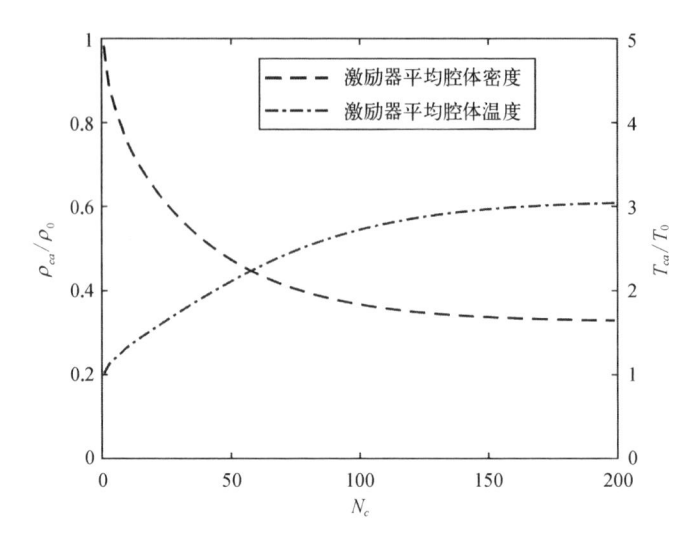

图 3.23　$f^* = 1.056$ 时瞬态工作阶段的平均腔体密度和温度

因此,在能量沉积不变、平均腔体温度增加时(瞬态阶段的情况),射流持续时间减少,这与图 3.22(b)中的观察结果一致。

3.4　射流孔径影响

3.4.1　实验装置

采用图 2.1 所示的三电极 PSJA 激励器 A_1 开展射流孔径影响研究,激励器为圆柱形,由陶瓷腔体、三个电极和金属盖组成。顶盖中心钻有一个圆孔作为射流出口,出口中心设定为坐标原点。为研究射流孔径的影响,加工了三个不同孔径(1.5 mm、2 mm 和 3 mm)的顶盖。激励器轴线 y 到阳极、阴极和触发电极尖部的距离分别为 1 mm、2 mm 和 0.5 mm。

基于电容放电实现 PSJA 的大能量沉积需求。如图 3.24 所示,供电系统由一

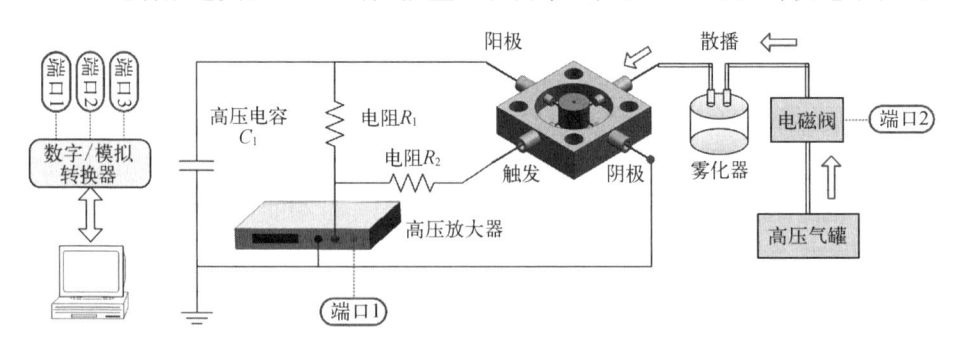

图 3.24　供电系统和 PIV 粒子播撒系统

个高压放大器与多个电气元件组成。与 Zong 等早期所使用的放电系统相比[22]，该供电系统结构更简单,通过高压放大器实现了触发放电和电容充电双重功能。

3.4.2 高速纹影成像结果

1. 流场演化

图 3.25 为孔径 3 mm 的纹影结果。图 3.25(a)为瞬时纹影图像,其目标是可视化冲击波。图 3.25(b)~(j)是相位平均图像,通过相位平均可以降低背景噪声,更加凸显旋涡和射流结构。每个相位下锁相平均的图像数量为 10。

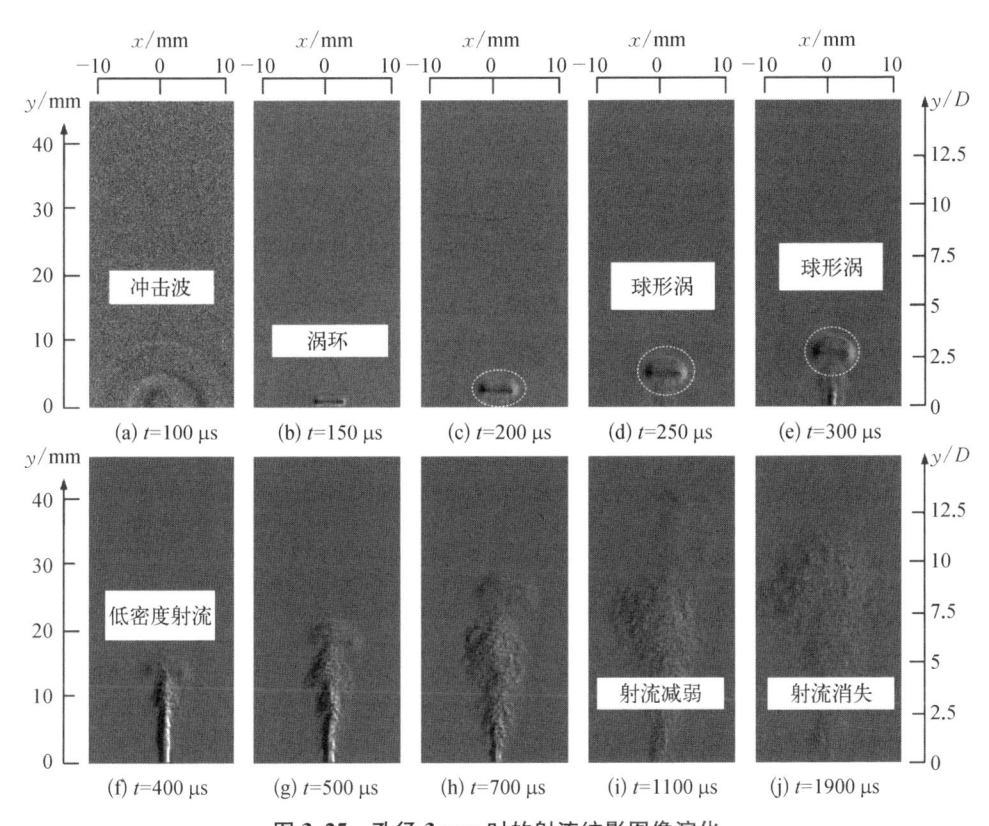

图 3.25 孔径 3 mm 时的射流纹影图像演化

在放电开始后($t=100~\mu s$),流场中未观察到明显射流,只有多道冲击波。之所以有多道冲击波,与腔内容性电弧放电的多次能量沉积及内壁面激波的反射有关[7,10,23]。在 $t=150~\mu s$ 时,由于射流的突然喷射,在孔口附近产生了一个相干涡环。涡环形成后,沿着激励器中心线向前传播。在此过程中,由于不断卷吸周围空气,涡环的尺寸逐渐增大。在 $t=300~\mu s$ 时,涡环演变成球形。除冲击波外,前 300 μs 内的流场演变与传统机械方式所产生的启动脉冲射流基本类似[24,25]。$t=$

300 μs 后，激励器腔中有明显的射流喷出，射流影响区域逐渐增大。通过监控出口附近的灰度变化发现射流在 $t=1\ 100$ μs 后显著地减弱，并在 $t=1\ 900$ μs 时终止。

除了射流的拓扑演变，还观察到另外两个有趣的现象。首先是射流灰度的变化，纹影图像中的灰度值对应于流场沿 x 方向（垂直于刀口方向）的密度梯度积分。在 $t=150$ μs 和 $t=250$ μs 之间，观测到的射流与周围空气的灰度差异非常小。然而，在 $t=300$ μs 和 $t=700$ μs 之间，射流核心区域灰度与外界的差异很大。灰度差异反映了光线的偏转角，以及沿光线传播方向的密度梯度积分。由此可以推断，初始射流的密度相对较高（接近于环境密度），而随后排出的射流密度则低得多，相应的温度较高。在 $t=700$ μs 之后，射流主体的灰度变化再次弱化，这意味着射流阶段的出口密度最终会增加。这些观察结果证实了文献[13]中的模拟结果，即在一个周期内，射流出口密度先是急剧下降，然后维持在一个相对较低的值，最后上升。射流密度和温度骤变的原因在于电弧放电的空间非均匀性。在放电过程中，大部分热能都沉积在电弧放电区域。该区域位于孔口下方约 7.5 mm 处，仅占腔体体积的一小部分，表现为高压、高温和低密度的多重特征。除电弧放电区域外的其余区域的增压主要通过电弧诱导冲击波的快速传播和反射来实现。因此，最初喷出的射流（$t<300$ μs）由孔口附近相对较冷的空气组成，其特点是高密度。后期喷出的射流（300 μs$<t<700$ μs）则是被电弧放电直接加热的低密度空气。

第二个有趣的特征是射流的不对称性，这在孔径较小时并不明显[图 3.26(j)]。$t=500$ μs 后，头部涡环与射流主体分离，并在传播过程中逐渐向右倾斜。当平均图像的数量进一步增加到 20 时，这个特征仍然存在，这种现象将在 3.4.3 节中进一步讨论。

激励器孔径为 2 mm 时的纹影成像结果如图 3.26 和图 3.27 所示。图 3.26(a) 和图 3.27 为瞬时纹影图像，图 3.26(b)~(j) 为条件平均纹影图像。虽然小孔径下的射流演化特征与图 3.25 中所示的大孔径较为类似，但仍存在诸多差异。第一个差异体现在冲击波：图 3.27 中 $t=100$ μs 时的冲击波要比大孔径下弱得多。由于腔内冲击波的演变过程与孔径无关，腔体外部冲击波所包含的机械能与孔径成正比，故孔径越小、冲击波强度越弱。此外，在 $t=200$ μs 和 $t=300$ μs 之间，射流核心沿着出口中心线呈现出明暗交替的模式，这与文献[26]的结果一致。这一模式实际上对应的是一系列正在发展的涡环，详细的形成机理在 3.4.5 节中会进一步讨论。第二个差异体现在射流持续时间：随孔径减小，射流持续时间不断增加。这一规律是意料之中的，因为总射流质量由能量沉积决定。孔径越小，瞬时的质量流量就越低，射流持续时间也就越长。第三个差异体现在涡环：在 $t=600$ μs 和 $t=1\ 200$ μs 之间的瞬时纹影图像序列中，可以明显地观察到相干涡环的演化。在射流传播过程中，涡环由于自诱导效应而发生变形，其运动速度相对衰减较少。

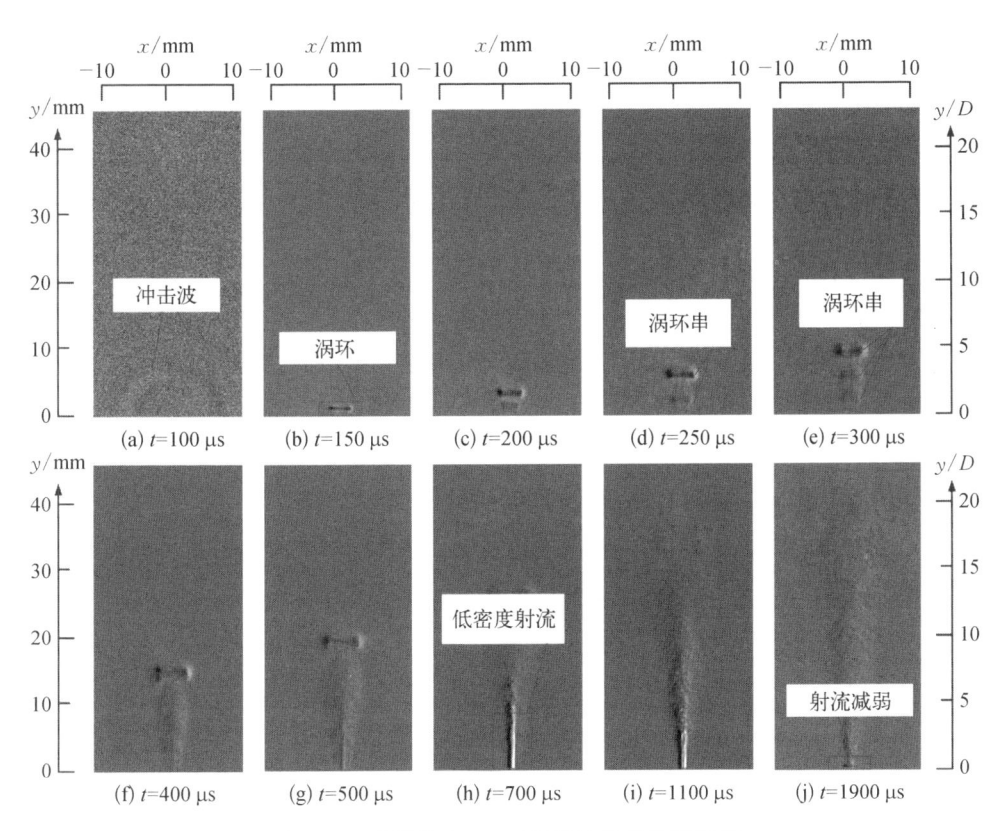

图 3.26 孔径为 2 mm 时射流演化的纹影图像

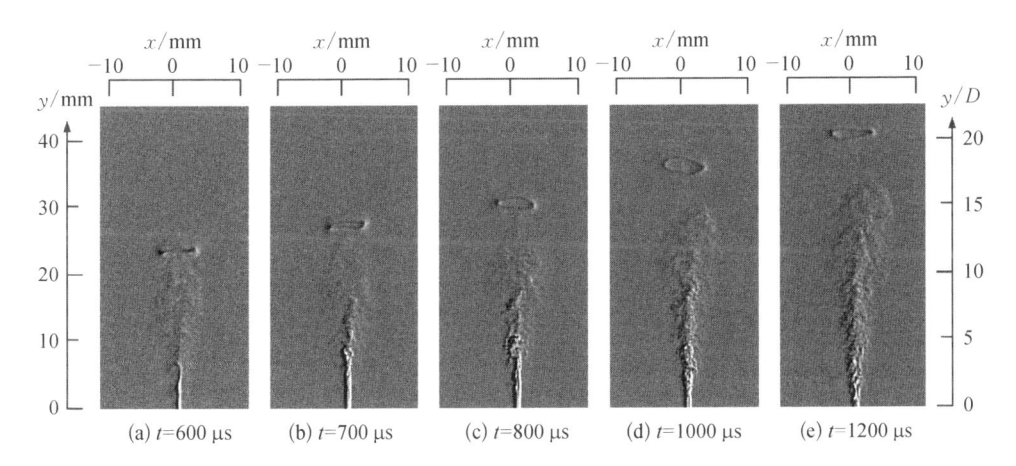

图 3.27 孔径为 2 mm 时的涡环演化过程

2. 涡环传播速度

从纹影图像结果可以提取出一系列能够反映激励器性能的参数指标。第一个指标是头部涡环的传播速度,定义为涡环在相邻两帧之间的传播距离与帧间隔的比值。纹影图像上的涡环位置取为涡核最左点和最右点之间的中心位置。根据典型条件下涡环位置检测误差(2 个像素)和流场间隔(50 μs),可估计出涡环速度误差的测量不确定性为 3.7 m/s。图 3.28 为不同孔径下的涡环传播速度(表示为 U_v)。随着时间的演化,涡环传播速度先线性增加然后逐渐减小。不同孔径下涡环传播速度的变化趋势基本相似,峰值速度位于 $t = 200$ μs 和 $t = 300$ μs 之间,变化范围为 55~70 m/s。需要说明的是,该涡环传播速度仅为 PIV 所测量的最大射流出口速度的 1/2(图 3.36)。

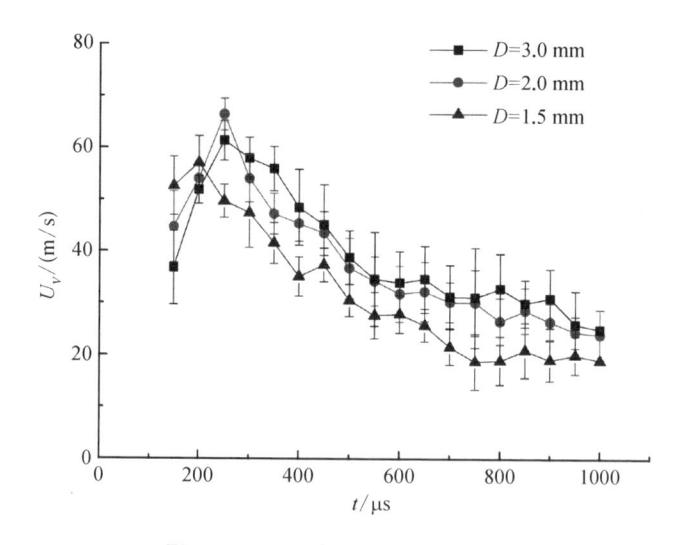

图 3.28 涡环传播速度的时间演变

3.4.3 锁相平均 PIV 流场

图 3.29 为孔径 3 mm 时的锁相平均速度场(用 U_{av} 表示)。当 $t = 100$ μs 时,开始有明显的射流喷出,射流速度相对较低(25 m/s)。但是,此时流场中并没有观察到冲击波,与纹影图像结果似乎不符。这种差异主要是锁相平均所引起的。实际上,在瞬时 PIV 流场中(图 3.30,瞬时速度用 U_{instan} 表示),可以明显地观察到冲击波结构。下面对锁相平均流场和瞬时流场之间的差异进行详细分析。虽然与冲击波相关的压力扰动以超声速传播,但冲击波本身诱导的气体运动速度非常低(<10 m/s)。当流场进行锁相平均时,放电时间的不确定性导致冲击波位置较为分散,冲击波的尖锐边缘被平滑化,因此,很难在锁相平均流场中观测到冲击波。作为对比,图 3.30 中可以观察到两个明显的球形冲击波,所引起的峰值速度分别为 2.75 m/s 和

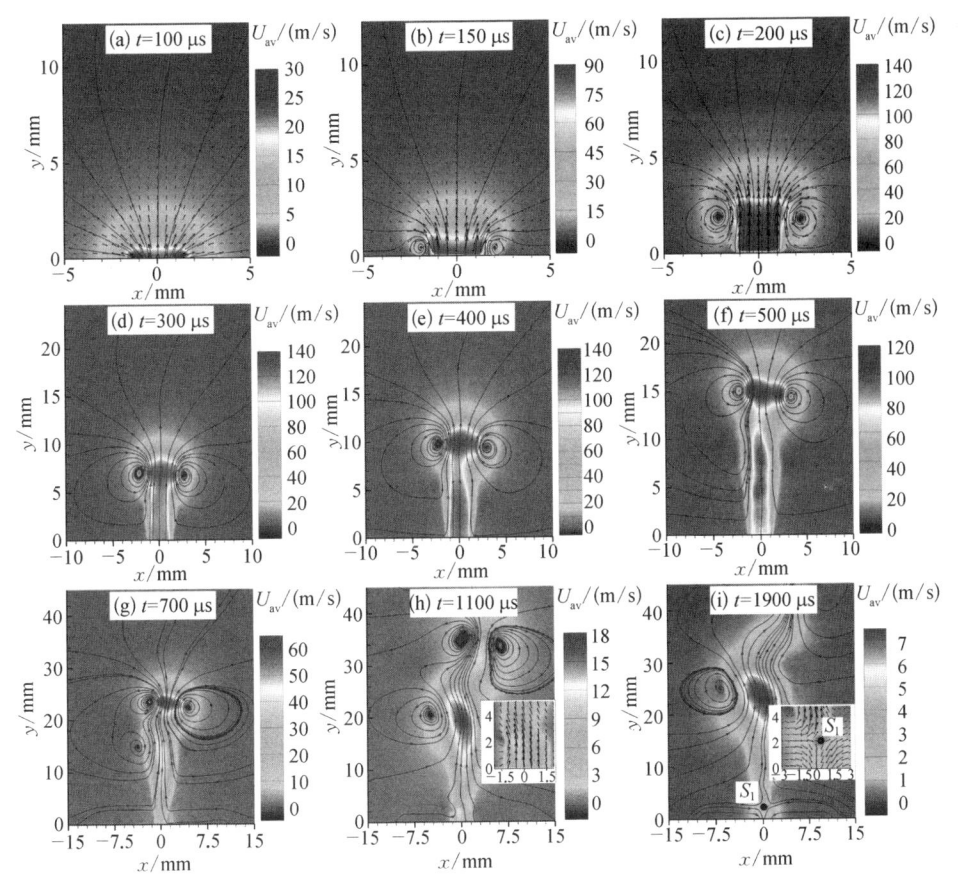

图 3.29　孔径为 3 mm 时的锁相平均速度场

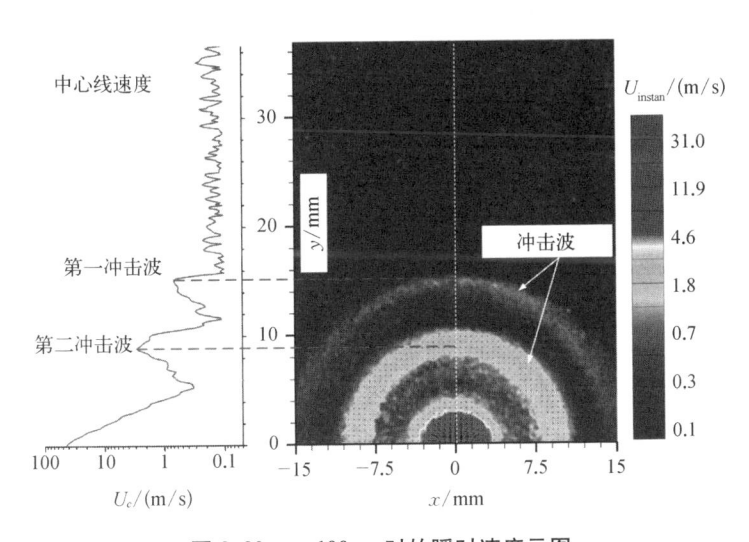

图 3.30　$t=100$ μs 时的瞬时速度云图

0.59 m/s。当冲击波传播至远离出口的位置时，其强度逐渐下降，导致诱导气流速度降低，纹影图像中的灰度变化也不太明显。从这一角度来讲，冲击波所诱导峰值速度在一定程度上可以衡量冲击波的强度。

从图 3.29 中还可看出，当 $t=150$ μs 时射流孔附近形成启动涡环，涡环的涡量来源于射流剪切层。随着射流的继续，涡环的尺寸逐渐增大。涡环的特点是中心速度高，涡核处速度低，这与希尔球涡的理论解非常吻合[27]。此外，出口速度从 $t=100$ μs 时的 30 m/s 快速增加到 $t=300$ μs 时的约 140 m/s（峰值射流速度）。射流的加速与喉道内气体的惯性及缓慢的能量沉积过程（约 400 μs）有关。在 $t=400$ μs 和 $t=500$ μs 之间，射流核心开始滞后于头部涡环，并且喷出的射流分为两个独立的高速区域。这种现象与传统脉冲射流所形成的启动涡环显著不同。在传统射流中，启动涡始终与射流核心相连，射流的动量源源不断的注入旋涡内部[24,25]。

$t=700$ μs 之后，射流流场在拓扑结构上呈现出强烈的不对称性。射流核心逐渐向左侧倾斜，而头部涡环则在传播过程中向右侧倾斜，这与纹影的结果非常吻合。如图 3.31 所示，该现象的形成是一个具有正反馈的不稳定过程。有两个因素会引发不对称性的放大，包括非对称涡量分布（A 阶段）及射流与涡环之间的非同轴性（B 阶段和 C 阶段）。

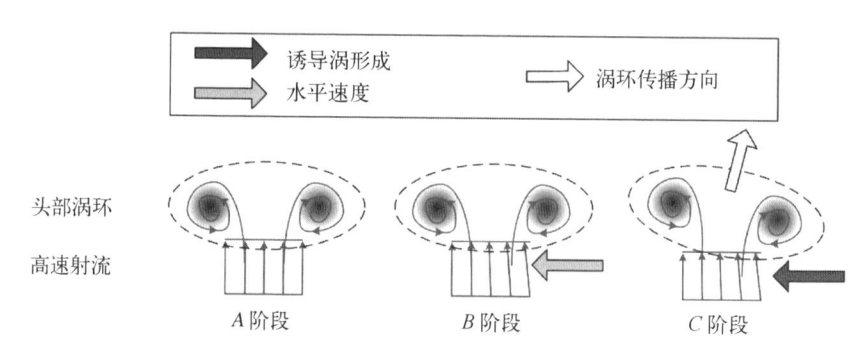

图 3.31　不对称放大过程示意图

在 A 阶段，两侧涡对之间的涡量分布存在微小差异。受涡对诱导的水平速度的影响，初始垂直射流在传播过程中向左侧倾斜（B 阶段），这导致涡对的一侧比另一侧获得更高的动量输入。结果左侧超过右侧，导致涡对倾斜（C 阶段）。随后，这种倾斜会产生更大的水平速度，涡环两侧的动量注入也会变得更加不均匀，这种不均匀的动量分布将进一步增大射流主体的偏斜角（B 阶段）。最后，涡对和射流分离，并在传播过程中向相反方向倾斜[图 3.29(g)~(i)]。

上述现象很可能与初始时刻射流角度并不严格沿着轴线有关。如图 2.1(a)所示，激励器触发电极与阴极之间的间隙（2 mm）大于触发电极与阳极之间的间隙（1 mm）。因此，电弧放电区域并不对称，腔体内的压力分布也不对称。由于喉道入口处的压力分布不均匀,且喉道长度较短(2 mm),喷出的射流带有一定的偏角。孔径越大,喉道的"整流效应"就减弱,上述射流偏角就越大。最终,在孔径为 3 mm 的情况下,形成了明显的不对称流场。

在 $t=1\,100\,\mu s$ 时,从出口附近区域的局部放大图可以看出,气体仍然从腔体中持续喷出,但射流速度非常低(<10 m/s)。通过纹影图像分析确定的射流持续时间约为 1 100 μs,与 PIV 结果基本一致。此时,射流的气体密度接近环境密度[13]。在 $t=1\,900\,\mu s$ 时,出口附近空气被吸入激励器腔体内部。由于该时刻射流流动与吸气流动并存,在孔口附近形成了一个鞍点(表示为 S_1)。此时的吸气速度小于 2 m/s,受吸气影响的垂直方向范围约为 $y=2\,mm$。这意味着如果我们站在离射流孔一定距离(大于 3 mm)处观察,将会感受不到等离子体合成射流的吸气流动。从这个意义上来讲,PSJ 的远场演化特性应该与传统的脉冲射流有诸多类似之处。

3.4.4 冲击波强度

如 3.4.3 节所述,冲击波所诱导的波后气流速度可以反映冲击波的强度。以 $t=100\,\mu s$ 这一相位为例,基于所记录的 200 个瞬时流场,可以对应提取出冲击波的位置和波后气流速度(表示为 V_s)。当孔径为 3 mm 的情况下,这两个变量的散点图如图 3.32 所示。在线性坐标系中,所有的散点被分为三类。集合 B 对应于流场中仅出现一个冲击波的情况,集合 A_1 和 A_2 对应于观察到两个冲击波的情况,分别代表第一个(前面的)和第二个冲击波的数据集。由于气流速度迅速衰减,没有出现三个或更多冲击波的情况。收集到的所有数据可以聚为两类。在每个类别中,波后气流速度均随着离壁距离的增加而下降,表明冲击波强度在传播过程中会逐渐降低。这两个类别分别对应着两种不同强度的冲击波,在此称为强冲击波和弱冲击波。在 $y=2\,mm$ 时,两个冲击波波后峰值速度分别约为 10 m/s 和 5 m/s。对于弱冲

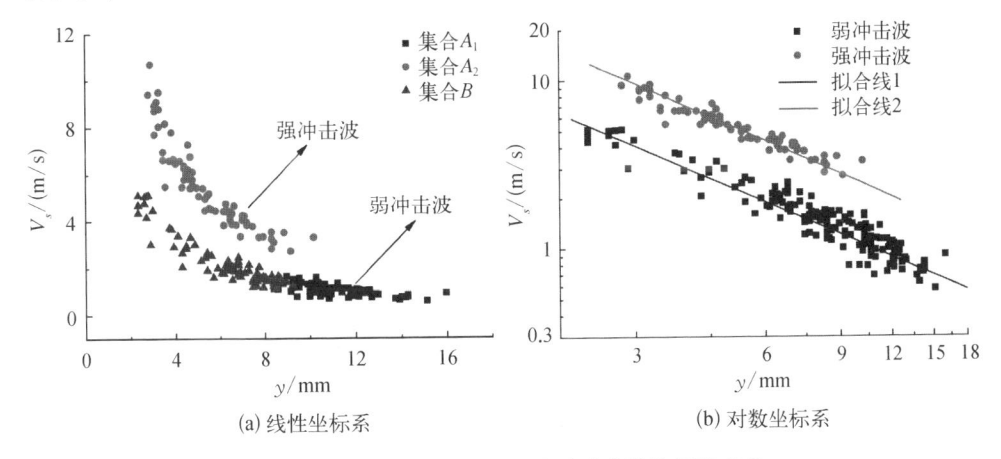

(a) 线性坐标系

(b) 对数坐标系

图 3.32 冲击波波后峰值速度随冲击波位置的变化

击波，$y=16\ mm$ 后的波后速度低于 $0.5\ m/s$。

在流场中同时存在两个冲击波时，第一个冲击波是弱波，第二个冲击波是强波。然而，如果只观察到一个冲击波，那么这个冲击波一定是弱波。有两种效应可能会导致多道冲击波的产生：腔体内的激波反射和多次能量沉积。当流场中存在两个冲击波时，强冲击波和弱冲击波之间距离的平均值为 $5.83\ mm$，标准差为 $0.32\ mm$。由于电极所在平面距离腔体底部为 $7.5\ mm$，反射波与主波的距离应该接近 $15\ mm$，因此，可以排除冲击波反射的可能性。故两个不同强度冲击波的产生根源是容性放电所对应的多次能量沉积。

图 3.32(b) 采用对数坐标系对原有的数据点进行了重新显示。结果表明冲击波波后峰值速度与冲击波位置之间的关系可以使用简单的幂函数来描述。基于最小均方误差（minimum mean square error, MMSE）对实验中的数据点进行拟合，即可得到以下两个方程：

$$\begin{cases} V_{s1} = 27.48y - 1.306 \\ V_{s2} = 48.87y - 1.196 \end{cases} \quad (3.12)$$

其中，V_{s1} 和 V_{s2} 分别代表弱冲击波和强冲击波波后的峰值速度。由上式可知，当距离接近零时，波后诱导气流速度将变得无穷大。实际中这种情况肯定不会出现。由于冲击波源自射流孔，球形冲击波实际上是由激励器喉道的平面激波演变而来的。演化后，球形冲击波的直径至少应大于孔径（$3\ mm$）。因此，y 的下限应为孔口半径（$1.5\ mm$），将该值代入式（3.12），计算出的弱冲击波与强冲击波波后最大气流速度分别为 $16.2\ m/s$ 和 $30.1\ m/s$。

此外，由于射流直接由激励器喉道两端的压力差驱动，两个冲击波的强度差最终会反映在出口速度的变化上。图 3.33 为基于 200 个 PIV 实例所获得的出口速

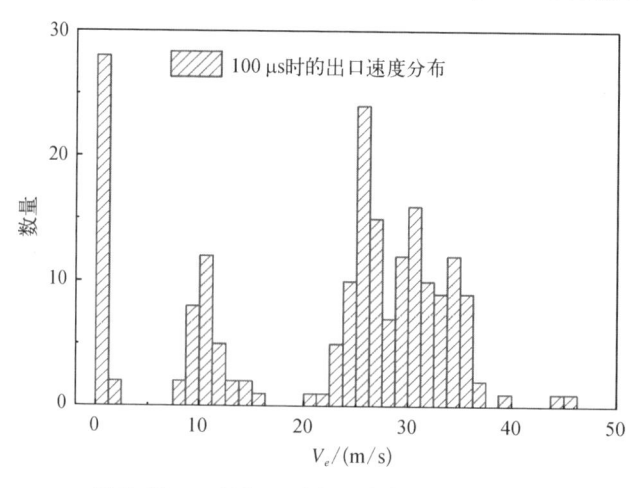

图 3.33 $t = 100\ \mu s$ 时出口速度分布的直方图

度(表示为 V_e)的分布。总体而言,出口速度主要分布在三个区间:[0,3]、[7,17]和[20,40]。第一个区间[0,3]对应于流场中既不存在冲击波,也不存在射流的情况。其他两个区间分别覆盖了强冲击波和弱冲击波波后的最大气流速度(16.2 m/s 和 30.1 m/s)。这表明每一次冲击波的产生都会伴随着腔内气体的喷射,冲击波的强度与出口速度成正比。

为进一步比较孔径的影响,对强冲击波波后气流速度的原始数据(即集合 A_2)按照间隔为 0.5 mm 的区间进行平均。不同孔径时,平均速度的变化如图 3.34 所示。在孔径为 3 mm 的情况下,距孔口 2 mm 以内缺少可用实验数据。通过比较同一位置的平均波后速度,可以直观地得出冲击波的强度与孔径成正比。在 2.5 mm 和 5.5 mm 之间,孔径 3 mm 时的平均气流速度大约是孔径 1.5 mm 时平均气流速度的两倍。针对这种情况,可以做出如下解释。当能量沉积和腔体几何形状相同时,孔径的变化不会影响腔内冲击波的演化。因此,对于三个孔径,可以假设射流出口截面上单位面积的平面冲击波具有相同的能量,即平面冲击波中所包含的总机械能与喉道面积成正比。由于球形冲击波是由平面冲击波演变而来的,其强度(机械能)也与出口面积成正比,故同一位置的波后速度与孔径成正比。

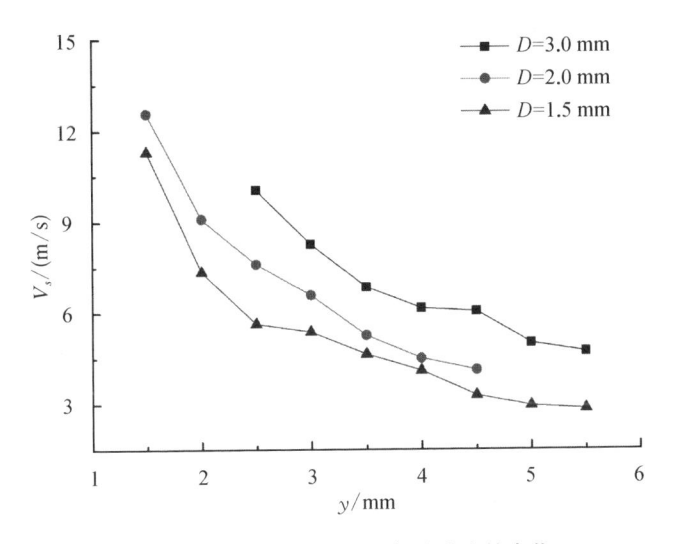

图 3.34 冲击波波后平均气流速度的变化

3.4.5 出口速度

高速射流是 PSJA 的主要流动控制机制。根据 2.5.3 节中的方法,可以提取出射流平均出口速度,如图 3.35 所示。为了进行横向对比,图中同时画出了从纹影图像中提取出的射流出口平均灰度。

图 3.35 所示的两条曲线变化趋势相似,但 PIV 结果和纹影观测之间存在明显

的时间差。在一个周期内,射流出口速度先急剧增加,然后逐渐减小。在 $t = 100$ μs 时,紧跟着冲击波出现的是速度为 50 m/s 的弱射流。在 $t = 100$ μs 和 $t = 200$ μs 之间,射流速度从 50 m/s 急剧增加到 120 m/s。该加速过程与较长的放电持续时间有关(约为 300 μs)。在 $t = 200$ μs 和 $t = 500$ μs 之间,出口速度持续保持在较高水平,并在 120 m/s 附近振荡。相比之下,这一阶段的高射流速度并没有反映在平均灰度变化曲线上。再次说明电弧放电加热在空间中相当不均匀,最初排出的气体密度与环境密度相当。$t = 500$ μs 后,出口速度呈线性下降趋势。

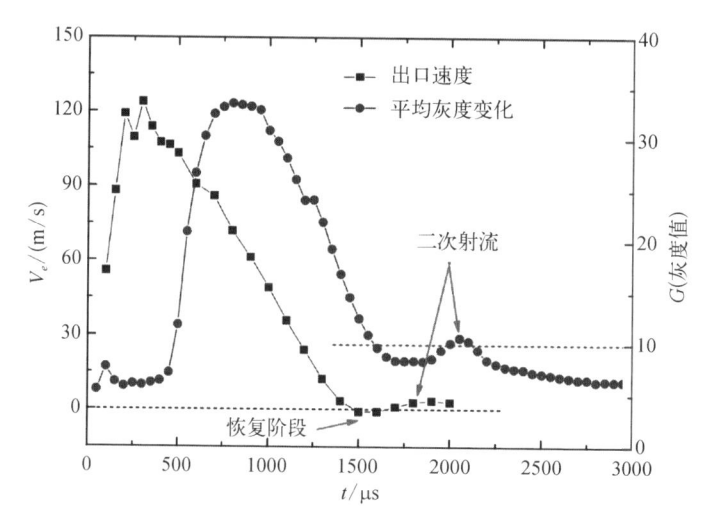

图 3.35　孔径 2 mm 时射流出口速度的演变

在 $t = 1.5$ ms 时,观察到较弱的负出口速度(-0.88 m/s),表明激励器开始进入吸气恢复阶段,与之相对应的主射流阶段持续时间约为 1.4 ms。经过短暂的吸气恢复阶段以后,二次射流重新出现,但速度非常低(大约为 3 m/s)。虽然 $t = 2$ ms 后没有进行 PIV 实验,但可以推断:在一个完整工作周期内,射流阶段和吸气恢复阶段的交替会发生不止一次。在文献[23]中,已经采用解析模型预测了这种现象。但是,吸气速度比文献[23]中预测的要小得多(约 30 m/s)。此外,在灰度变化纹影图中也观察到了二次射流,但其发生时间相对较晚。

孔径对射流出口速度的影响如图 3.36 所示。总体来看,不同孔径下三条曲线的变化趋势非常相似。随着孔径的减小,曲线沿水平方向拉伸,最大速度徘徊在 130 m/s 左右。孔径对射流持续时间的影响较大。以孔径为 3 mm 为例,主射流阶段的持续时间达到了 2 ms。且该案例存在三个射流阶段,并且在主射流和二次射流之间没有观察到吸气流动(负出口速度)。如果将主射流的终止定义为出口速度的第一个极小值,那么 $D = 3$ mm 时的射流持续时间实际上仅为 0.85 ms。另外,孔径为 3 mm 与 1.5 mm 时的二次射流阶段峰值速度分别为 17 m/s 和 11 m/s。但是与主射流阶段相比，它们的强度明显较弱。故在 PSJA 的简化建模中，可以忽略除主射流阶段之外的其他射流阶段。

图 3.36 中射流流场演化的一个重要现象是 $t=200~\mu s$ 和 $t=400~\mu s$ 之间的速度振荡。这与图 3.26(e) 所示涡环串的形成及高速和低速区域的交替直接相关。图 3.37 展示了孔径 2 mm 情况下 $t=250~\mu s$ 时刻的速度场、纹影图像及涡量场。在速度场中，可以观察到两个高速区域，一个位于头部涡环中心，另一个位于出口与头部涡环之间。基于 Q 准则可以对流场中的旋涡进行识别，识别出来的位置与纹影图像中的结果吻合较好。这种现象表明射流主体中的高速区域和涡环之间存在密切联系。为了证实这一猜想，我们进一步提取了激励器中心线的射流速度分布、沿水平方向平均的纹影图像灰度及沿水平方向平均的 Q 值，结果如图 3.38 所示。注意图中灰度曲线的纵坐标是递减的。

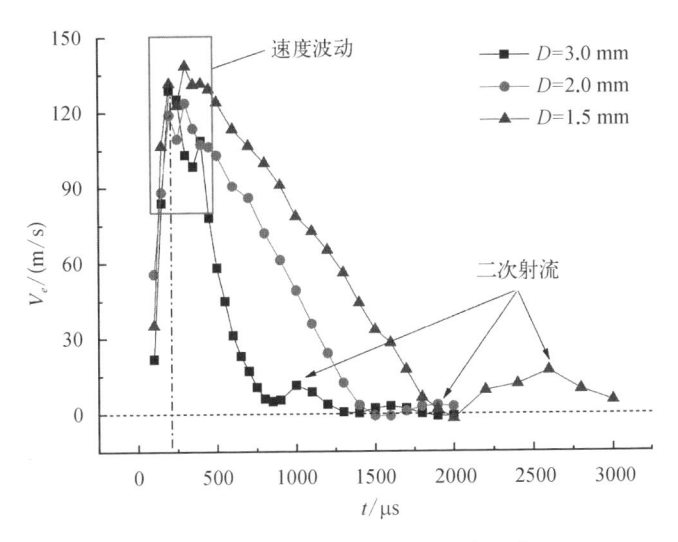

图 3.36 孔径对射流出口速度的影响

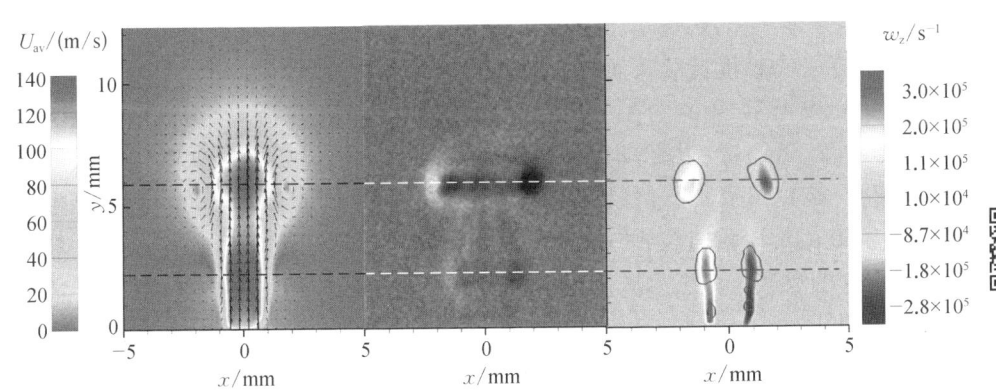

图 3.37 孔径为 2 mm，$t=250~\mu s$ 时的速度场、纹影图像和涡量场

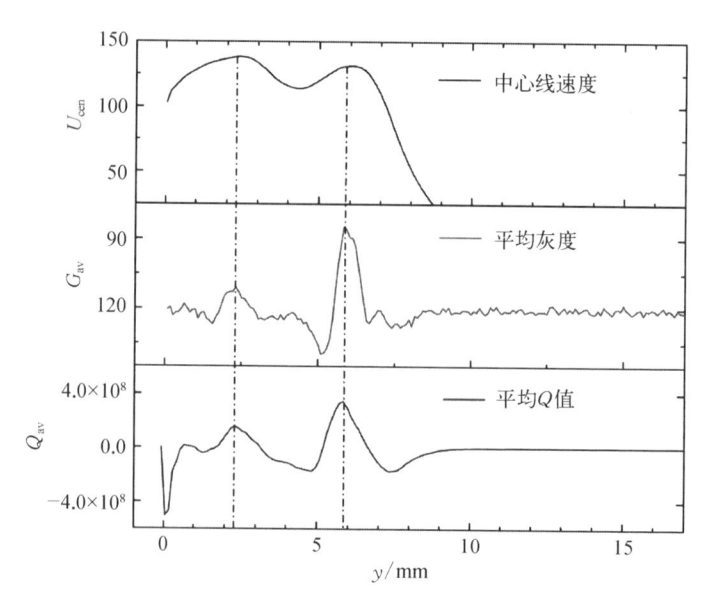

图 3.38　孔径为 **2 mm** 的中心线速度、水平平均
灰度和水平平均 Q 值

　　三个曲线的变化趋势整体一致,均在 2.3 mm 和 5.8 mm 处呈现出速度峰值。高速区域和涡环之间的关联可以用边界涡量流(boundary vorticity flux, BVF)理论来解释。具体而言,由于电容放电的周期性振荡特征,喉道入口处的压力也会振荡。由于喉道入口和喉道出口之间的压力差是射流的驱动力,因此,入口压力的振荡必将导致射流出口速度的振荡(图 3.36)。此外,当射流沿激励器中心轴传播时,这种时间上的振荡会反映在空间上,表现为射流主体内部高低速区域的交替出现[图 3.39(b)]。

　　从涡量的角度来看,激励器喉道的轴向压力梯度与 BVF 成线性正比。喉道入口处的压力峰值导致喉道边界层中产生高涡量区域,从出口处脱落后最终形成涡环。因此,由于喉道入口处强烈的压力振荡,高速区和涡环(高涡量区)同时形成。需要注意的是,产生的涡量与压力梯度和持续时间成正比。对于快速传播的冲击波而言,由于压力梯度持续时间短,并不会在流场中产生涡环。

　　如图 3.39 所示,射流的振荡行为和涡环串的形成在孔径 1.5 mm 的案例下更加明显。图 3.39(b)的射流核心区存在四个离散的高速区域,表明喉道入口处的压力发生了多次振荡。通过分析图 3.39 所示的涡量场(涡环数量),涡环的产生周期大约为 50 μs。该数值与放电波形的振荡周期吻合较好,进一步印证了脉冲能量沉积所引起的喉道入口压力振荡是射流主体中高速区域产生的根源,也是涡环串的直接诱因。

　　头部涡环在流场演化中起着重要作用。为研究其运动特性,采用 Q 准则对流场中的旋涡进行识别,识别阈值选为 $1\,000\ \text{s}^{-2}$。之所以没有以 $Q > 0$ 作为阈值,是

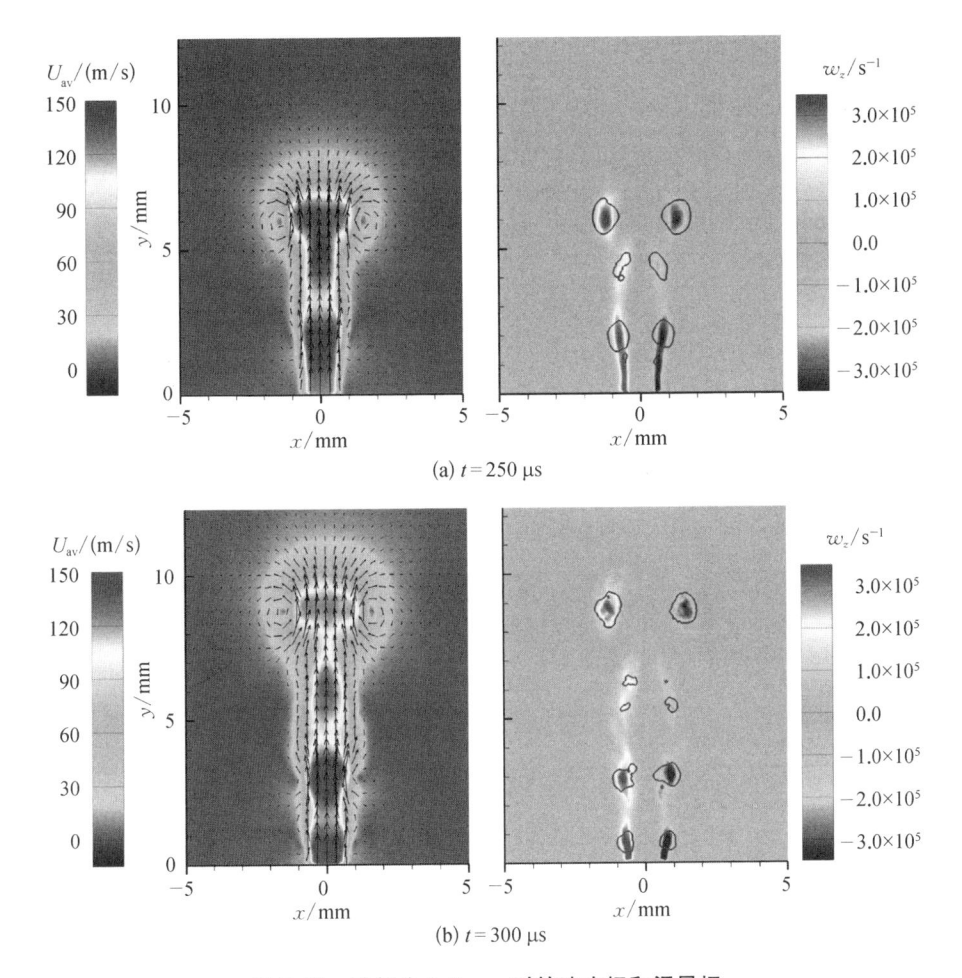

图 3.39 孔径为 1.5 mm 时的速度场和涡量场

为了排除背景噪声的影响。初步的敏感性分析表明,当阈值在 100~10 000 s^{-2} 变化时,结果的相对变化量小于 2%。将涡环(左半部分)的正涡量分布表示为 ω^+,则涡环左半部分的中心坐标 (x^+, y^+) 可以由下式进行计算:

$$\begin{cases} x^+ = \dfrac{\iint \omega^+(x,y) \cdot x \mathrm{d}S}{\iint \omega^+(x,y) \cdot \mathrm{d}S} \\ y^+ = \dfrac{\iint \omega^+(x,y) \cdot y \mathrm{d}S}{\iint \omega^+(x,y) \cdot \mathrm{d}S} \end{cases} \quad (3.13)$$

同理,可得到右侧部分的中心坐标 (x^-, y^-)。根据这两个坐标,我们就可以计算出不同时刻的涡环直径和涡环中心位置(即左右涡心的中点)。图 3.40 对比了孔径对涡环运动特性的影响。在图 3.40(a)中，PIV 提取的涡环垂直位置与纹影结果非常吻合，说明 PIV 测量中所播撒的粒子均有很好的跟随性。随着头部涡环向下游传播，曲线斜率减小，涡环传播速度下降。在本实验中，头部涡环的最大传播距离约为 25 mm。图 3.40(b)为涡环中心的运动轨迹。可以看出，头部涡环的中心并不总是位于激励器中心线上(即 x 轴)。事实上，所有的轨迹都朝着 ox 正方向偏离。随着孔径的增大，涡环中心与轴线的偏离也逐渐增多。如 3.4.3 节所述，这种偏离本质上由电极的非对称布局引起的。孔径越大，喉道对出口射流的整流效果就越弱，最终导致头部涡环偏离激励器中心线越多。

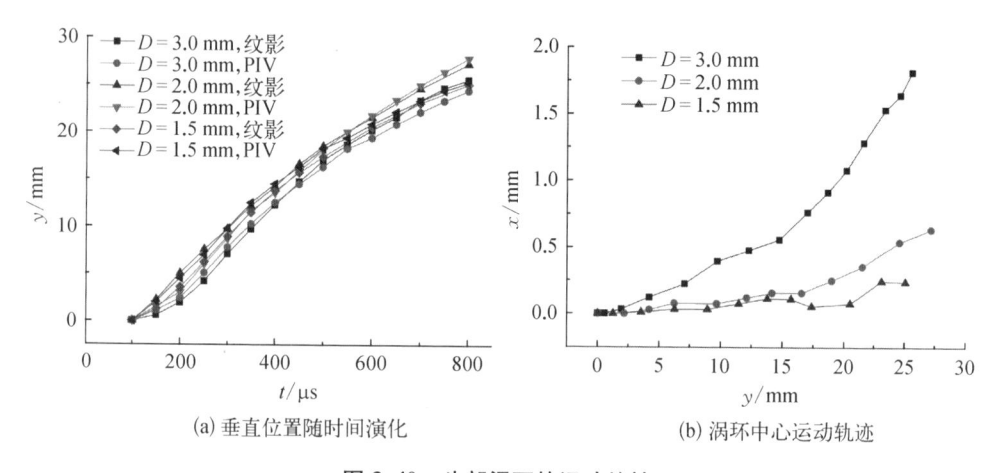

(a) 垂直位置随时间演化

(b) 涡环中心运动轨迹

图 3.40　头部涡环的运动特性

图 3.41 给出了涡环直径(表示为 D_v)随时间的变化。孔径越大，涡环的初始直径也增大。随着涡环向下游传播，其直径逐步增大，增长率在 $y = 20$ mm 之前几乎保持恒定，并且与孔径无关。$y > 20$ mm 时，孔径 3 mm 情况下的头部涡环直径开始下降，而其他两个案例下的直径则保持线性增加。究其原因，在孔径 3 mm 时，涡环与高速射流的传播方向发生了偏离，导致涡环接收到的动量输入变少，涡环尺寸不可避免地会随着自身动量的耗散而减小。

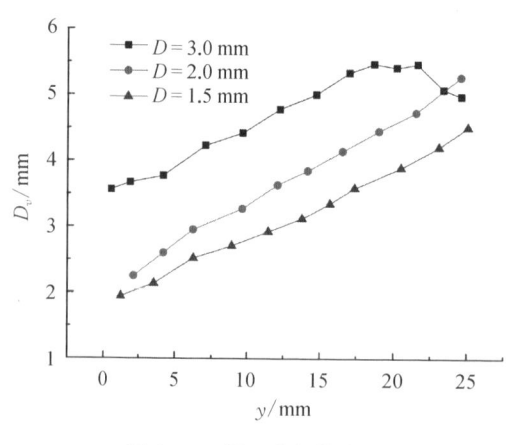

图 3.41　涡环直径的变化

除了运动参数，环量也可用于描述头部涡环的特征，环量(记为 Γ)的计算公式如下：

$$\Gamma = 0.5 \cdot [\iint \omega^+(x,y) \cdot \mathrm{d}S + \iint |\omega^-(x,y)| \cdot \mathrm{d}S] \quad (3.14)$$

图 3.42 为不同案例下的头部涡环环量。在一个周期内,头部涡环环量先线性增加,然后逐渐减少。在 $t=200~\mu\mathrm{s}$ 之前,涡环强度对孔径的变化不敏感。涡环的强度在 $t=200~\mu\mathrm{s}$ 和 $t=300~\mu\mathrm{s}$ 之间达到峰值。孔径越大,涡环环量峰值也越大。这种差异主要是由涡环直径不同而引起的。

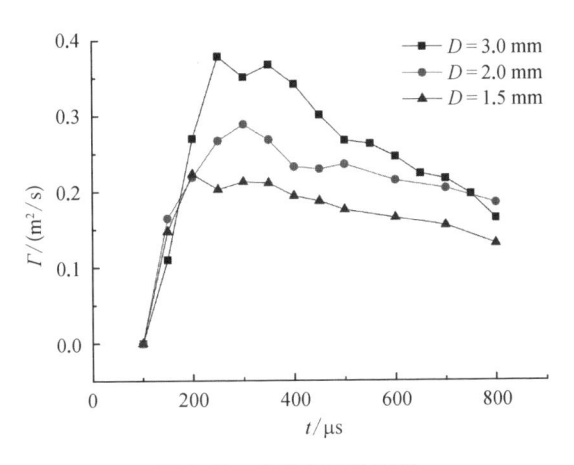

图 3.42 头部涡环的环量

3.5 射流孔型影响

3.5.1 实验装置

1. 激励器、供电系统和放电波形

本节研究孔型对激励特性的影响,激励器仍然选用图 2.1 中的 A_1 构型,由图 2.2(a)中的放电电路 E_1 进行供电。激励器工作在单次模式,频率为 0.5 Hz。激励器腔体尺寸和电极布局、间距等参数均与 3.4 节相同,区别主要是顶盖上的射流出口孔。如图 3.43 所示,实验中加工了两个出口面积相同、但孔型不同的金属顶盖。第一个顶盖为直径 $D=3$ mm 的传统圆孔;第二个顶盖为一个细长狭缝孔,长度 $l=7.3$ mm、宽度 $w=1$ mm,长宽比为 7.3。两个孔口的喉道长度均为 2 mm。两个案例均以直径 D 作为参考长度进行无量纲处理。放电电路中的储能电容

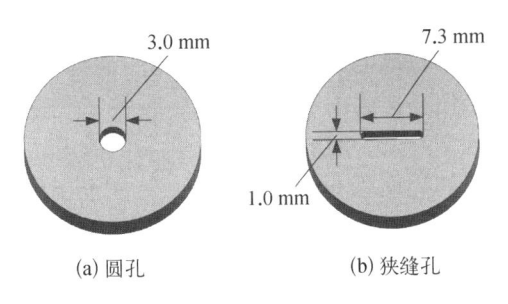

图 3.43 不同射流孔型的顶盖

$C_1 = 1 \mu F$，初始电压 $V_1 = 2.5$ kV，相应的无量纲能量沉积 $\varepsilon = 5.2$。采用高压探头（LeCroy，PPE20 kV）和电流探头（Pearson，325 型）对触发电压 u_t、放电电压 u_d 和放电电流 i_d 的波形进行采集。数据的记录由数字示波器（Tektronix，TDS 3054 C）完成，采样频率为 25 MHz。u_t、u_d 和 i_d 的测量位置分别为触发电极、阳极及阴极和地线之间。

图 3.44(a) 为典型的放电波形。注意横轴的零点为击穿瞬间，纵轴中的 BP 表示间断点，对应的刻度值从 0.2 kV 跳到 2.3 kV。根据放电电压和电流，可计算出瞬时放电功率 $P_d = u_d \cdot i_d$，如图 3.44(b) 所示。在电极间隙击穿之前，u_t 随时间线性增加，并在约 7 kV 时达到峰值。在放电击穿过程中，电容两端电压会从 2.5 kV 骤降至 0.1 kV。这一急剧下降是由放电通道中负载特性的变化造成的。具体而言，在击穿之前，放电通道可视为一个无穷大电阻器，电容器的所有电压都施加在气体间隙上。在放电击穿过程中，电极之间形成火花（电弧）放电，放电通道内的电阻从 $+\infty$ 显著下降到 $O(0.1\ \Omega)$[28]。由于放电电容器并非理想的电容器，其寄生电阻与电感可能与导线电感和电弧电阻相当，初始电压（2.5 kV）中的很大一部分都被电容内部的寄生电阻和线路电感所承担。因此，电弧两端的电压在放电击穿后骤然降低、仅为 $O(0.1\ \text{kV})$。

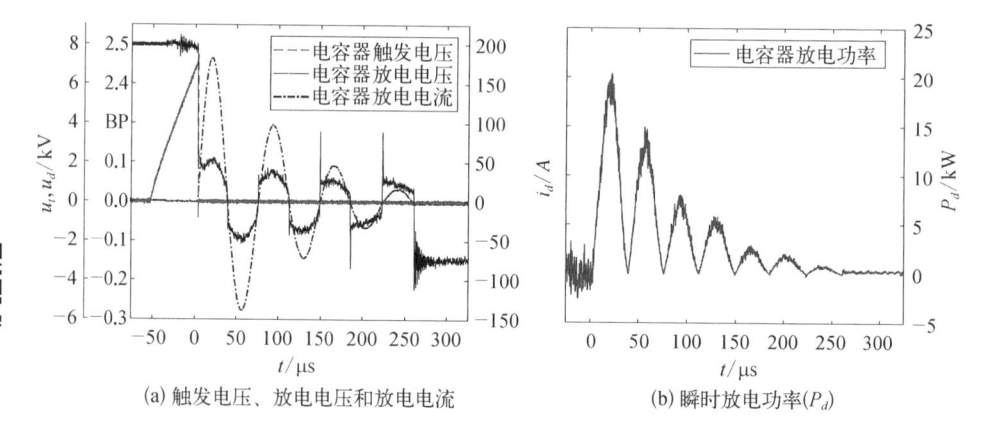

图 3.44 放电波形

(a) 触发电压、放电电压和放电电流

(b) 瞬时放电功率 (P_d)

在放电的初始阶段，电容两端电压出现了准周期振荡（周期约为 70 μs）。电压幅值在振荡中逐渐减小。根据测量到的电压和电流波形，电弧放电的持续时间约为 260 μs。放电电流的变化与电弧电压相似，峰值放电电流达到了 183 A。放电波形的周期性振荡行为类似于一个 RLC 电路[7]。瞬时放电功率的振荡周期为 38 μs，是放电电压振荡周期的 1/2。峰值放电功率达到 20 kW。通过对瞬时放电功率进行积分，得到的脉冲电弧放电能量（E_d）为 1 056 mJ，相应的放电效率为 $\eta_d = E_d / E_c = 34\%$。该值与文献[8]中的三电极 PSJA 放电效率接近（$\eta_d = 33\%$）。

2. 流场测试诊断系统

分别利用高速纹影成像和锁相粒子图像测速技术(particle image velocimetry, PIV)对PSJA诱导的流场进行测量。纹影系统为典型的Z形纹影系统,由一个光源、两个凹面镜和一个高速相机(PCO Dimax S4,12位,400万像素)组成,安装在隔振光学台上。首先,连续光源(Euromex 照明器,EK-1)与可调节的圆形光圈相配合,发出点光源。其次,点光源发出的光束经过两个凹面镜(直径为30 cm,焦距为3 m)的反射和一个凸透镜(焦距为200 mm)会聚,投影到相机传感器上。在相机传感器和凸透镜之间放置了一个垂直刀口,目的是观察水平方向的密度梯度。高速相机的曝光时间为1.28 μs,采集频率为20 kHz,纹影图像的位深为12位。所记录的图像尺寸为240像素×500像素,对应的空间分辨率为每像素0.092 6 mm。在每种案例下,都进行了20次的重复采样。此外,为了提高图像对比度,还对得到的原始纹影图像进行了背景减除和灰度归一化等处理[22]。

二维PIV系统由Nd:YAG激光器(Quantel,CFR PIV-200,脉冲能量200 mJ)和LaVision相机(Imager Pro LX,分辨率为3248像素×4872像素)组成。激光束首先通过一组光学元件,整形为厚度0.6 mm的薄片,照亮激励器孔口附近的区域。相机头部安装了Nikon Micro-Nikkor 200 mm 微距镜头,成像的视场范围为34 mm×51 mm。激励器位于一个密闭的有机玻璃舱中。测量前,通过TSI公司的高压雾化器分别向舱内和激励器腔体播撒植物油粒子(植物油品牌:Shell Ondina,平均粒子直径:1 μm)。原始粒子图像的记录和处理均由Davis 8.3软件完成。问询窗口大小为32像素×32像素、重叠率为75%,最终的空间分辨率为每毫米12个速度矢量。

从放电击穿到PIV记录之间的时间延迟定义为 t(相位)。为获得射流流场的完整发展演化,对 t 为100~2 000 μs 内的射流流场进行了测量。相邻两个相位间的时间间隔为50 μs 或 100 μs,与纹影结果保持一致。在每个相位下,记录了200张瞬时PIV图像。如图3.45所示,圆孔射流为轴对称流场,因此,只选择了对称平面作为测

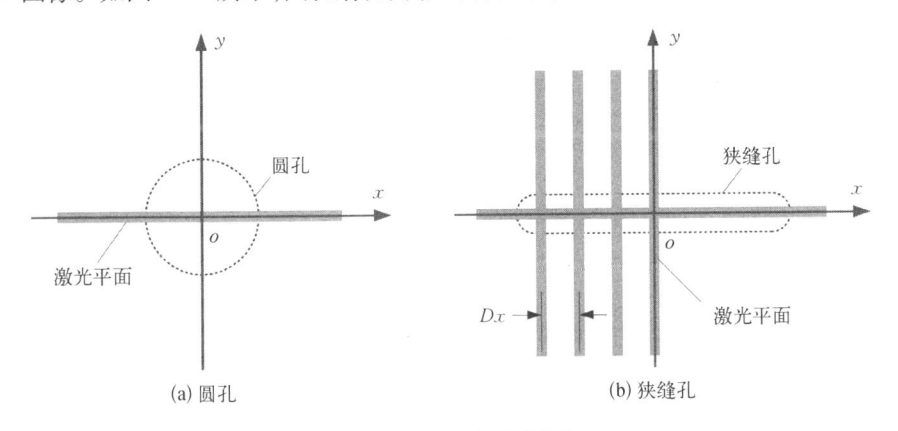

(a) 圆孔

(b) 狭缝孔

图 3.45 PIV 测量平面

量平面。而在狭缝孔案例中,流场三维特征显著,共选择了 5 个测量平面。其中,一个测量平面是 xz 平面($y=0$ mm);另外,四个平面为 yz 平面,对应的 x 坐标为 $x=$ 0 mm、1 mm、2 mm、3 mm。

3.5.2 高速纹影成像结果

1. 流场演化

图 3.46 和图 3.47 显示了 $t=100$ μs 到 $t=3\ 000$ μs 之间的瞬时纹影图像,图像顶端注明了每列所对应的孔口形状和观测方向。在 $t=100$ μs 时,电弧放电对激励器腔内迅速增压,形成了多个冲击波。在狭缝孔案例中,观察到的冲击波在 xz 平面上呈弓形,与圆孔的半圆形冲击波形态差异较大。在 $t=150$ μs 时,流场中可以观察到一个清晰的启动涡环,结合 xz 平面和 yz 平面上的两个纹影视图,可以明显地看出狭缝孔激励器的起始涡环呈细长状。这是符合预期的,因为起始涡环的涡量分布是由孔口边缘上脱落的剪切层决定的。此外,在 $t=150$ μs 时仍能看到一些微弱的冲击波,推测是腔体中的主激波反射所造成的二次冲击波。在圆孔案例中,头部涡环从周围环境中不断摄入新的流体,体积逐渐增大,最后演变成半球形涡。对于狭缝孔,在两个测量平面上观察到的情况截然不同,xz 平面上的射流主体在传播过程中收缩,涡环两侧在发展过程中距离减小;yz 平面上,射流主体则迅速膨胀,并在 $t=250$ μs 时呈蘑菇状。据此推断,狭缝孔案例的启动涡在形成后发生了剧烈变形。在 $t=700$ μs 后,狭缝孔射流在 x 方向和 y 方向上的宽度几乎相同,表明启动涡的变形终止、初始时刻的椭圆状射流横截面已经演变成圆形[29]。

2. 涡环传播速度

在图 3.47 中,射流头部位置用三角形进行了标注。很明显,狭缝射流的传播速度明显地慢于圆孔射流。这种现象与黏性阻力相关。具体来说,虽然圆孔和狭缝孔的出口面积相同,但狭缝孔的周长明显地大于圆孔的周长。因此,狭缝射流的高速流体与周围静止流体之间的接触面积更大,导致黏性阻力更大,传播速度更低。通过精确检测射流头部的位置和轨迹,可以计算出不同时刻的射流头部速度(表示为 U_v,接近涡环速度)。图 3.48 显示了 U_v 的统计平均结果,误差棒表示测量不确定性。对于狭缝孔而言,所呈现的数据为两个不同观测方向上射流头部速度的平均值。

3.5.3 锁相平均 PIV 流场

图 3.49 为狭缝孔和圆孔对称面上的锁相平均速度场演化。图中每一列的孔口形状和观测方向与图 3.46 一致。射流速度的大小与方向分别用云图和箭头表示,叠加在等值线上的红色实线为流线。测量平面内合速度的计算公式为 $U_{xz} = (U_x^2 + U_z^2)^{1/2}$ 和 $U_{yz} = (U_y^2 + U_z^2)^{1/2}$,其中,$U_x$、$U_y$ 和 U_z 是三个坐标轴上的速度分量。在 $t=100$ μs 时,两种案例都有射流喷出。相比之下,狭缝孔激励器的射流速

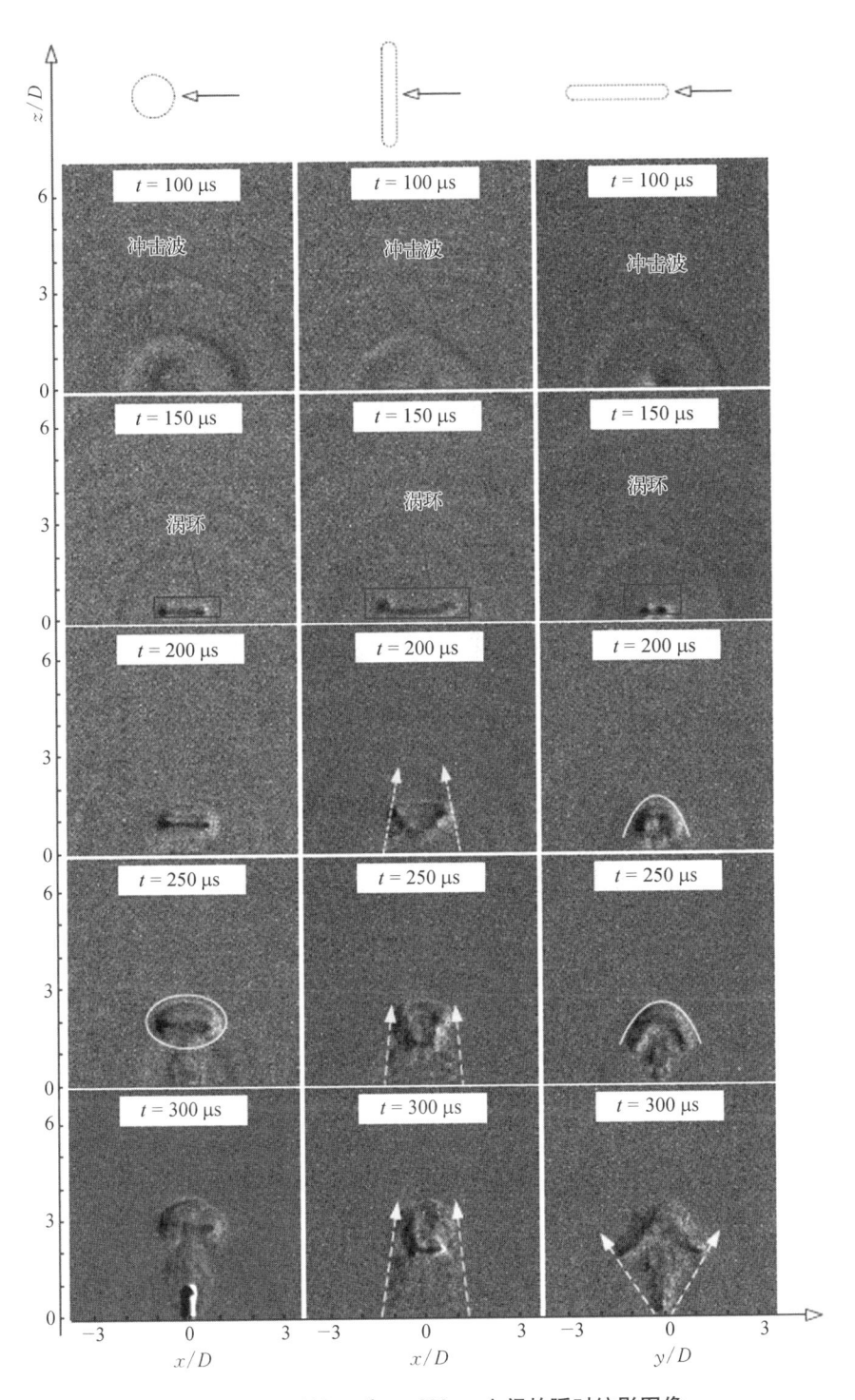

图 3.46　$t=100~\mu s$ 和 $t=300~\mu s$ 之间的瞬时纹影图像

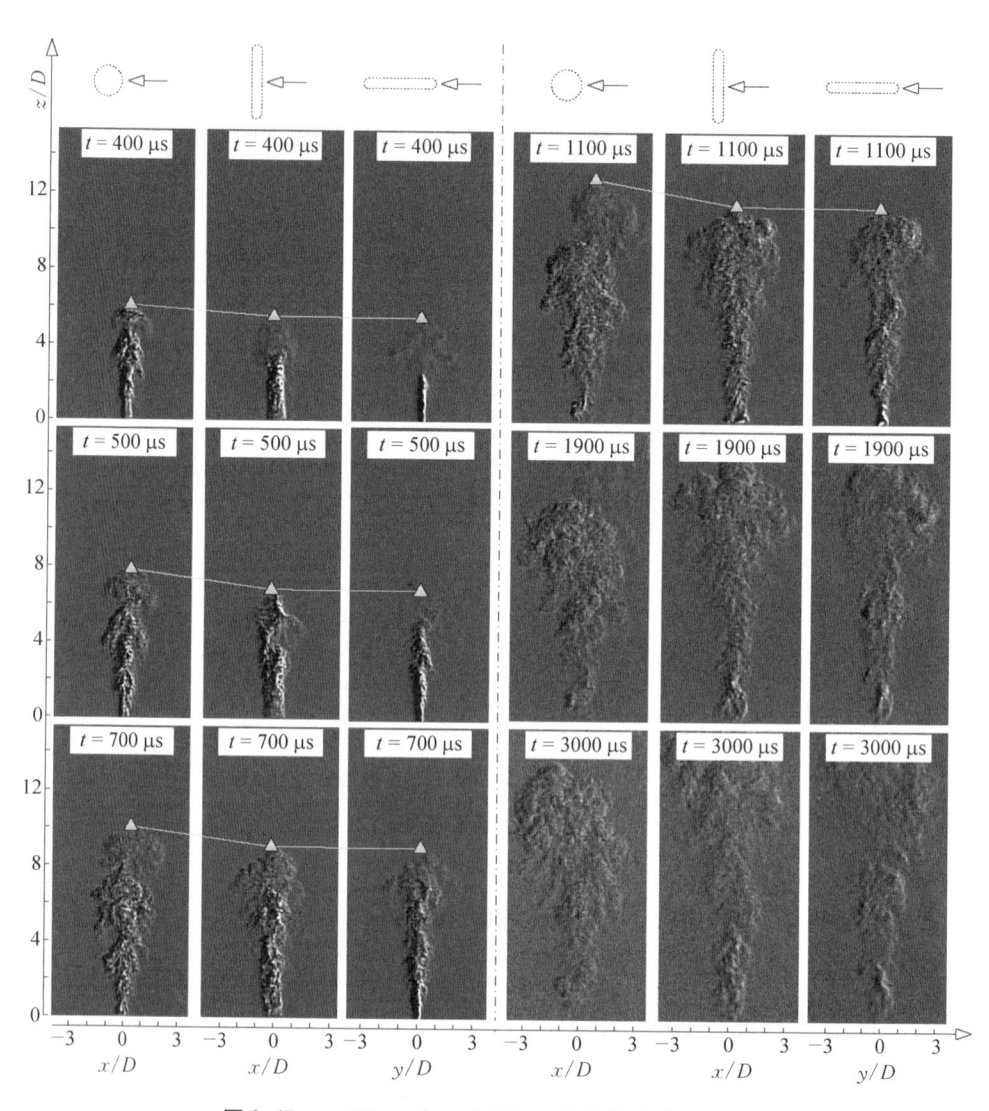

图 3.47　$t=400~\mu s$ 和 $t=3000~\mu s$ 之间的瞬时纹影图像

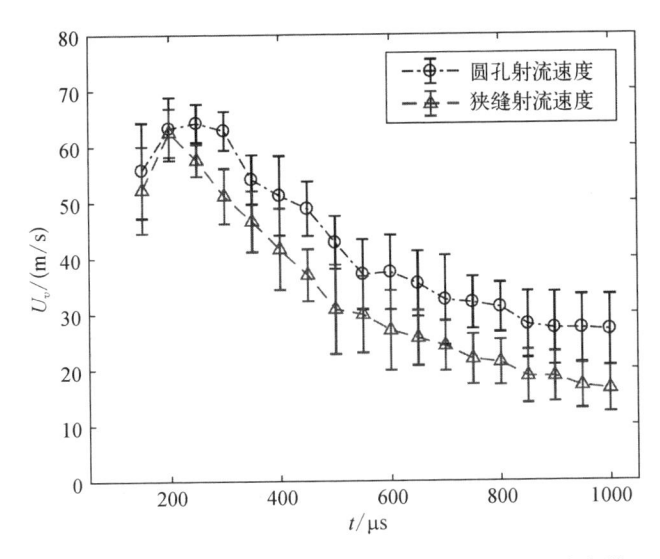

图 3.48　两个激励器产生的射流头部速度 U_v 随时间演变情况

度(40 m/s)远高于圆孔激励器的射流速度(20 m/s)。在此时延内,没有观察到与冲击波对应的球形结构。该结果似乎与图 3.46 中的纹影测量不符。究其原因,固定电极间的电弧击穿电压并不是确定的,因此,击穿时间会不可避免的波动。这种放电时间的不确定性会进一步传播到冲击波演化上[波动水平为 $O(1~\mu s)$],导致瞬时流场中冲击波的位置分散在各处。因此,经过统计平均后,冲击波结构会被抹平,不像纹影图像中的那么明显。

在圆孔案例下,$t=150~\mu s$ 时可以在出口附近观察到启动涡环。随着射流的继续发展($t=200~\mu s$),涡环将周围流体卷吸进来,其尺寸也不断增大。涡环的特点是中心速度高、核心速度低,与希尔球形涡的特征吻合较好。对于狭缝孔激励器,$t=150~\mu s$ 时的涡环呈细长状。在后续轴向传播过程中($t=200~\mu s$),细长涡环的长轴(x 方向)收缩,短轴(y 方向)延伸,这标志着轴转换现象的开始,与定常狭缝孔射流的观测结果类似[29,30]。

假设头部涡环在 xy 平面上的投影是一个椭圆,则可以根据速度场提取的涡核坐标得到涡环变形的示意图。如图 3.50 所示,在启动涡的传播过程中,短轴长度(l_y)逐渐增加,并在 $t=250~\mu s$ 超过长轴长度(l_x)。这种轴转换现象与文献[31]的模拟结果非常吻合,主要归因于沿 y 方向的高流体卷吸速率。在后期演化过程中($t>250~\mu s$),涡环的形状变得严重扭曲。从机理上讲,头部涡环的运动与高速核心射流的动量输入有关,也会受射流核心与周围静止流体间的黏性剪切影响。当涡环刚形成时,不同部位的传播速度大致相等。但是,由于涡环的长边(沿长轴)与静止流体的接触面积比短边(沿短轴)更大,受到黏性阻力也更大。因此,沿 y 方向的强黏性剪切和高卷吸速率限制了头部涡环长边的传播速度,最终导致了所观察到的扭曲变形现象。

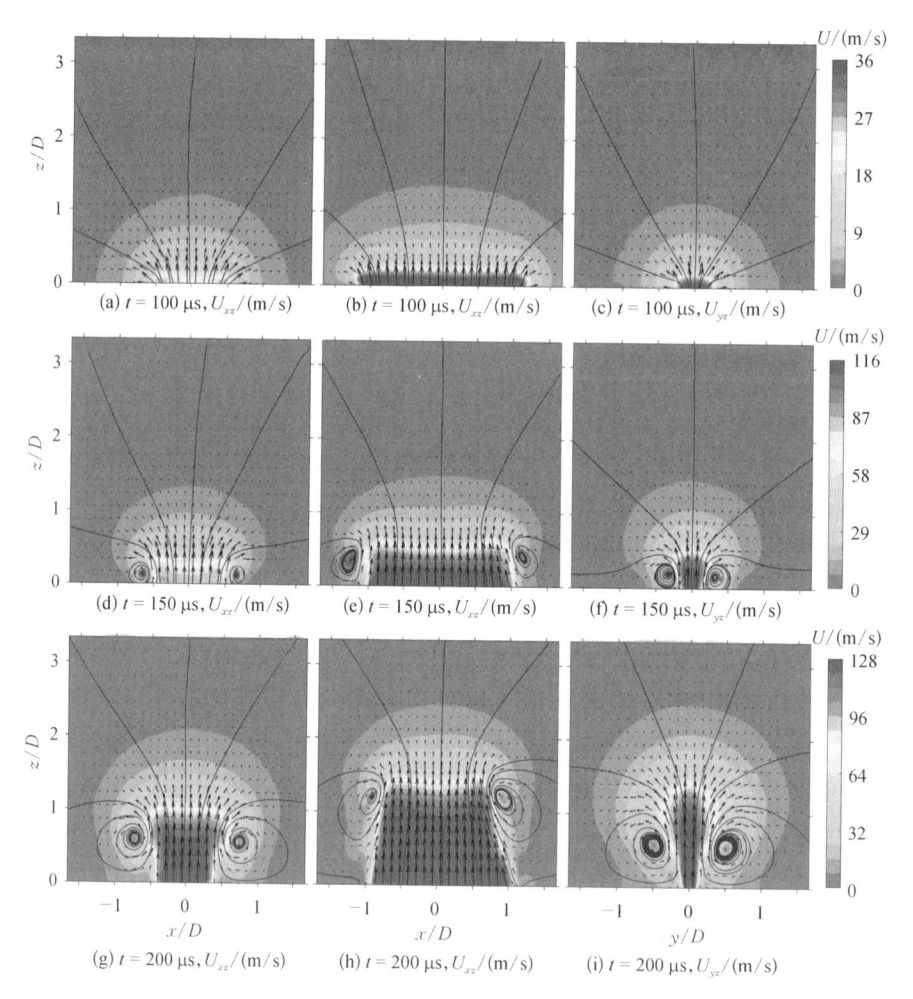

图 3.49 $t=100\ \mu s$ 和 $t=200\ \mu s$ 之间的锁相平均速度场

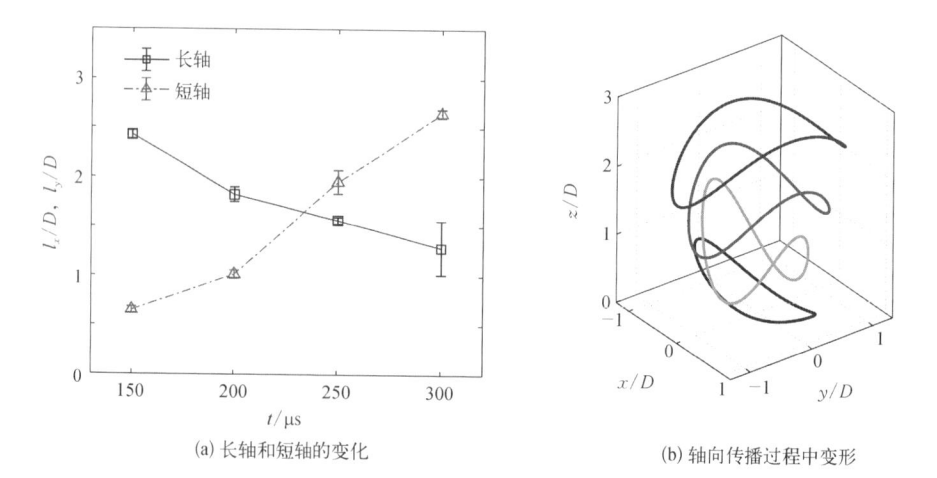

(a) 长轴和短轴的变化

(b) 轴向传播过程中变形

图 3.50 狭缝孔案例的涡环演化

图 3.51 显示了 $t=300\ \mu s$ 和 $t=500\ \mu s$ 之间的锁相平均速度场,该图的绘制方法与图 3.46 相同。在图 3.51(c)、(f) 和 (i) 中,高速射流主体在运动过程中发生了左右摇摆。为进一步分析该现象,对 $t=400\ \mu s$ 时的速度场进行了如下处理。首

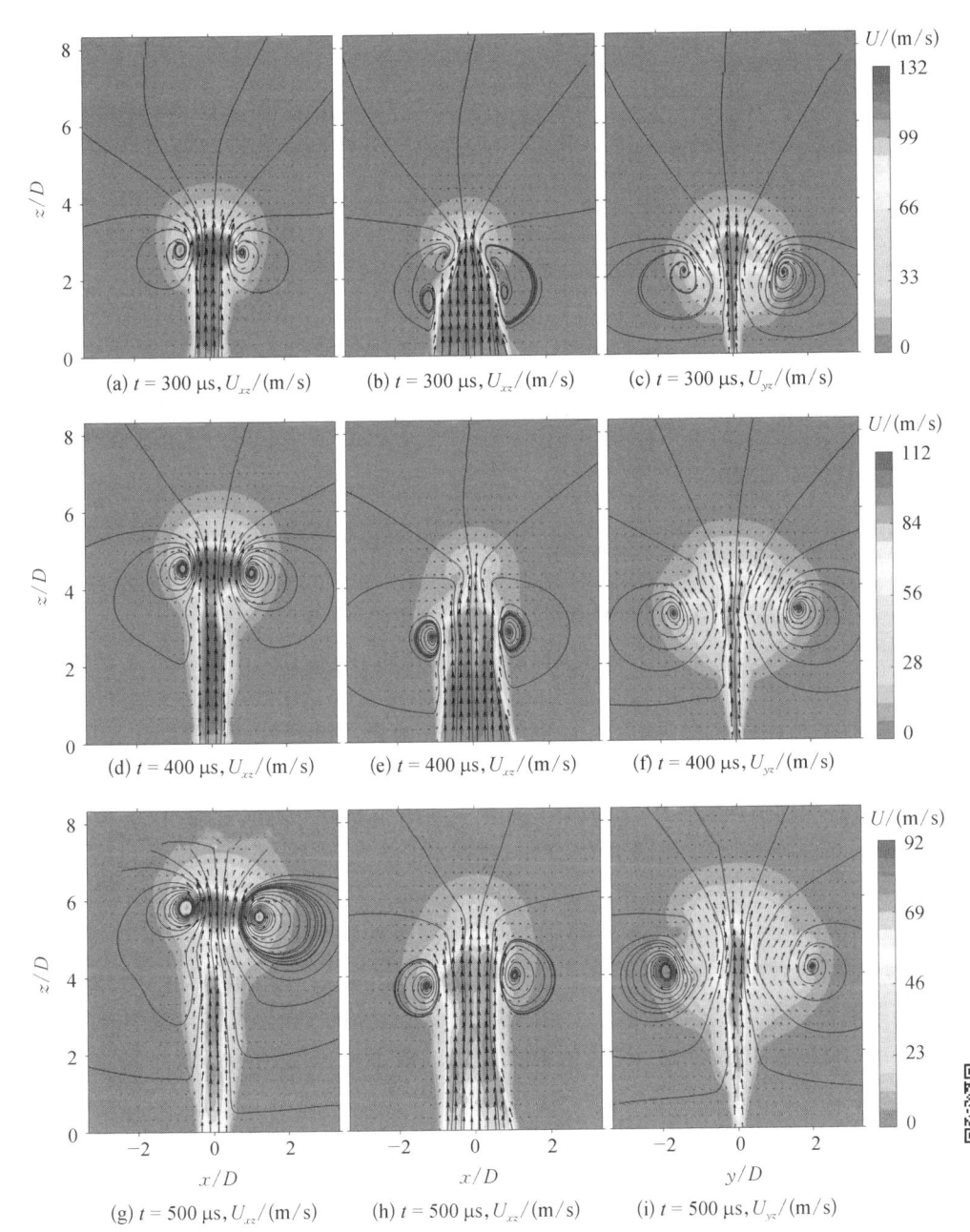

(a) $t=300\ \mu s, U_{xz}/(m/s)$
(b) $t=300\ \mu s, U_{xz}/(m/s)$
(c) $t=300\ \mu s, U_{yz}/(m/s)$
(d) $t=400\ \mu s, U_{xz}/(m/s)$
(e) $t=400\ \mu s, U_{xz}/(m/s)$
(f) $t=400\ \mu s, U_{yz}/(m/s)$
(g) $t=500\ \mu s, U_{xz}/(m/s)$
(h) $t=500\ \mu s, U_{xz}/(m/s)$
(i) $t=500\ \mu s, U_{yz}/(m/s)$

图 3.51 $t=300\ \mu s$ 至 $t=500\ \mu s$ 之间的锁相平均速度场

先,选取速度大于 70 m/s 作为分割阈值,从背景中提取高速射流主体;结果如图 3.52(a)所示,其中平面内速度的大小与方向分别用云图和箭头表示。随后,计算每个速度矢量的角度,并沿 y 方向进行平均。平均射流角(用 θ 表示,垂直方向定义为 90°)的变化如图 3.52(b)所示。

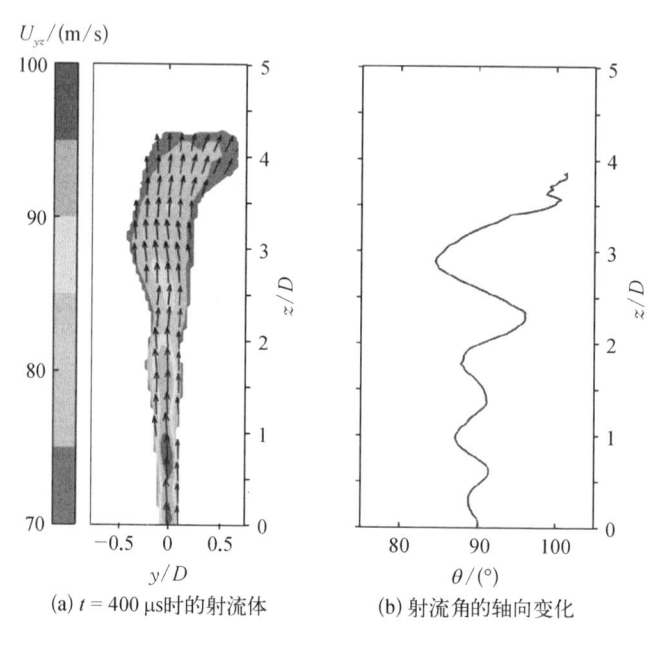

(a) t = 400 μs 时的射流体

(b) 射流角的轴向变化

图 3.52 t = 400 μs 时的射流体和射流角的轴向变化

当射流主体远离出口时,射流角呈周期性振荡,且振幅不断增大。这与 K-H 不稳定性的基本特征十分吻合:初始的小扰动以指数方式迅速放大[32]。本质上来讲,狭缝射流本是一个薄剪切层,为 K-H 不稳定性的增长提供了有利环境。由于锁相平均后的射流角仍有明显的周期性变化,所以初始扰动具有很强的周期性,极有可能是放电所产生的周期性扰动。基于 t = 400 μs 时的平均射流速度(约为 70 m/s)和图 3.52(b)中的平均波长(2.6 mm),估算出的扰动周期为 37 μs,与瞬时放电功率的振荡周期高度一致(图 3.44)。总体来看,容性放电波形的周期性振荡,振幅逐渐减小。由于电极安装不对称,振荡的放电能量对初始射流出口角产生了周期性干扰,从而激发 K-H 不稳定性诱导形成了波浪形的射流主体。

图 3.53 为 t = 600 μs 和 t = 1 000 μs 之间的锁相平均速度场,绘制方法与图 3.46 相同。从 t = 400 μs 到 t = 600 μs,出口速度从 120 m/s 急剧下降到约 40 m/s。狭缝射流的轮廓呈蝌蚪状,顶部被头部涡环包围[图 3.53(b)与(c)]。在 t = 800 μs 时孔口附近的射流消失,之后出现了微弱的吸气流(未显示)。不过这种气

流持续时间很短,因为在 $t = 1\,000\,\mu s$ 时会出现二次射流,但速度很小($<10\,m/s$)。在狭缝孔的案例下,头部涡环和狭缝孔射流体在 xz 平面和 yz 平面上的范围差别不大,这表明最初的准二维射流已演变成轴对称射流,这与纹影成像的结果一致(图 3.47)。作为对比,图 3.53(a)、(d) 与 (g) 中从圆孔喷出的射流表现出很强的不对称性。射流核心略微向负 x 方向倾斜,而头部涡环则向相反方向倾斜。

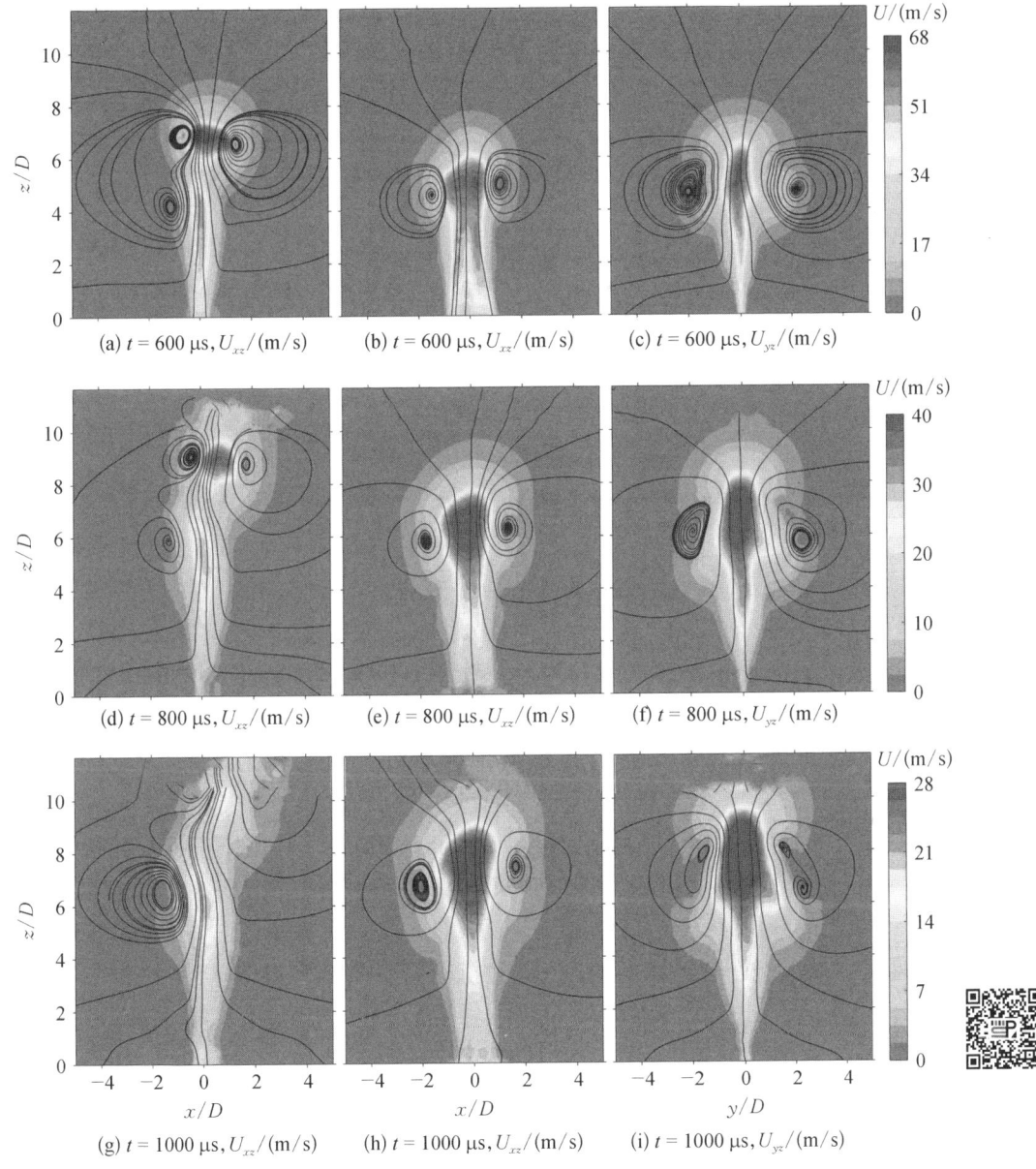

(a) $t = 600\,\mu s$, $U_{xz}/(m/s)$

(b) $t = 600\,\mu s$, $U_{xz}/(m/s)$

(c) $t = 600\,\mu s$, $U_{yz}/(m/s)$

(d) $t = 800\,\mu s$, $U_{xz}/(m/s)$

(e) $t = 800\,\mu s$, $U_{xz}/(m/s)$

(f) $t = 800\,\mu s$, $U_{yz}/(m/s)$

(g) $t = 1000\,\mu s$, $U_{xz}/(m/s)$

(h) $t = 1000\,\mu s$, $U_{xz}/(m/s)$

(i) $t = 1000\,\mu s$, $U_{yz}/(m/s)$

图 3.53 $t = 600 \sim 1\,000\,\mu s$ 的锁相平均速度场

3.5.4 穿透深度和出口速度

本节分析孔型对射流穿透深度的影响。在此选择 10 m/s 的速度等值线作为射流边缘,该等值线最高点的 y 坐标定义为穿透深度(L_p)。初步敏感性分析表明,当速度等值线从 10 m/s 变为 5 m/s 时,计算出的穿透深度的相对变化小于 2 mm。图 3.54 为不同案例下穿透深度 L_p 和穿透速度($V_p = dL_p/dt$)随时间的变化。同理,狭缝孔案例下的数据是两个对称平面上相应数据的平均值。

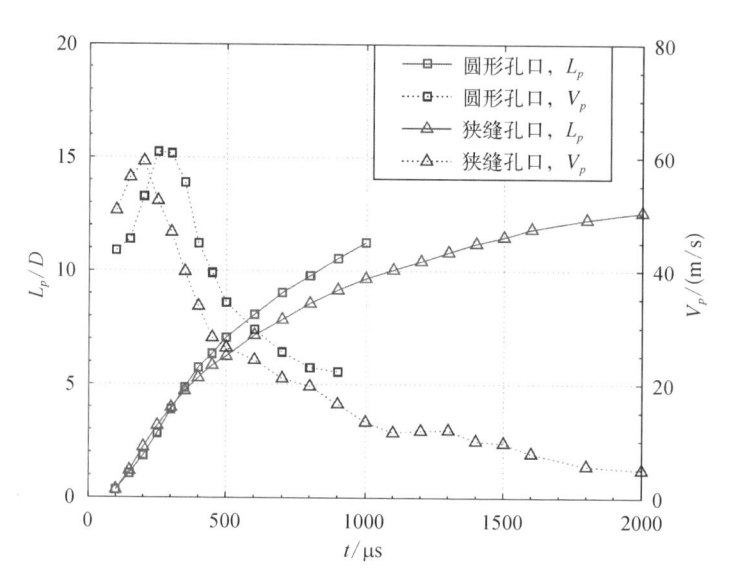

图 3.54 不同孔型下的穿透深度 L_p 和穿透速度 V_p

在放电击穿后不久,射流从孔口向外喷出,L_p 单调增加。在 $t = 250$ μs 之前,圆孔的穿透速度略低于狭缝孔。V_p 的峰值(60 m/s)与纹影成像所确定的射流头部速度峰值接近(图 3.48)。在 $t = 250$ μs 和 $t = 900$ μs 之间,圆孔射流比狭缝孔射流穿透速度更快,与图 3.48 所示的纹影结果基本一致,本质上都是由不同的流体卷吸速率造成的。当孔口面积恒定时,与圆孔相比,狭缝孔与周围空气的接触面更大。最终,狭缝孔案例下的流体卷吸速率较高,动量衰减迅速、穿透速率相对较低。两种案例下的峰值穿透深度都超过了 $10D$。

除 L_p 外,另外一个衡量射流强度的指标是平均出口速度 U_e。对于圆孔射流,U_e 可由式(3.15)计算得到;对于狭缝孔射流,采用算术平均值对 U_e 进行估算。

$$U_e(t) = \frac{\int_0^{D/2} 2\pi r U_X(r, t \mid x = 0) \, dr}{\pi D^2 / 4} \tag{3.15}$$

图 3.55 为两个案例中 U_e 的时间变化。在 $t=200~\mu s$ 之前,存在一个加速阶段,出口速度从 30 m/s 左右快速增加到峰值速度。射流加速阶段的出现与喉道内气体的惯性有关[11]。在 $t=200~\mu s$ 和 $t=400~\mu s$ 之间,出口速度达到稳定阶段,并维持在相对较高的水平(100~130 m/s)。$t=400~\mu s$ 后,出口速度呈线性下降,在 $t=800~\mu s$ 时达到第一个极小值。由于该极小值为正值,此时射流仍在继续。之后,射流速度再次增加,达到第二个极大值和第二个极小值。出口速度的振荡周期约为 $600~\mu s$,与预期的亥姆霍兹自然振荡周期($607~\mu s$)相吻合。恢复阶段出现在 $t=1~900~\mu s$ 左右,表现为出口速度为负值(流体进入激励器)。总体而言,图 3.55 中的两条速度曲线重合较好,表明孔型对 PSJ 的形成过程没有影响。

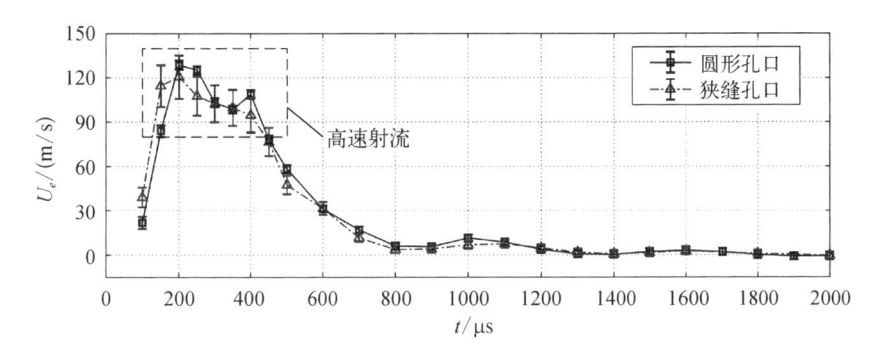

图 3.55 不同孔型下空间平均出口速度 U_e 的时间演变

3.6 电极间距和腔体体积影响

3.6.1 实验装置

1. 激励器和供电系统

为研究电极间距和腔体体积的影响,使用了两种不同几何结构的激励器。大腔激励器为 2.2 节中所提到的 A_2 构型,小腔体激励器为 2.2 节中所提到的 A_3 构型。腔体尺寸、孔径和电极布局等信息在前面已经介绍,在此不再赘述。

上述两个激励器的供电电路为图 2.2 中的顺次放电电路[33]。对于大腔体激励器,放电电路中的储能电容 $C_1=1~\mu F$,放电击穿前电容初始电压 U_c 为 2 kV。为小腔体激励器供电时,C_1 与 U_c 分别降至 $0.1~\mu F$ 和 $0.25~kV$。不同案例下的电弧电压 U_d 和放电电流 I_d 分别由高压探头(Tektronix,P6015A)和电流监控器(Pearson,型号325)测量,并由示波器(Tektronix,TDS 3054C)记录。当 $C_1=1~\mu F$、$U_c=2~kV$ 和 $l_a=2~mm$ 时,典型的放电波形如图 3.56(a)所示。

(a) $C_1 = 1\ \mu F$、$U_c = 2\ kV$ 和 $l_a = 2\ mm$ 条件下的典型放电波形

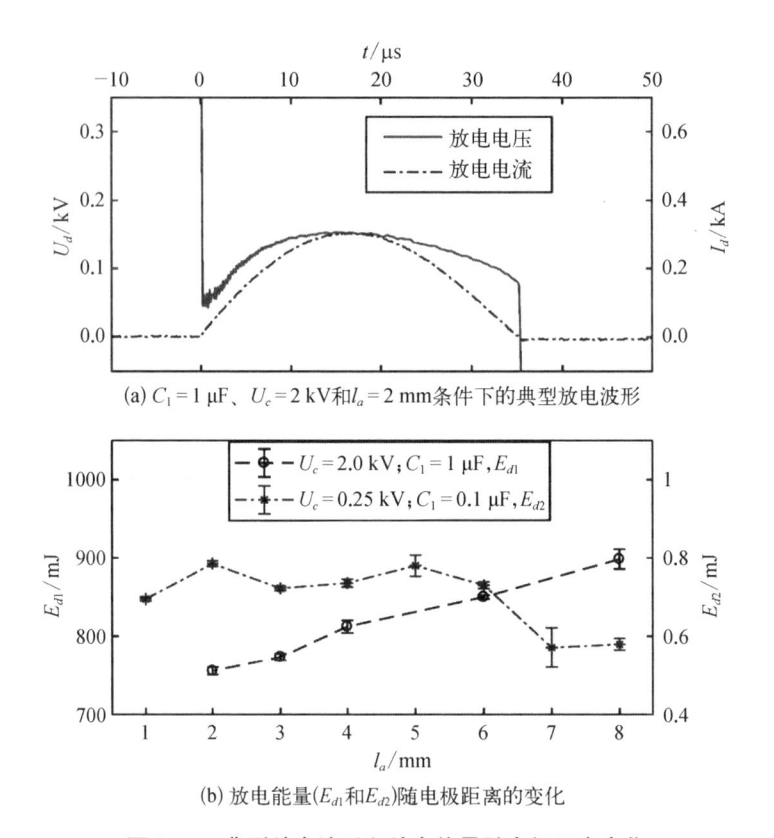

(b) 放电能量(E_{d1} 和 E_{d2})随电极距离的变化

图 3.56 典型放电波形和放电能量随电极距离变化

放电电流类似于一个半波的正弦曲线，峰值为 305 A，持续时间为 35 μs。电弧电压与放电电流的变化趋势一致，范围为 50~150 V。将瞬时放电功率 $U_d I_d$ 对时间积分即可得到放电能量 E_d，如式(3.16)所示：

$$E_d = \int_0^{T_d} U_d(t) I_d(t) \cdot dt \tag{3.16}$$

式中，T_d 表示放电持续时间。E_{d1} 和 E_{d2} 代表大电容和小电容能量。如图 3.56(b) 所示，E_{d1} 随电极距离的增加而单调增大，而 E_{d2} 在 $l_a \leq 6\ mm$ 时出现了小幅波动，范围为 0.7~0.8 mJ。$l_a > 6\ mm$ 之后，放电能量 E_{d2} 下降到约 0.6 mJ。E_{d2} 的下降与电容放电后的剩余电容电压增加有关。具体来说，由于电弧电阻(量级：10 Ω)的快速增加，小能量情况下的峰值放电电流显著地下降，导致电极间隙的能量沉积减少，储能电容在放电后的剩余能量增加。对于能量沉积较大的情况，由于电弧电阻 $[O(1\ \Omega)]$ 相对较小，放电电流随电极间距增加而下降的现象并不明显，能量沉积 E_{d1} 的单调增加同时也意味着放电效率的提高。

2. 粒子成像测速系统

该实验中所采用的 PIV 系统由 CCD 相机(Imperx Bobcat IGV-B1610,传感器分辨率: 1628 像素×1236 像素,像素间距: 4.4 μm)、Nd:YAG 激光器(Quantel EverGreen,峰值脉冲能量为 200 mJ)和可编程定时单元(Lavision,PTU9)组成。锁相 PIV 系统用于测量 xr 平面上的射流诱导流动。激光整形方法、粒子播撒机制和同步控制方法均与文献[11]、[17]相同,在此不再赘述。两个激励器的成像视场大小均为 12×12 mm²。后处理中使用的查询窗口大小为 24 像素×24 像素,重叠率为 75%,空间分辨率达到了每毫米 22 个矢量。为还原 PSJ 的整个演化过程,在一个周期内选择了 20~30 个相位进行 PIV 测量。第一个相位对应的是放电触发后的射流形成过程,最后一个相位对应的则是射流的终止和吸气流动的出现。每个相位下采集 200 个瞬时速度场,平均后得到锁相速度场。

表 3.4 列出了所有的 PIV 测量案例,共 14 个,分为四组。第 1 组和第 2 组主要研究固定腔体体积下电极距离 l_a 的影响。第 3 组与第 4 组分别研究固定电极距离(l_a = 3 mm)和固定比率 l_a/L_{ca} = 0.5 条件下腔体体积的影响。

表 3.4 PIV 测量中的案例

组 别	条 件	测试参数
1	C_1 = 1 μF, U_c = 2 kV, D_{ca} = 10 mm, L_{ca} = 12 mm	l_a = 2, 3, 4, 6, 8 mm
2	C_1 = 1 μF, U_c = 0.25 kV, D_{ca} = 4 mm, L_{ca} = 10 mm	l_a = 1, 3, 5, 7 mm
3	C_1 = 0.1 μF, U_c = 0.25 kV, D_{ca} = 4 mm, L_{ca} = 3 mm	L_{ca} = 6, 8, 10, 12 mm
4	C_1 = 0.1 μF, U_c = 0.25 kV, D_{ca} = 4 mm, l_a/L_{ca} = 0.5	L_{ca} = 6, 8, 10, 12 mm

3.6.2 射流出口速度和机电效率

根据测量到的锁相平均速度场[记为 $u(r, z, t)$],可以通过式(3.17)计算空间平均出口速度如下[记为 $U_{ex}(t)$]:

$$U_{ex}(t) = \frac{\int_0^{D_{ex}/2} u_x(r, t)\pi r dr}{\pi D_{ex}^2/4} \tag{3.17}$$

图 3.57(a)对比了第 1 组案例的出口速度变化曲线,峰值射流速度和射流持续时间 T_{jet} 均随着电极距离的增加而增加,表明射流强度有所提高。根据出口速度轨迹,可以使用文献[17]中提出的模型估算出口密度随时间的变化 $\rho_{ex}(t)$。结合出口速度和出口密度即可得到射流动能 E_m。如式(3.18)所示,射流动能与放电能量

的比值为机电效率 η_m：

$$\begin{cases} E_m = 0.5 \cdot \int_0^{T_{jet}} \rho_{ex}(t) A_{ex} U_{ex}^3(t) \mathrm{d}t \\ \eta_m = E_m/E_d \end{cases} \quad (3.18)$$

其中，A_{ex} 是射流出口面积。

图 3.57(b) 展示了第 1 组案例下的射流动能和机电效率。总体来看，E_m 和 η_m 均随电极距离的增加而线性增加。这种现象可以归因于激励器内部加热体积的增加[34]。具体来说，脉冲电弧主要存在于电极间隙之间。腔内气体的增压过程实质上就是局部电弧加热所产生的高压区域在激励器腔内的扩散过程，这种扩散是通过冲击波的传播和反射而实现的。一方面，冲击波的传播能够对远离放电区域的腔体气体进行增压。另一方面，激波的传播是一个熵增过程，大部分机械能都会被耗散掉。当电极距离增加时，加热体积会扩大，激励器腔内的压力分布变得更加均匀。因此，电弧诱导的冲击波传播距离减小，冲击波强度降低，激励器的机电效率提高。

(a) 第1组案例的射流平均出口速度

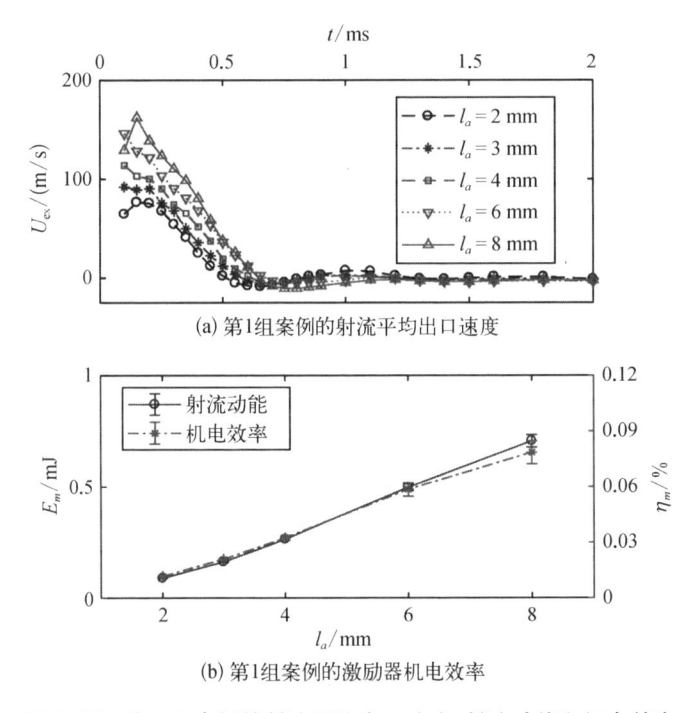

(b) 第1组案例的激励器机电效率

图 3.57 第 1 组案例的射流平均出口速度、射流动能和机电效率

图 3.58 显示了第 2~4 组案例中激励器机电效率的变化。对于小腔体激励器（第 2 组）而言，增加电极间距对提高 η_m 也同样有效。当电极间距保持不变而腔体长度增加时（第 3 组），η_m 稳步下降。这种现象同样可以归因于冲击波传播距离

的增加。第 4 组中，电极距离与腔体长度之比保持不变，四个案例表现出相似的机电效率。这些变化趋势表明，电弧加热体积与腔体体积之比（表示为 ξ，无量纲加热体积）对机电效率起着重要作用。ξ 的定义式如下：

$$\xi = \frac{l_a d_a^2}{L_{ca} D_{ca}^2} \tag{3.19}$$

其中，d_a 代表平均电弧直径。对于小能量和大能量两类案例，d_a 分别为 0.6 mm 和 1.0 mm[7]。

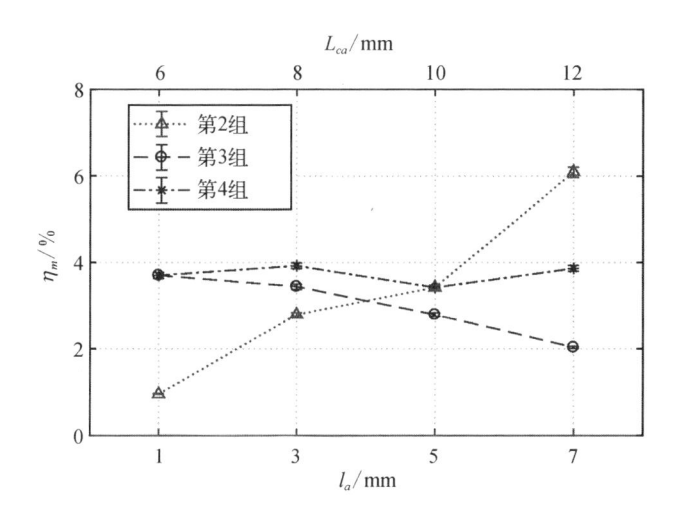

图 3.58　第 2~4 组机电效率的变化

图 3.59 绘制了 η_m 与 ξ 的关系图。不出所料，第 2~4 组的数据重叠在一起，可以用一条直线拟合。因此，η_m 和 ξ 之间的关系可以用幂函数来描述。对于大腔体激励器和小腔体激励器，相应的幂函数指数分别为 1.4 和 0.86。比较两种激励器的数据集，可以发现在 ξ 相同的条件下，小腔体激励器的效率比大腔体激励器高出约 30 倍。这说明腔体体积的影响是非线性的，无量纲加热比这一参数只能在小范围内（V_{ca}：50~150 mm³）解释电弧诱导冲击波所造成的机械能损失。

除了前面考虑到的局部电弧加热，两个激励器机电转化效率 η_m 的区别还与放电时间尺度和放电能量的不同有关。具体来说，由于电容增大，大能量案例的放电持续时间[35 μs，见图 3.56(a)]是小能量案例放电持续时间（3 μs）的 10 倍以上。这种长时间放电使能量沉积过程严重偏离恒容加热过程，从而导致热循环效率下降[34]。此外，从放电能量角度，电容越大，电弧温度和电弧直径均会增加。这加速了电弧加热能量向周围环境的耗散，在一定程度上也会导致加热效率下降。

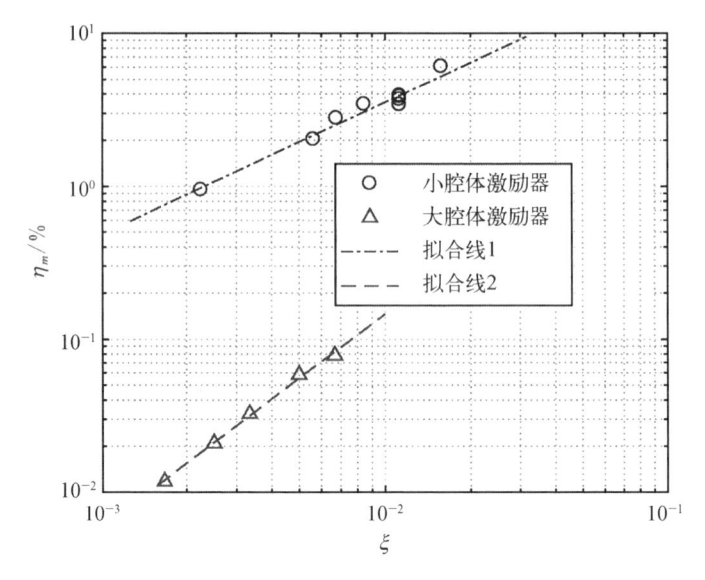

图 3.59　机电效率随无量纲加热体积的变化

3.7　本章小结

针对"形成演化机理"问题：在跨越三个量级的宽广能量范围内，对等离子体合成射流流场进行诊断，获得了等离子体合成射流激励的四大扰动特征和三种典型演化模式。在小能量模式下，只有电弧放电诱导的弱冲击波扰动；在中等能量下，产生一个明显的启动涡环和尾部弱射流；在大能量模式下，高速射流快速传播，向启动涡环注入动量。研究结果还揭示了高速射流、涡环和弱吸气之间的相互作用机理：启动涡环涡量来源于喉道边界层涡量，其大小由壁面涡流 BVF 决定；涡环形成后，又会通过诱导效应改变射流主体形状；吸气速度的增加会导致涡环穿透深度的降低。

针对"均一化无量纲规律"问题：从非线性系统角度出发，将影响等离子体合成射流强度的因素划归为电源输入参数，系统结构参数和外部环境参数三大类，运用量纲分析理论，对高精度实验和简化理论分析所得的参数变化规律及公开文献结果进行整合，获得了激励参数对关键射流性能指标影响的均一化无量纲规律，反映了物理问题本质，不依赖于具体几何构型。开展了定常射流、压电式合成射流和等离子体合成射流特性的横向对比，发现等离子体合成射流速度剖面与定常射流类似，但射流扩散率处于定常射流和压电式合成射流之间，并且随着频率增加而减小。

参考文献

[1] Grossman K, Bohdan C, Vanwie D. Sparkjet actuators for flow control[C]. Reno: 41st Aerospace Sciences Meeting and Exhibit, 2003.

[2] Hardy P, Barricau P, Caruana D, et al. Plasma synthetic jet for flow control[C]. Chicago: 40th Fluid Dynamics Conference and Exhibit, 2010.

[3] Narayanaswamy V, Raja L L, Clemens N T. Characterization of a high-frequency pulsed-plasma jet actuator for supersonic flow control[J]. AIAA Journal, 2010, 48(2): 297-305.

[4] Haack P S, Cybyk B, Land B, et al. Recent performance-based advances in sparkjet actuator design for supersonic flow applications[C]. Grapevine: 51st AIAA Aerospace Sciences Meeting including the New Horizons Forum and Aerospace Exposition, 2013.

[5] Emerick T, Ali M Y, Foster C, et al. SparkJet characterizations in quiescent and supersonic flowfields[J]. Experiments in Fluids, 2014, 55(12): 1-21.

[6] Haack S, Taylor T, Cybyk B, et al. Experimental estimation of sparkjet efficiency[C]. Honolulu: 42nd AIAA Plasma dynamics and Lasers Conference in Conjunction with the 18th International Conference on MHD Energy Conversion, 2011.

[7] Belinger A, Naudé N, Cambronne J, et al. Plasma synthetic jet actuator: Electrical and optical analysis of the discharge[J]. Journal of Physics D: Applied Physics, 2014, 47(34): 345202.

[8] Golbabaei-Asl M, Knight D, Anderson K, et al. SparkJet efficiency[C]. Grapevine: 51st AIAA Aerospace Sciences Meeting Including the New Horizons Forum and Aerospace Exposition, 2013.

[9] Sary G, Dufour G, Rogier F, et al. Modeling and parametric study of a plasma synthetic jet for flow control[J]. AIAA Journal, 2014, 52(8): 1591-1603.

[10] Zong H H, Wu Y, Li Y H, et al. Analytic model and frequency characteristics of plasma synthetic jet actuator[J]. Physics of Fluids, 2015, 27(2): 027105.

[11] Zong H H, Kotsonis M. Characterisation of plasma synthetic jet actuators in quiescent flow[J]. Journal of Physics D: Applied Physics, 2016, 49(33): 335202.

[12] Chedevergne F, Léon O, Bodoc V, et al. Experimental and numerical response of a high-Reynolds-number M=0.6 jet to a Plasma Synthetic Jet actuator[J]. International Journal of Heat and Fluid Flow, 2015, 56: 1-15.

[13] Wu J Z, Ma H Y, Zhou M D. Vorticity and vortex dynamics[M]. Berlin: Springer Science & Business Media, 2007.

[14] Zong H H, Kotsonis M. Effect of slotted exit orifice on performance of plasma synthetic jet actuator[J]. Experiments in Fluids, 2017, 58(3): 1-17.

[15] Zong H, Kotsonis M. Formation, evolution and scaling of plasma synthetic jets[J]. Journal of Fluid Mechanics, 2018, 837: 147-181.

[16] Anderson K V, Knight D D. Plasma jet for flight control[J]. AIAA Journal, 2012, 50(9): 1855-1872.

[17] Zong H H, Kotsonis M. Electro-mechanical efficiency of plasma synthetic jet actuator driven by capacitive discharge[J]. Journal of Physics D: Applied Physics, 2016, 49(45): 455201.

[18] Pope S B. Turbulent flows[M]. Cambridge: Cambridge University Press, 2000.

[19] Hussein H J, Capp S P, George W K. Velocity measurements in a high-Reynolds-number, momentum-conserving, axisymmetric, turbulent jet[J]. Journal of Fluid Mechanics, 1994, 258: 31-75.

[20] Shuster J M, Smith D R. Experimental study of the formation and scaling of a round synthetic jet[J]. Physics of Fluids, 2007, 19(4): 045109.

[21] Eagle W E, Musculus M P, Malbec L M, et al. Measuring transient entrainment rates of a confined vaporizing diesel jet[R]. Livermore: Sandia National Lab. (SNL-CA), 2014.

[22] Zong H H, Cui W, Wu Y, et al. Influence of capacitor energy on performance of a three-electrode plasma synthetic jet actuator[J]. Sensors Actuators, 2015, 222: 114-121.

[23] Zong H H, Wu Y, Jia M, et al. Influence of geometrical parameters on performance of plasma synthetic jet actuator[J]. 2015, 49(2): 025504.

[24] Cantwell J B. Viscous starting jets[J]. Journal of Fluid Mechanics, 1986, 173: 159-189.

[25] Pullin D I. Vortex ring formation at tube and orifice openings[J]. 1979, 22(3): 401-403.

[26] Dufour G, Hardy P, Quint G, et al. Physics and models for plasma synthetic jets[J]. International Journal of Aerodynamics, 2013, 3(1/2/3): 47-70.

[27] Reedy T M, Kale N V, Dutton J C, et al. Experimental characterization of a pulsed plasma jet[J]. AIAA Journal, 2013, 51(8): 2027-2031.

[28] Laurendeau F, Chedevergne F, Casalis G. Transient ejection phase modeling of a plasma synthetic jet actuator[J]. Physics of Fluids, 2014, 26(12): 125101.

[29] Krothapalli A, Baganoff D, Karamcheti K. On the mixing of a rectangular jet[J]. Journal of Fluid Mechanics, 1981, 107: 201-220.

[30] Dhanak M, Bernardinis B D. The evolution of an elliptic vortex ring[J]. Journal of Fluid Mechanics, 1981, 109: 189-216.

[31] Grinstein F F. Self-induced vortex ring dynamics in subsonic rectangular jets[J]. Physics of Fluids, 1995, 7(10): 2519-2521.

[32] Lee B. Some measurements of spatial instability waves in a round jet[J]. AIAA Journal, 1976, 14(3): 348-351.

[33] Zong H H, Kotsonis M. Realisation of plasma synthetic jet array with a novel sequential discharge[J]. Sensors, 2017, 266: 314-317.

[34] Zong H H, Wu Y, Song H M, et al. Efficiency characteristic of plasma synthetic jet actuator driven by pulsed direct-current discharge[J]. AIAA Journal, 2016, 54(11): 3409-3420.

第 4 章
等离子体合成射流理论模型

4.1 引　言

　　Experiments in Fluids 前主编、得克萨斯大学奥斯汀分校 Clemens 教授发现等离子体合成射流激励器在高重频(5~10 kHz)工作状态下存在大量的"哑火"脉冲,机理不明,严重制约了激励器的高频控制效能[1]。法国宇航院 Dufour 研究员的特性研究结果表明,等离子体合成射流激励器在典型工况下的输出射流动能仅占输入电能的 0.1%~0.8%,能量耗散非常严重,转化效率迫切需要提升。本章将从理论角度揭示激励器高重频下的失效机理,澄清激励器能量转化链路并发展效率提升方法[2]。

　　针对"高频失效机理"问题(4.2 节):我们将考虑射流喉道内气体的惯性和腔体内外的复杂热力过程,将能量沉积、射流和吸气三个阶段分别模化为定容加热过程、多变膨胀过程和定压冷却过程,建立激励器特性预测的重频解析模型;综合数值模拟结果和实验结果对该模型性能进行验证,并利用模型研究等离子体合成射流重复工作时的形成演化特性,重点关注激励器高重频时的效能衰减机理,找出影响饱和工作频率的关键因素[3]。针对"能量转化链路"问题(4.3 节):将激励器内部的能量转换过程划分为放电、加热和热力循环三个阶段;分别针对每个分阶段进行理论分析和数学建模,得到三个子效率随放电和几何参数变化的解析表达式;进一步,以输入电能一定为约束条件、激励参数为优化变量、输出射流动能最高为目标,建立激励器的多层级能量转化模型[4]。

4.2　重频解析理论模型

4.2.1　实验装置

　　为测量 PSJA 的重频工作特性、辅助验证解析理论模型,设计了一种小腔体的两电极等离子体激励器。如图 4.1 所示,该激励器由玻璃陶瓷壳体和不锈钢顶盖两部分结合而成。陶瓷壳体的内腔直径为 4 mm,高度为 7 mm。两个直径为 1 mm、间距为 4 mm 的钨针电极从陶瓷壳体的底部插入内腔中,分别作为脉冲放电的阳极和阴极。两根高压导线与钨针电极焊接,引线处用硅胶密封。射流孔位于不锈钢顶盖的中心,射流喉道呈圆柱形,长度为 2 mm。为对比孔径 D 的影响,共加工了两种顶盖,尺寸规格分别为 $D=1$ mm 和 $D=1.5$ mm。激励器的供电电源为德国 FID 公司生产的高压重频纳秒脉冲电源(FID, FPG 2020NK)。该电源输出电压为 0~20 kV,上升时间为 2~3 ns,脉宽为 8~10 ns。重复频率范围为 0~20 kHz,单个脉冲的放电能量约为 6.9 mJ。

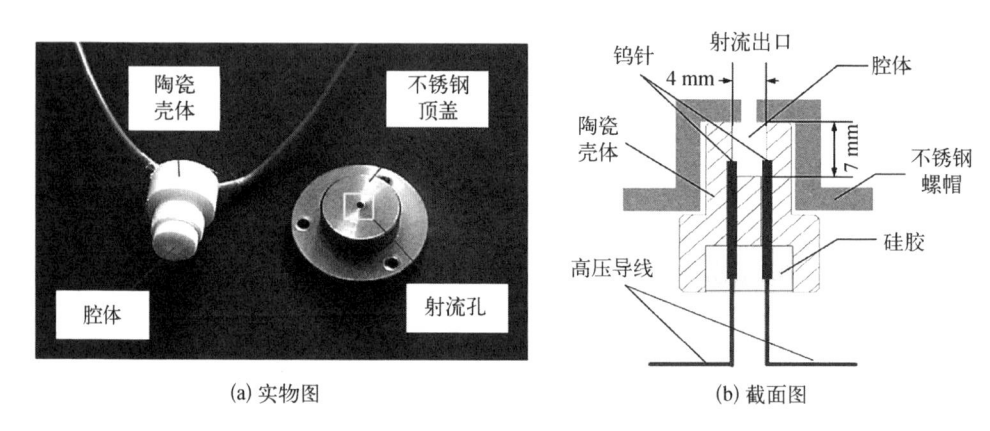

(a) 实物图

(b) 截面图

图 4.1 激励器的结构组成

实验中测量的物理量主要包括两个,一个是不同频率下的射流时均出口总压,另一个是不同频率下的腔体内壁平均温度。前一个物理量的测量方法已经在 2.4.1 节中进行了介绍,在此不过多赘述。后一个物理量的测量方案如图 4.2 所示。直径为 0.1 mm 的 K 型热电偶与腔体内壁齐平安装,距离腔体底部 4.5 mm。热电偶的输出端通过继电器连接到温度控制器上(型号:Shimax, MAC50),控制器仅作为一个非线性放大器,将 0~55 mV 的热电偶信号转换为 2~10 V 的模拟信号。

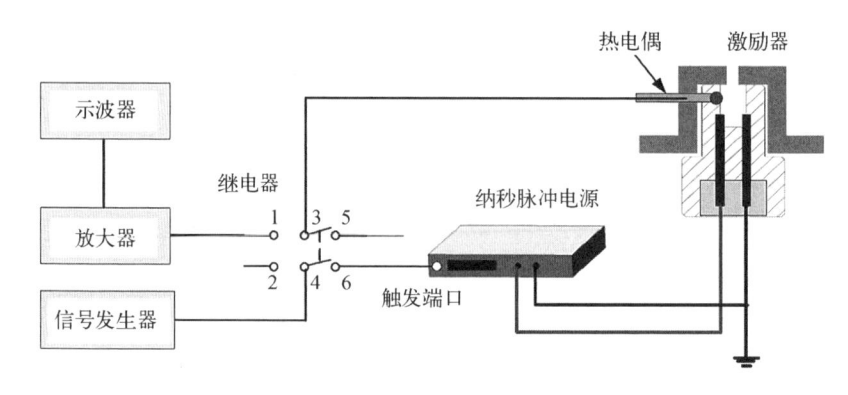

图 4.2 温度测量装置

具体测量流程如下：首先，继电器向右侧闭合，高压电源接收来自信号发生器（型号：DG535）的触发信号，并以给定频率开始放电；在这一过程中，出于对强电磁干扰的安全考虑，放大器与热电偶通过继电器实现物理隔离；随后，等待腔体壁面温度稳定后，继电器切换至左侧点位，电源停止工作，热电偶与放大器直接连接；最后，放大后的热电偶信号由示波器记录，并转化为温度数据。

4.2.2 传热过程分析

如图 4.3 所示，PSJA 的完整传热过程包括三个步骤：第一步是腔内气体向陶瓷壳体内壁和不锈钢顶盖传热的过程，主要形式是热对流；第二步是陶瓷壳体和不锈钢顶盖内部不同区域之间的热传递，传热形式包括热传导和热辐射；第三步是从激励器外壁面向环境的传热，传热形式以热对流和热辐射为主。为了简化分析，在此忽略不锈钢顶盖和陶瓷壳体螺纹之间的对流换热，并认为硅胶覆盖的表面是绝热的。此外，不考虑电极对导热的影响，并假设激励器可以简化为轴对称结构。

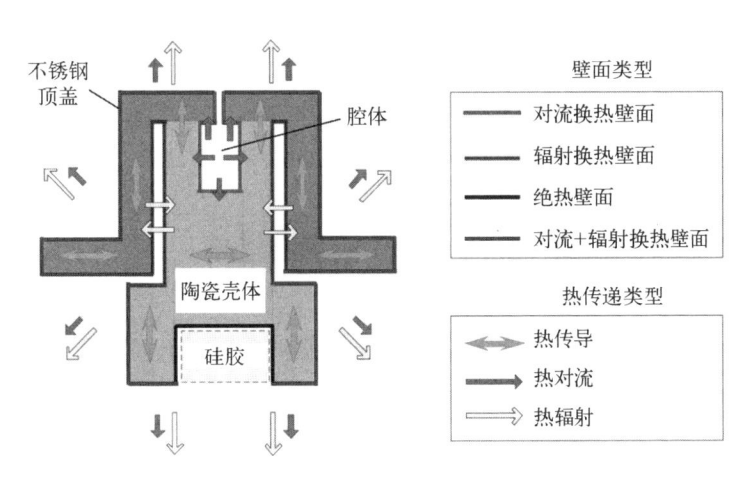

图 4.3 激励器内部的传热过程

表 4.1 求解器中设置的主要热参数

参　　数	值
陶瓷的导热系数/[W/(m·K)]	1.71
不锈钢的导热系数/[W/(m·K)]	60.5
腔体外壁与大气之间的自然对流换热系数/[W/(m²·K)]	5
腔体内壁与高温气体之间的对流换热系数/[W/(m²·K)]	100

续表

参　数	值
陶瓷发射率	0.8
不锈钢发射率	0.5

稳态传热模拟中，激励器的三维非结构网格由 ICEM 创建，网格总数约为 20 万。求解器采用商业软件 ANSYS CFX，主要物性参数设置如表 4.1 所示。当腔内气体温度为 1 000 K 时，计算得到的激励器内部温度分布如图 4.4 所示。总体来看，稳态传热时的温度分布非常不均匀，腔体内壁的最高温度达到了 652 K。由于激励器腔体下半部分区域与高温气体直接接触，且距离激励器外壁面较远，因此，该区域属于高温核心区。热电偶的安装位置靠近高温区，预期测量温度(634 K)接近陶瓷壳体的最高温度(652 K)。不锈钢顶盖的散热功率为 3.3 W，占整个激励器总散热功率的 78.6%。

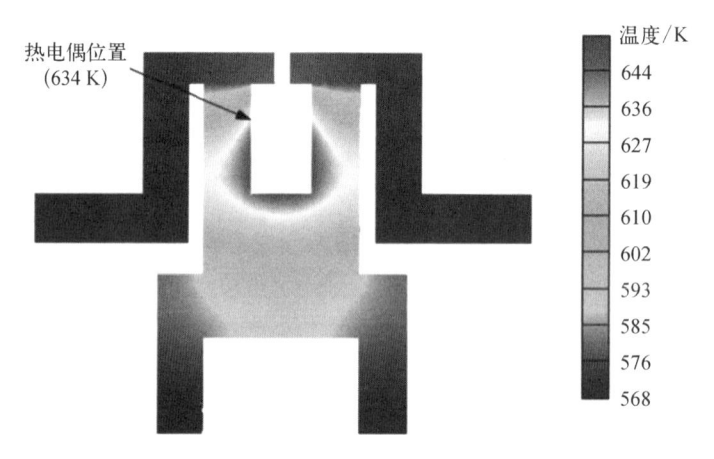

图 4.4　激励器壳体的温度云图

激励器总散热功率、腔壁最高温度和热电偶安装位置温度随腔内气体温度的变化规律如图 4.5 所示。总体来看，激励器散热功率和腔壁最高温度均随着气体温度的增加而线性升高。考虑到玻璃陶瓷(MACOR)这一材料的熔点是 1 100 K，因此，为保证激励器陶瓷壳体的安全工作，最高气体温度不应超过 1 900 K。基于传热仿真中所获得的散点数据，通过最小均方误差拟合即可得到激励器散热功率与腔内气体温度之间的线性模型：

$$\begin{cases} T_{\max} = 144.32 + 0.497\,3 \cdot T_{ca} \\ Q_d = -0.195 + 4.5 \times 10^{-3} \cdot T_{ca} \end{cases} \quad (4.1)$$

其中，T_{max}、T_{ca} 和 Q_d 分别代表腔内气体温度、腔壁最高温度和散热功率。

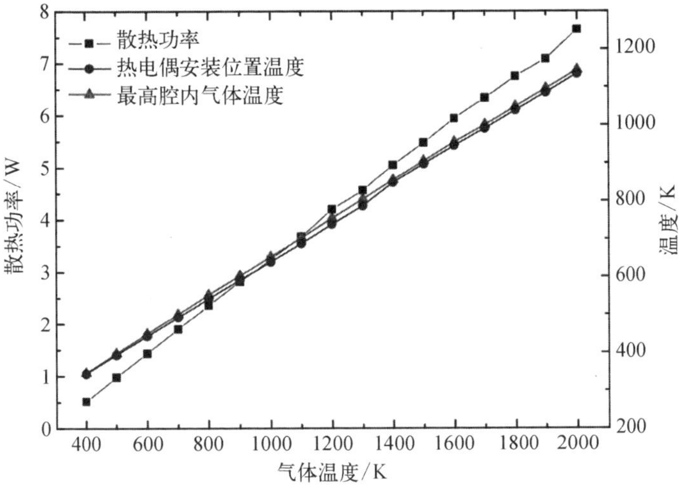

图 4.5 不同腔内气体温度下的散热功率

4.2.3 理论模型建立

1. 第 1 阶段——能量沉积阶段

在能量沉积阶段，纳秒脉冲放电瞬间向腔体释放大量热能。腔内气体的温度和压力骤然升高，而体积几乎不变。因此，能量沉积阶段的热力过程可以等效为一个定容加热过程。在纳秒脉冲放电过程中，能够用来加热气体的能量只占总放电能量的一部分，对应存在一个加热效率 η_h。根据 Xu 等[5]的研究结果，纳秒脉冲放电的气体加热效率与约化场强 E/N 息息相关。当 E/N 从 $164T_d$ 增加到 $270T_d$ 时，加热效率从 25% 迅速增加至 75%。在本书中，根据电极间距和放电电压所估算的约化电场强度约为 $217T_d$，插值所得到的放电加热效率 $\eta_h = 50\%$。

根据热力学相关理论，建立能量沉积阶段的控制方程如下：

$$\begin{cases} \dfrac{\mathrm{d}T_{ca}(t)}{\mathrm{d}t} = \dfrac{\eta_h Q_d(t)}{c_v \rho_{ca} V_{ca}} \\ \dfrac{P_{ca}(t)}{P_\infty} = \dfrac{T_{ca}(t)}{T_\infty} \\ \rho_{ca} = \rho_{th} = \rho_0 \\ P_{th} = P_\infty, \quad T_{th} = T_\infty \end{cases} \quad (4.2)$$

其中，V_{ca} 是腔体体积；P_{ca} 和 ρ_{ca} 分别表示腔内气体压力和密度；T_∞、P_∞ 和 ρ_0 分别代表环境温度、压力和密度；T_{th}、P_{th} 和 ρ_{th} 为射流喉道内的气体温度、压力和密度。第一个等式是由能量守恒关系推导出来的，后三个等式对应于定容过程关系式。

2. 第 2 阶段——射流阶段

物理过程：能量沉积阶段结束以后，腔体内外存在静压差，气体在此驱动力作用下开始从静止状态加速。随着射流速度的增加，腔体内的压力逐渐降低，而出口处的静压则始终与环境压力大致相同。因此，喉道内气体的加速度相应降低。当喉道入口处的静压降至环境压力时，射流速度达到峰值。在这一过程中，伴随着腔内气体的不断排出，腔内总压、静压和密度都逐渐减小。当喉道入口处的静压降至环境压力以下时，气流速度也开始下降；当达到 0 m/s 时，射流阶段结束。

在上述描述中，如果激励器腔体处于绝热状态，那么射流阶段可以模化为一个等熵过程。但本节中，激励器处于高频工作状态、内部热量堆积严重，最高温度达到上千开。因此，腔体与外界的热交换不容忽略，实际的射流阶段所代表的物理过程上是一个多变膨胀过程。图 4.6 为不同热力学过程的 P-V 图（压力-容积图）。曲线 0-1 与曲线 1-2′ 分别表示定容能量沉积过程和等熵膨胀过程。多变膨胀过程（曲线 1-2）介于以上两个曲线之间，多变指数 n 的范围为 $\gamma<n<+\infty$；其中，γ 为比热比。为了获得 1-2 这一热力过程中的控制方程，采用微元的思想，将射流阶段分为一系列的子过程，如 $(i-1)\rightarrow i, i\rightarrow(i+1), (i+1)\rightarrow(i+2)$ 等。每个子过程都是一个多变膨胀过程，可以用一小段的"等熵膨胀过程"加上一小段的"定容冷却过程"代替。以子过程 $i\rightarrow(i+1)$ 为例，它等同于过程 $i\rightarrow(i+1)'\rightarrow(i+1)$。

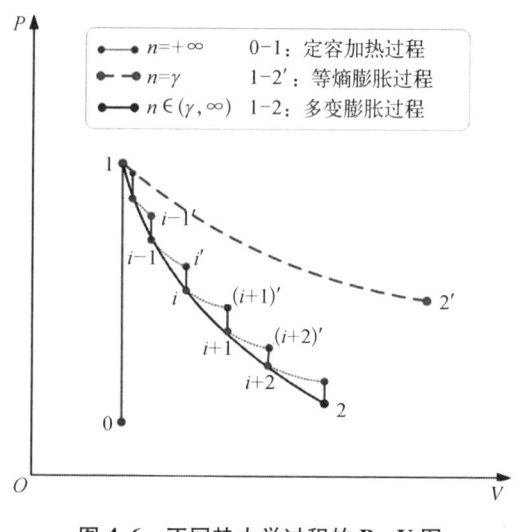

图 4.6 不同热力学过程的 P-V 图

根据气体动力学的基本理论，如果要实现超声速射流，喷管型面应设计为拉瓦尔喷管。但是实际的 PSJA 整体尺寸都在 10 mm 左右，喉道的直径一般都不超过 2 mm，利用传统的工艺很难加工出缩扩型面。因此，国内外研究中广泛采用的仍是等直喉道，射流速度最高可以达到声速。在亚声速射流条件下，定容过程 $i\rightarrow$

$(i+1)'$ 和等熵膨胀过程 $(i+1)' \to (i+1)$ 的控制方程分别为

$$\begin{cases} \rho_{th}(i) \cdot V_{th} \cdot [v(i+1) - v(i)] = [P_{th}(i) - P_0]A \cdot \Delta t(i) \\ V_{ca}[\rho'_{ca}(i+1) - \rho_{ca}(i)] = P_{th}(i) \cdot v(i) \cdot A_{th} \cdot \Delta t(i) \\ \dfrac{P'_{ca}(i+1)}{P_{ca}(i)} = \left[\dfrac{\rho'_{ca}(i+1)}{\rho_{ca}(i)}\right]^{\gamma} \\ \dfrac{T'_{ca}(i+1)}{T_{ca}(i)} = \left[\dfrac{\rho'_{ca}(i+1)}{\rho_{ca}(i)}\right]^{\gamma-1} \end{cases} \quad (4.3)$$

$$\begin{cases} T_{ca}(i+1) - T'_{ca}(i+1) = \dfrac{-Q_d[T'_{ca}(i+1)] \cdot \Delta t(i)}{c_v V_{ca} \cdot \rho'_{ca}(i+1)} \\ \dfrac{P_{ca}(i+1)}{P'_{ca}(i+1)} = \dfrac{T_{ca}(i+1)}{T'_{ca}(i+1)} \\ \rho_{ca}(i+1) = \rho'_{ca}(i+1) \\ \lambda(i+1) = \sqrt{\dfrac{\gamma+1}{2}} \dfrac{v(i+1)}{\sqrt{\gamma R T_{ca}(i+1)}} \\ Ma(i+1) = \dfrac{2\lambda^2(i+1)}{\gamma+1-(\gamma-1)\lambda^2(i+1)} \\ P_{th}(i+1) = \dfrac{P_{ca}(i+1)}{[1+0.5(\gamma-1)Ma^2(i+1)]^{\gamma/(\gamma-1)}} \\ T_{th}(i+1) = \dfrac{T_{ca}(i+1)}{1+0.5(\gamma-1)Ma^2(i+1)} \\ \rho_{th}(i+1) = \dfrac{P_{th}(i+1)}{RT_{th}(i+1)} \end{cases} \quad (4.4)$$

其中,V_{th} 是喉部体积;A_{th} 是喉部横截面积;v 和 Ma 分别表示射流速度和射流马赫数;λ 表示速度系数。式(4.4)中第一个和第二个等式分别是基于牛顿运动定律和质量守恒定律推导出来的,其他等式则是根据等熵关系导出的。

当射流速度达到声速时,以上两个控制方程应改写成如下的形式:

$$\begin{cases} \rho'_{ca}(i+1) = \dfrac{\rho_{th}(i) \cdot v(i) \cdot A_{th} \cdot \Delta t(i)}{V_0} + \rho_{ca}(i) \\ \dfrac{P'_{ca}(i+1)}{P_{ca}(i)} = \left[\dfrac{\rho'_{ca}(i+1)}{\rho_{ca}(i)}\right]^{\gamma} \\ \dfrac{T'_{ca}(i+1)}{T_{ca}(i)} = \left[\dfrac{\rho'_{ca}(i+1)}{\rho_{ca}(i)}\right]^{\gamma-1} \end{cases} \quad (4.5)$$

$$\begin{cases} T_{ca}(i+1) = \dfrac{-Q_d[T'_{ca}(i+1)] \cdot \Delta t(i)}{c_v V_{ca} \cdot \rho'_{ca}(i+1)} + T'_{ca}(i+1) \\ \dfrac{P_{ca}(i+1)}{P'_{ca}(i+1)} = \dfrac{T_{ca}(i+1)}{T'_{ca}(i+1)} \\ \rho_{ca}(i+1) = \rho'_{ca}(i+1) \\ P_{th}(i+1) = \dfrac{P_{ca}(i+1)}{[1+(\gamma-1)/2]^{\gamma/(\gamma-1)}} \\ T_{th}(i+1) = \dfrac{T_{ca}(i+1)}{1+(\gamma-1)/2} \\ \rho_{th}(i+1) = \dfrac{P_{th}(i+1)}{RT_{th}(i+1)} \\ v(i+1) = \sqrt{\gamma R T_{th}(i+1)} \end{cases} \qquad (4.6)$$

3. 第 3 阶段——吸气恢复阶段

射流阶段结束后,腔内的剩余气体处于高温、低密度状态。在喉道两端负向压差驱动下,外界的高密度、低温气体被吸入腔体内,与腔内气体进行混合。混合后,腔内气体温度降低、密度和压力增加,各个参数逐步恢复到初始状态。吸气恢复阶段所遵守的物理定律主要是质量守恒和能量守恒。根据这两个守恒定律,结合气体动力学中的其他关系式,可以得到控制方程:

$$\begin{cases} \rho^{th}(i) \cdot V_1 \cdot [v(i+1)-v(i)] = [P_{th}(i)-P_{ca}(i)]A \cdot \Delta t(i) \\ \Delta m = \rho_{th}(i)v(i)A \cdot \Delta(t) \\ V_{ca}[\rho_{ca}(i+1)-\rho_{ca}(i)] = \Delta m \\ T_{ca}(i+1) = \dfrac{T_{ca}(i)\rho_{ca}(i)V_{ca}+\Delta m T_\infty}{\rho_{ca}(i+1)V_{ca}} - \dfrac{Q_d[T_{ca}(i+1)] \cdot \Delta t(i)}{c_v V_{ca} \cdot \rho_{ca}(i+1)} \\ \rho_{ca}(i+1) = \rho_{ca}(i+1)RT_{ca}(i+1) \\ \lambda(i+1) = \dfrac{v(i+1)}{\sqrt{\dfrac{2}{\gamma+1}\gamma R T_\infty}} \\ Ma(i+1) = \dfrac{\dfrac{2}{\gamma+1}\lambda^2(i+1)}{1-\dfrac{\gamma-1}{\gamma+1}\lambda^2(i+1)} \\ P_{th}(i+1) = \dfrac{P_\infty}{\left[1+\dfrac{\gamma-1}{2}Ma^2(i+1)\right]^{\frac{\gamma}{\gamma-1}}} \end{cases} \qquad (4.7)$$

$$\begin{cases} T_{\text{th}}(i+1) = \dfrac{T_{\infty}}{\left[1 + \dfrac{\gamma - 1}{2}Ma^2(i+1)\right]} \\ \rho_{\text{th}}(i+1) = \dfrac{P_{\text{th}}(i+1)}{RT_{\text{th}}(i+1)} \end{cases} \quad (4.7\text{续})$$

利用式(4.1)~式(4.7)即可计算 PSJA 在一个完整工作周期内各个气动参数的变化。需要说明的是,由于喉道内气体的惯性,射流阶段和吸气恢复阶段有可能会多次交替出现。

4.2.4 模型性能验证

1. 单次工作过程

为了验证解析理论模型的准确性和精度,使用 ANSYS CFX 软件对激励器的单次工作过程进行仿真模拟。如图 4.7 所示,计算网格由 ICEM 创建、为结构网格,主要特征包括激励器腔体、射流喉道和远场三个部分。由于 PSJA 的几何结构是对称的,计算域仅为整个流域的 1/2。经过独立性验证后,网格总数确定为 25 万个。模型中设置的边界条件共有三类:远场为开放式边界条件,中间平面为对称边界条件,其余位置为壁面边界条件。

腔体壁面与外界的换热功率通过式(4.1)进行计算,并通过 CFX 表达式嵌入到计算程序中。电弧放电通过能量方程中的热源项进行模拟,加热体积设定为两个放电电极之间的圆柱形区域,加热功率的持续时间与放电时间保持一致。采用非定常 RANS 求解器对脉冲加热所诱导的流场演化过程进行仿真,湍流模型设置为 SST 模型。壁

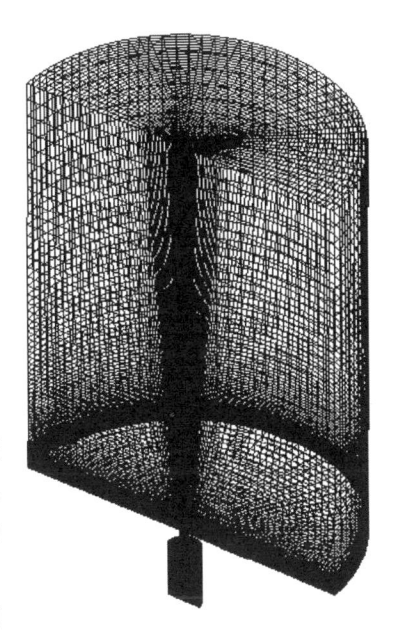

图 4.7 用于单次工作过程仿真的计算网格

面第一层网格高度为 1 μm,对应的 y^+ 值一般不超过 2。求解过程采用变时间步长方法,初始时间步长为 5 ns,后逐渐增大至 1 μs。相邻两个时间步的迭代次数设置为 20 次,保证 NS 方程的残差低于 1×10^{-5}。

当加热能量为 5 mJ、孔径 $D=1$ mm 时,数值模拟所得到的腔内气体压力和出口射流速度变化曲线如图 4.8 所示。总体来看,解析模型结果与数值仿真结果非常吻合,均能够预测出口速度的周期性振荡现象、且振荡周期也基本相同。关键指标(如峰值射流速度和腔内最高压力)的预测误差仅为 5%,说明本节所建立的解析理

论模型正确反映了激励器的工作过程。解析模型与数值仿真的主要差异体现在吸气速度和射流持续时间上。具体而言,解析模型计算出来的射流持续时间(0.224 ms)相对较短、速度衰减率偏高。究其原因,可能是忽略了喉道内气体的黏性。

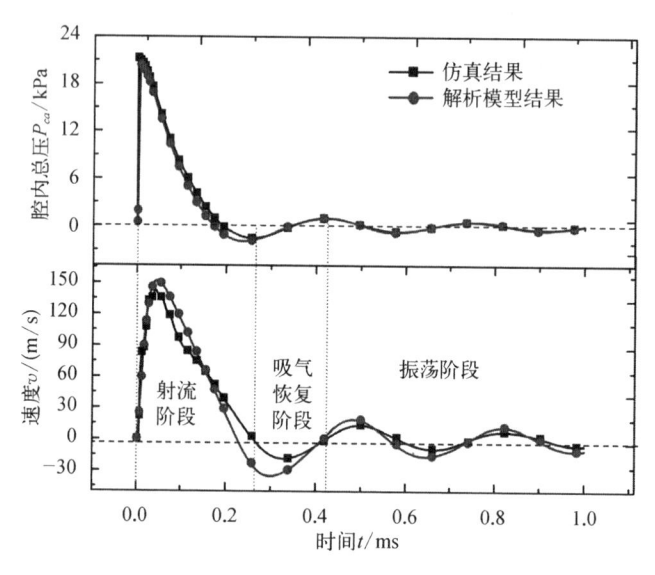

图 4.8 激励器的单次工作流程

2. 重频工作过程

当激励器工作在重频模式时(f=1 kHz),第一个周期内的腔体温度和密度变化曲线如图 4.9 所示。结合图 4.9 和图 4.8 不难看出,腔体压力在第一个周期结束时恢复到了初始大气压力,但腔体密度和温度却并没有恢复到初始大气密度和

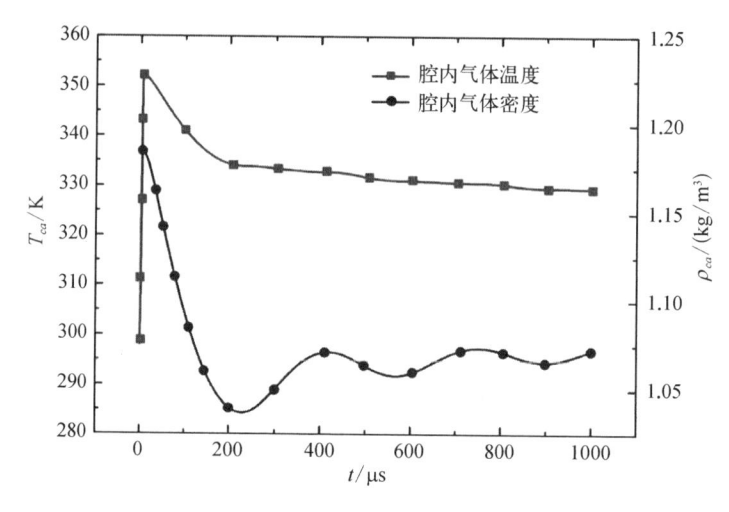

图 4.9 第一个工作周期内的腔体密度和温度变化

温度。以此类推，重频工作模式下，激励器腔体内的温度将会持续升高，密度也会不断降低。但这种趋势显然不可能无限制发展下去。根据式(4.1)，随着腔体温度的升高，激励器的散热速率将会线性增加，由此所引起的腔体温度下降幅度也会明显地增大。最终，当放电加热所带来的能量沉积与冷却换热所引起的能量耗散达到动态平衡时，腔体平均温度保持不变。

保持上述放电频率和加热能量不变，采用解析模型对激励器的后续工作过程进行计算，所得到的结果如图4.10所示。图中的25个周期可以分为两个工作阶段：过渡工作阶段和动态平衡阶段[6]。在过渡工作阶段(前20个周期)，激励器的峰值速度和腔内气体温度不断上升，而腔内气体密度则逐步下降。进入动态平衡阶段后，激励器内部所有的参数均呈现出周期性变化规律，腔内气体的周期平均温度和密度分别为750 K和0.48 kg/m³；射流峰值速度达到250 m/s，远远高于第一个周期的峰值射流速度(150 m/s)。

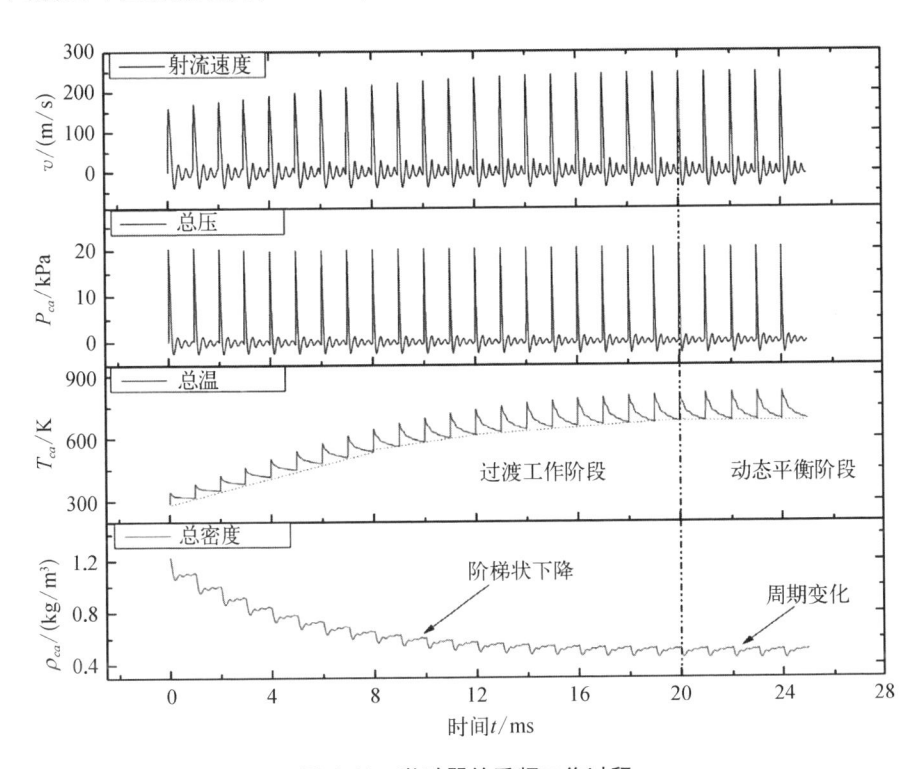

图4.10 激励器的重频工作过程

4.2.5 重频工作时的腔内温度和射流总压

本节首先对实验结果进行分析，获得放电频率对腔体内壁温度和出口总压的影响规律。然后，对比理论模型预测结果与实验测量结果，拟合孔径与激励器饱和工作频率之间的经验关系式。所有的参数如腔体温度和射流冲量等,指代的都是激励器进入动态平衡阶段以后的周期平均参数。

1. 时均腔内气体温度

当孔径为 1 mm、放电能量为 6.9 mJ 时,我们通过实验方法获得了不同放电频率下的腔体壁面温度。利用这些实验数据作为输入,可以通过式(4.1)反向估算出时均腔内气体温度。图 4.11 对比了解析模型预测温度和经验公式估算结果。当 f<5.5 kHz 时,两条曲线吻合较好,时均腔内气体温度和激励器内壁温度均随着放电频率的增加而上升,增加趋势接近于线性。这种变化规律其实是意料之中的,因为频率越高、留给激励器吸气恢复的时间就越短;当腔内高温气体和外界冷空气之间混合不充分时,腔内平均气体温度不可避免地会升高。当放电频率 f=5.5 kHz 时,腔内时均气体温度和腔体内壁温度分别为 1 600 K 和 900 K。根据实验结果,进一步增加放电频率,激励器的内壁温度和腔内气体温度并不会上升。但是,解析模型预测的腔内气体温度却继续保持增长趋势。造成这种差异的原因可能是解析模型中的一些简化假设,如放电加热效率不变、零维流动假设等。为更好地预测高重频条件下的腔体壁面温度,当前的解析模型还需进一步改进。

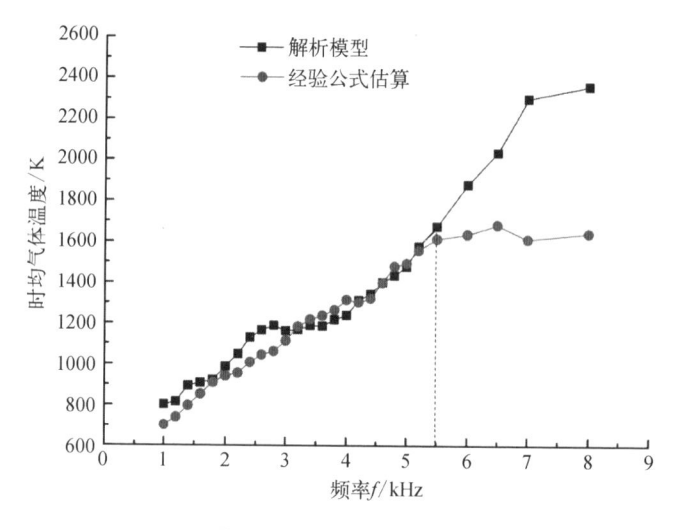

图 4.11 时均气体温度

2. 时均射流出口总压

采用 2.4.1 节中的总压测量系统对不同放电频率下的时均射流出口总压进行诊断,探针头部直径为 1 mm、到激励器出口的距离也为 1 mm。当放电能量固定为 6.9 mJ 时,射流出口时均总压随频率的变化规律如图 4.12 所示。

整体来看,两种射流孔径下的曲线变化趋势基本相同,均存在一个全局最大值和一个局部最大值。全局最大值所对应的频率即为激励器的饱和工作频率。当射

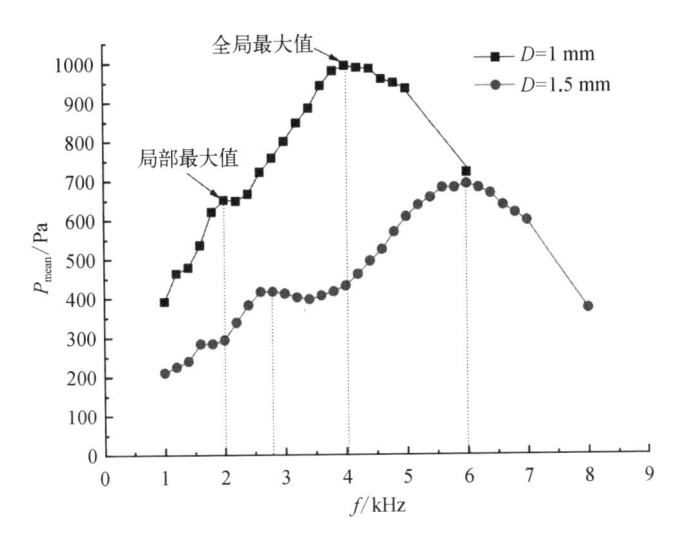

图 4.12　距出口 1 mm 处的时间平均总压

流孔径 D 分别为 1 mm 和 1.5 mm 时,激励器饱和工作频率分别为 4 kHz 和 6 kHz。在饱和工作频率以下,时均射流出口总压随着放电频率的升高而增加。由于时均总压在一定程度上可以表征脉冲射流的机械能,因此在饱和工作频率以下,频率的增加对提高射流强度有积极作用。但如果放电频率超过饱和工作频率,脉冲射流的总机械能会急剧下降。

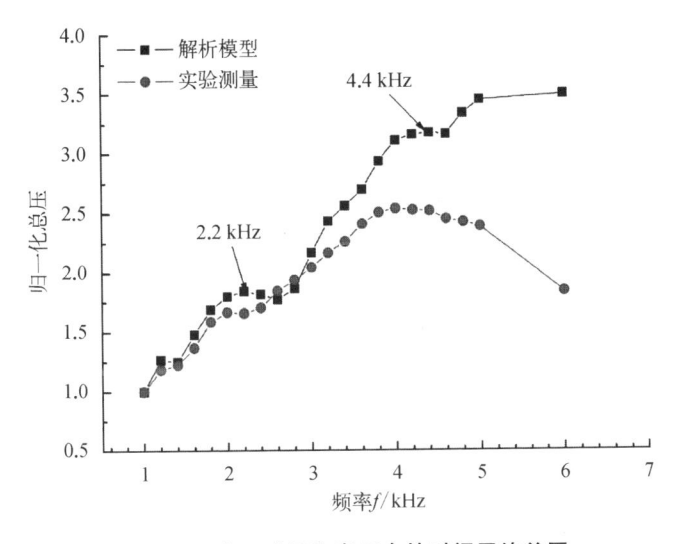

图 4.13　出口附近和出口内的时间平均总压

当射流孔径为 1 mm 时,由解析模型所预测的激励器出口时均总压如图 4.13 所示。1 kHz 激励频率下的模型计算值和实验测量值分别为 549 Pa 和 392 Pa。考虑到实验测量位置(出口 1 mm)和解析模型计算位置(射流出口)并不相同,上述总压预测误差是意料之中的。为了更好地比较两条曲线的变化趋势,我们对总压数据进行了归一化处理,将两条曲线分别除以各自在 1 kHz 激励频率下的数值。总体来看,归一化后的解析模型预测结果和实验测量结果在低频段非常吻合,曲线的两个局部最大值分别为 2.2 kHz 和 4.4 kHz,与实验结果(2 kHz 和 4 kHz)非常接近。当放电频率超过 4.6 kHz 时,解析模型得到的总压呈现出一种持续增加的趋势,而实验测量值则不断下降。这说明目前的解析模型适用范围还很有限,只能在饱和工作频率以下使用。除了建模中没有考虑的黏性效应、时变加热效率等,Narayanaswamy 等[1]中所提到的高频放电不稳定也有可能是造成高频射流强度下降的一个重要原因。

保持放电能量不变,饱和频率 F_{sat} 与孔径 D 之间的关系如图 4.14 所示。在 0.5 mm<D<1.5 mm 内,饱和频率随孔径的增大而线性增加。从物理机制上来分析,饱和工作频率出现的根本原因是高频下吸气时间过短,不能够满足激励器短时间内恢复成初始状态的需求。与小孔径激励器相比,大孔径激励器的喉道通流面积较大、相同吸气速度下的气体流量也较大。因此,大孔径激励器对吸气恢复时间的要求相对较低,可以稳定工作在更高的放电频率。

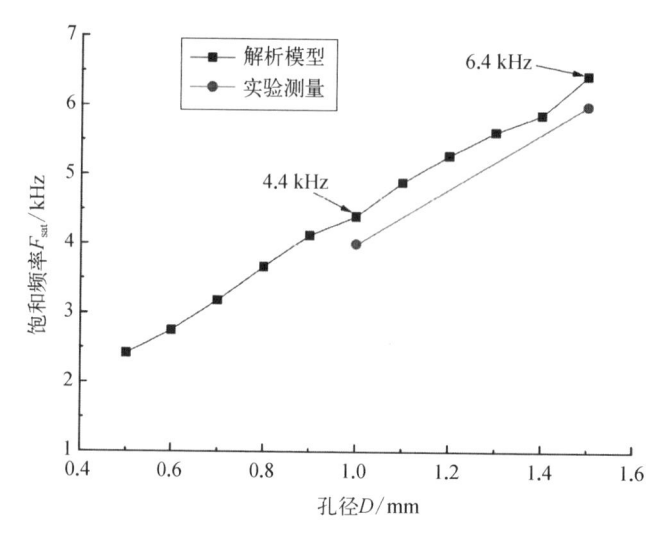

图 4.14 饱和频率与孔径之间的关系

4.2.6 重频工作时的脉冲射流强度

1. 峰值射流速度

图 4.15 为解析模型所预测的不同放电频率下峰值射流速度。随着频率的升高,峰值射流速度不断增加,但增加的速率逐步放缓。峰值射流速度由射流马赫数

和当地声速决定,而马赫数和局部声速又分别与无量纲能量沉积和腔体平均温度呈正比。当频率低于 5.5 kHz 时,随着放电频率的增加,时均腔内气体温度逐步升高,故局部声速和射流峰值速度均随着 f 的增加而不断升高。

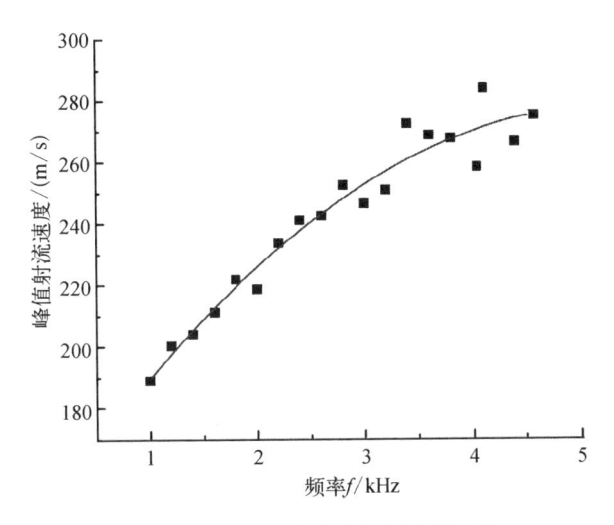

图 4.15　峰值射流速度随频率的变化

2. 单脉冲射流机械能

射流出口处的时均总压为

$$\overline{P}_{\text{exit}} = \frac{1}{T_d}\int_0^{T_d} p_{\text{exit}}(t) \cdot [1 + 0.5Ma(t)^2]^{\frac{\gamma}{\gamma-1}} \mathrm{d}t = f \cdot \overline{P}_{s,\text{exit}} \quad (4.8)$$

其中,T_d 表示脉冲周期。由于总压反映了气体的机械能,因此出口处的时均总压 $\overline{P}_{\text{exit}}$ 代表了射流的总机械能,与脉冲频率 f 和单个射流脉冲所携带的机械能 $\overline{P}_{s,\text{exit}}$ 呈正比。由于时均总压结果是已知的(图 4.13),因此可以利用 $\overline{P}_{s,\text{exit}} = \overline{P}_{\text{exit}}/f$ 这一等式便捷地计算单个射流脉冲所携带的机械能,结果如图 4.16 所示。

随着放电频率的增加,单脉冲射流中所包含的机械能整体呈减少趋势。但该趋势并不是单调的,而是一种类阶梯状的下降,存在多个平台。以 $D=1$ mm 为例,单脉冲射流机械能在 A、C 和 E 这三个频段迅速下降,但在 B 和 D 频段大致保持不变。为厘清这种变化的原因,需进一步分析射流的流量和密度。

3. 射流流量和密度

图 4.17 为不同放电频率下的单周期射流流量和射流密度。总体来看,这两个参数的趋势与图 4.16 中的单脉冲射流机械能非常相似,均为阶梯状,说明高频下脉冲射流强度的减弱是受同一机制支配。为了揭示这种阶梯状下降的物理机制,图 4.18 进一步画出了 $f=1.2$ kHz、2.2 kHz 和 4.4 kHz 三种典型频率下的激励器出

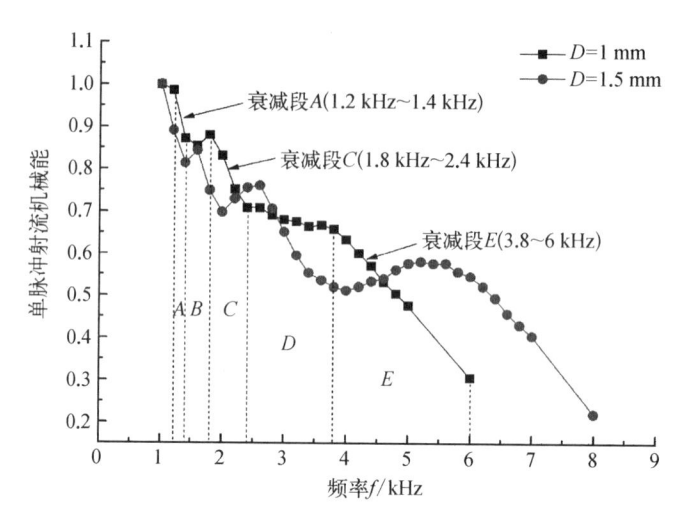

图 4.16 单脉冲射流机械能随放电频率的变化规律

口速度变化曲线。这三个工况分别代表 B、D 和 E 三个频段。从出口速度曲线上可以明显地看出，随着频率的增加，一个周期内出现的吸气恢复阶段的数目逐渐从三个(1.2 kHz)减少到一个(4.4 kHz)。由于总的吸气时间与吸气恢复阶段数目呈正比，因此，激励器与外界的质量流量交换在 1.2 kHz、2.2 kHz 和 4.4 kHz 附近出现断崖式下降；腔内高温空气与外界冷空气的混合变得不充分，动态平衡阶段的腔内气体温度急剧升高、密度显著地降低；在加热能量不变的前提下，单个脉冲的射流质量流量也会随之减少。最终，在 B、D 和 E 三个频段中，单脉冲射流的机械能、射流质量流量和腔内平均气体密度呈现出阶梯式下降规律。

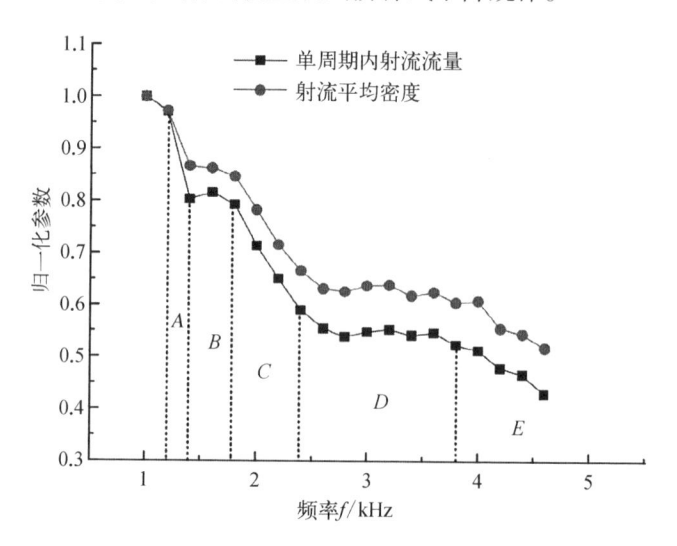

图 4.17 一个周期内的射流质量流量和时间平均腔体密度

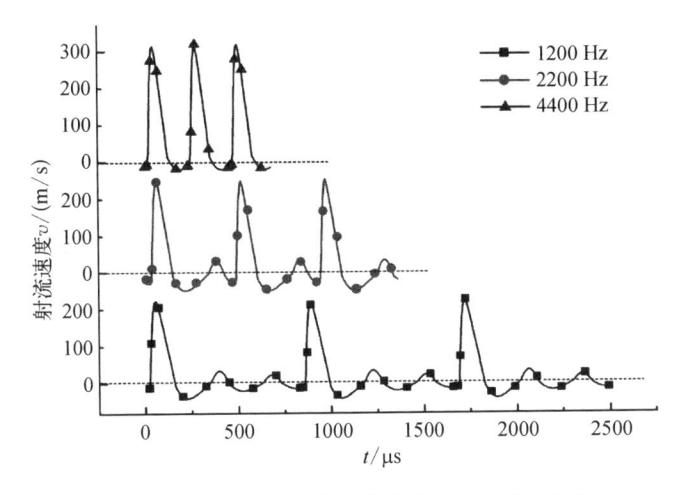

图 4.18　典型放电频率下的激励器出口速度变化

4.3　多层级能量转化效率模型

PSJA 的一个完整工作周期包括气体放电、等离子体加热和热力循环三个层级的能量转换过程。与这三个层级相对应的效率分别为放电效率、加热效率和热力循环效率。在本节中,我们将综合实验测试和简化理论分析,建立等离子体合成射流的多层级能量转化效率模型,借助非线性规划理论方法,对激励器的总能量效率进行优化,提出能够保证激励器高效工作的设计准则。

4.3.1　实验装置

本节采用图 2.1 中所示的激励器 A_3 分析不同几何参数对 PSJA 多层级能量转化过程的影响,该激励器为腔体体积和电极间距均可变的两电极等离子体合成射流激励器。图 4.19 为激励器的供电电路。该电路通过"触发放电-脉冲直流放电"的顺序放电形式实现激励器腔体内部的能量沉积,由于引入了高压电子开关进行放电电流的调节,该电路具有放电电流、脉冲宽度和频率均可独立调节的优点,极其适合做激励特性研究。该供电电路主要由两个放电回路组成:高压触发回路和脉冲直流放电回路。两个放电回路相互独立,通过高压二极管(型号:2CLG35kV/2A)进行隔离。高压触发电路包括一个高压脉冲电源、一个高压二极管 D_1 和一个限流电阻 R_1(5 kΩ,100 W),其主要功能是建立触发放电通道和调节放电频率。高压脉冲电源是本书作者团队自行设计的,峰值输出电压为 20 kV,最大工作频率为 5 kHz。脉冲直流放电回路由直流电源(300 V,200 W)、高压 IGBT 电子开关(ABB,5SNA0800N3301)和可调电阻器 R_2(0~200 Ω,100 W)组成。改变可变电阻

R_2 与 IGBT 导通时间即可实现放电电流和放电时间的调节。基本工作过程如下：首先，高压脉冲电源发出一个触发脉冲，实现电极间隙的击穿；然后，IGBT 开关导通，电极之间形成强烈的脉冲电弧，实现腔体气体的加热；最后，能量沉积结束，IGBT 开关关断，一个放电周期结束。高压脉冲电源和 IGBT 开关的触发信号均由数字时延/脉冲发生器（DG535）产生，脉冲频率固定为 10 Hz。

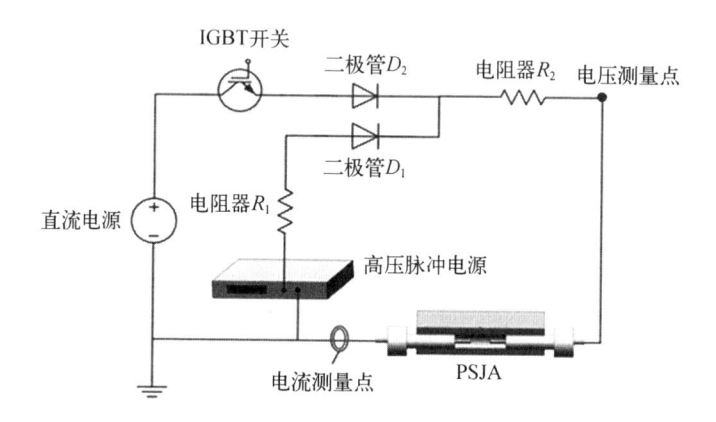

图 4.19　脉冲直流放电的供电电路

4.3.2　能量转化过程分析

图 4.20 显示了 PSJA 内部的能量转换过程：首先，脉冲电源将电感或者电容内部储存的能量 E_{total} 通过脉冲放电电路转化为放电能量 E_d；其次，该放电能量 E_d 再通过电弧加热的形式转化为激励器腔内气体的热能 E_h；最后，气体的热能 E_h 通过一个热力循环过程，转化为射流的机械能 E_m。图中实线框内的过程是真实的物理过程，而虚线箭头表示的是等效的能量转换过程（虚拟过程），引入这些虚拟过程的目的是简化分析。

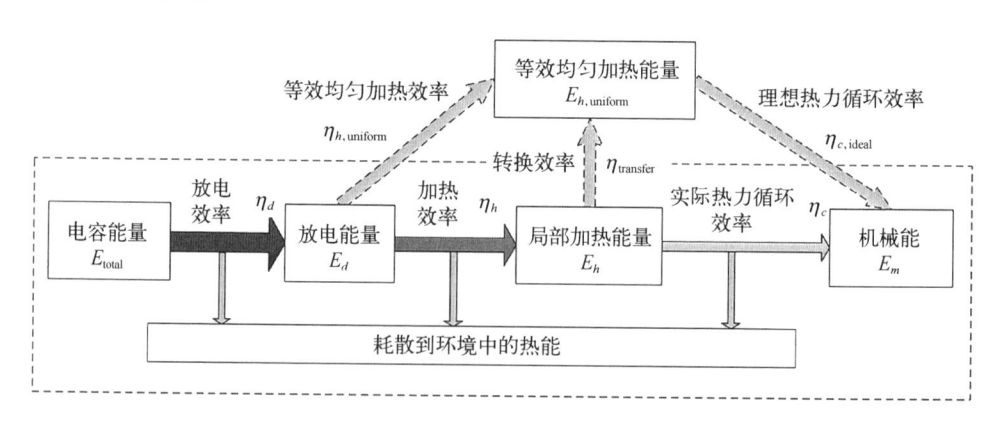

图 4.20　PSJA 内部的能量转化过程

对于放电过程而言,由于电路连接导线、放电电容等元器件中不可避免地存在寄生电阻,电容/电感存储的脉冲能量中相当一部分会以热能的形式消耗掉,与之相对应的能量转化效率即为放电效率 η_d。由于放电效率在文献中已有较多研究,在此节不过多诠释,重点分析后两个子效率。

加热效率 η_d 与电弧加热过程相对应。在此过程中,电弧放电能量并不能完全转化为气体加热能量,相当一部分能量会通过热辐射和电极热传导的方式耗散掉。耗散的速率与电弧温度(放电电流 I_d)、电弧长度 l、加热时间 T_d 等有关。由于本节中电弧长度保持不变,因此加热效率可以写成如下的函数形式:

$$\eta_h = \frac{E_h}{E_d} = g_1(I_d, T_d) \tag{4.9}$$

对于理想的热力循环过程而言,腔内气体的温度应该是均匀的,而实际的电弧加热过程是局部的、空间不均匀的。为了能够借助于经典的热力学理论进行相关分析,我们在图 4.20 中引入了一个虚拟的转换过程,先将局部加热能量 η_h 转换为等效均匀加热能量 $E_{h,\text{uniform}}$,再将该均匀加热能量 $E_{h,\text{uniform}}$ 转换为射流机械能 E_m;后一个转换效率所对应的即为理想热力循环效率 $\eta_{c,\text{ideal}}$。根据热力学相关理论,影响 $E_{h,\text{uniform}}$ 的主要因素是多变加热指数 $n(-\infty<n<0)$ 和无量纲能量沉积 ε。电弧加热时间 T_d 越短,腔内气体的加热过程越接近于定容过程,多变加热指数就越小。因此,理想热力循环效率为

$$\eta_{c,\text{ideal}} = \frac{E_m}{E_{h,\text{uniform}}} = g_2(\varepsilon, T_d) \tag{4.10}$$

要获得真实的热力学循环效率 η_c,必须考虑电弧加热的空间不均匀性。就 PSJA 而言,这种不均匀加热程度可以用电弧体积与腔体体积的比值来量化。在相同的放电能量下,电弧体积与腔体体积之比越大,实际的热力循环效率就会越高,极限值为理想热力循环效率。由以上分析可知,实际热力学循环效率可以表示为无量纲能量沉积、加热时间和腔体体积的函数:

$$\eta_c = \frac{E_m}{E_h} = g_3(L, \varepsilon, T_d) \tag{4.11}$$

进一步,假定腔体的影响与其他两个因素无关(后续在 4.3.5 小节中将会进一步修正),可以得到如下关系式:

$$\eta_c = g_4(L) \cdot g_2(\varepsilon, T_d) = \eta_{\text{transfer}} \cdot \eta_{c,\text{ideal}} \tag{4.12}$$

其中,$g_4(L)$ 的物理含义是"输出相同的机械能 E_m 时,所需要的均匀加热能量 $E_{h,\text{uniform}}$ 与非均匀加热能量 E_h 之比"。这一比值实际上就是传递效率 η_{transfer}。

综上,PSJA 的总效率可以表示如下:

$$\eta_{\text{total}} = \eta_d \cdot \eta_h \cdot \eta_c = \eta_d \cdot \eta_h \cdot \eta_{\text{transfer}} \cdot \eta_{c,\text{ideal}} \qquad (4.13)$$

需要说明的是,η_d 和 $\eta_{c,\text{ideal}}$ 都可以通过简化模型进行计算,而 η_h 和 η_{transfer} 的计算则需要借助 COMSOL 多物理场耦合仿真软件。为了便于分析,我们将加热效率和传递效率的乘积作为一个整体来看待,并定义为等效均匀加热效率:

$$\eta_{h,\text{uniform}} = \frac{E_{h,\text{uniform}}}{E_d} = g_1(I_d, T_d) \cdot g_4(L) \qquad (4.14)$$

至此为止,激励器能量转化过程的研究重点已从实际的加热效率 η_h 和实际热力学循环效率 η_c 转移到等效均匀加热效率 $\eta_{h,\text{uniform}}$ 和理想热力循环效率 $\eta_{c,\text{ideal}}$。下面几个小节的安排如下。首先,根据实验中测得的放电波形对脉冲直流放电的放电效率进行分析(见 4.3.3 节)。其次,对解析理论模型进行改进,计算不同加热时间 T_d 和无量纲能量沉积 ε 下的理想热力循环效率 $\eta_{c,\text{ideal}}$。随后,在 4.3.5 节中,将实验测得的脉冲推力与理论模型计算值进行比较,推导出等效均匀加热能量 $E_{h,\text{uniform}}$;根据等效均匀加热能量 $E_{h,\text{uniform}}$ 和电弧放电能量 E_d,即可反算出等效均匀加热效率 $\eta_{h,\text{uniform}}$。最后,对各个子效率进行拟合,得到相应的经验公式,并以总效率最高为目标,对激励参数进行优化。

4.3.3 放电效率

激励器的放电电压和放电电流分别由高压探头(Tektronix, P6015A)和电流探头(Tektronix, TCP0030A)进行测量。在电极距离为 2 mm、IGBT 导通时间为 100 μs 和限流电阻 $R_2 = 100\ \Omega$ 的条件下,单独触发放电和"高压触发-脉冲直流"顺次放电的波形如图 4.21 所示。单独触发放电时,气体间隙的击穿电压约为 5.1 kV。击穿

(a) 单独触发放电　　(b) "高压触发-脉冲直流"顺次放电

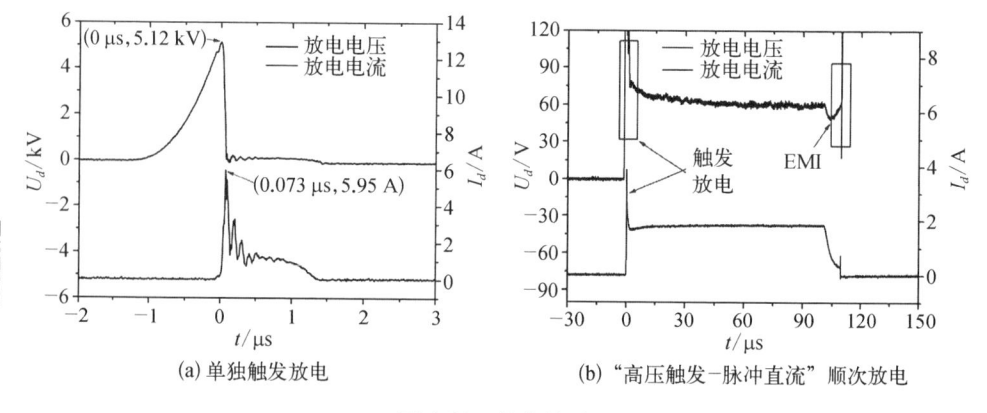

图 4.21　放电波形

后,放电电压迅速下降到100 V以下,同时放电电流急剧上升,并在73 ns时达到最大值(5.95 A)。该最大值实际上已经超过了直流电源电压和电阻R_1的比值,原因可能是放电电路中存在寄生电感。峰值电流过后,放电电流逐渐下降,并伴有轻微振荡。整个触发放电过程的持续时间约为1.5 μs,脉冲能量为0.54 mJ。与触发放电相比,脉冲直流放电过程中的电弧电压和电流较为稳定,分别为63 V和1.81 A。对两者的乘积进行积分,即可得到脉冲直流放电的能量沉积为11.6 mJ,远远大于触发放电。需要说明的是,放电结束时电压的急剧变化是由强电磁干扰(electromagnetic interference, EMI)引起的。

当IGBT的导通时间为100 μs,不同限流电阻、电极距离下的放电电流和平均电弧电压如图4.22所示。总体来看,当限流电阻保持不变时,放电电流随着电极距离的增加而缓慢下降,电弧电压则随着电弧距离的增加而升高;同一电极距离下,电弧电压与放电电流呈反比。这种变化趋势的根源是电弧的负阻抗特性。具体而言,电弧电阻由电弧长度、电弧直径和导电率共同决定;随着放电电流增大,电弧直径和电导率都迅速增大,导致电弧电阻急剧下降、电弧电压随之下降。

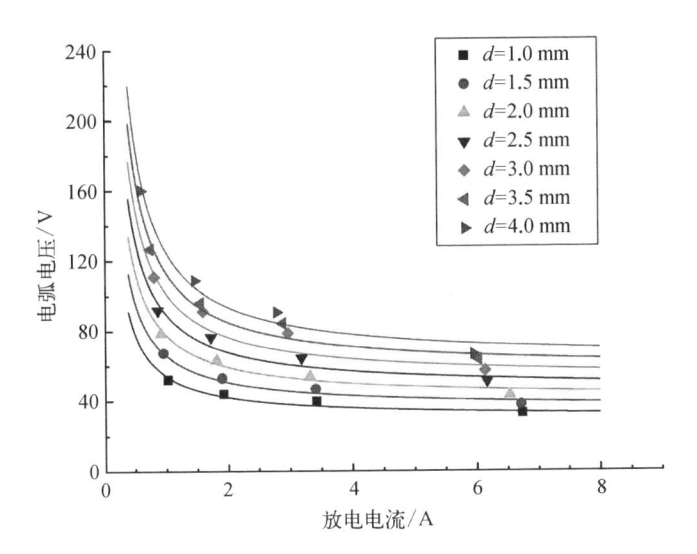

图4.22 不同放电电流和电极间距下的电弧电压

大气中直流电弧的电压-电流特性可用以下经验关系式描述:

$$V_{\text{arc}} = a_1 + a_2 \cdot l + \frac{a_3 + a_4 \cdot l}{I_d} \tag{4.15}$$

其中,V_{arc}和I_d分别代表电弧电压和放电电流;l表示电极间距(即电弧长度)。利用以上经验公式对实验数据进行拟合,可以得到各个参数的取值为:$a_1 = 19.3$、$a_2 = 10.8$、$a_3 = 11.7$、$a_4 = 12.8$。

PSJA的能量转换过程包含三个子效率：放电效率、加热效率和热力学循环效率，式(4.15)的主要意义在于评估放电效率。由于脉冲直流放电回路中的电流处处相等，因此，放电效率可以直接用电弧电压与直流电源输入电压的比值来估算，即

$$\eta_d = \frac{E_d}{E_{\text{total}}} = \frac{V_{\text{arc}}}{V_0} \tag{4.16}$$

其中，V_0为直流电源电压(300 V)。根据上述关系式，减小放电电流和增大电极距离都能提高放电效率。但放电电流不可能无限制减小，若低于某个阈值，电弧放电将无法维持[7]。

4.3.4 热力循环效率

为了评估脉冲直流电弧放电时的热力循环效率，需要对4.2.3节中的解析理论模型做出改进，考虑长时电弧加热对激励器工作特性的影响。具体而言，4.2.3节中的解析理论模型假定能量沉积过程是一个定容过程。如果放电时间足够短，在放电过程中就不会有气体从腔体中喷出，因此，能量沉积阶段被模拟为一个定容加热过程是合理的。但是，如果放电时间达到数百微秒量级，气体喷射和气体加热将同时进行，根据4.2.3节中的解析理论模型进行激励器单个周期工作过程的仿真计算将会产生较大误差。实际上，能量沉积阶段并不需要作为一个独立的工作阶段来建模。由于射流阶段所代表的物理过程是一个多变膨胀过程，它本来就已经包含了换热项。只不过，原来的换热项中仅考虑了由于激励器壁面散热所造成的腔内气体温度下降，并没有将电弧加热所引起的气体温度升高考虑进内。因此，为了将能量沉积阶段融入射流阶段中，只需要对原有控制方程[式(4.4)]中的温度更新公式做出如下改动即可：

$$T_{ca}(i+1) - T'_{ca}(i+1) = \frac{[E_{h,\text{uniform}}/T_{\text{on}} - Q_d(T'_{ca}(i+1))] \cdot \Delta t(i)}{c_v V_{ca} \cdot \rho'_{ca}(i+1)} \tag{4.17}$$

该式中各个参数的含义与4.2.3节保持一致。需要说明的是，由于本节中PSJA的工作频率仅为10 Hz，因此，腔体壁面温度非常低，散热功率与电弧加热功率相比可以忽略，即$Q_d[T'_{ca}(i+1)] \approx 0$。

基于改进后的解析理论模型，即可对脉冲直流放电下PSJA的完整工作过程进行仿真计算。当加热能量$E_d = 19$ mJ($\varepsilon = 1$)、加热时间$T_d = 0.2$ ms时，射流出口速度和腔体压力的变化如图4.23所示。

在初始射流阶段，腔体压力和射流出口速度迅速增加。当$t = 0.1$ ms时，射流

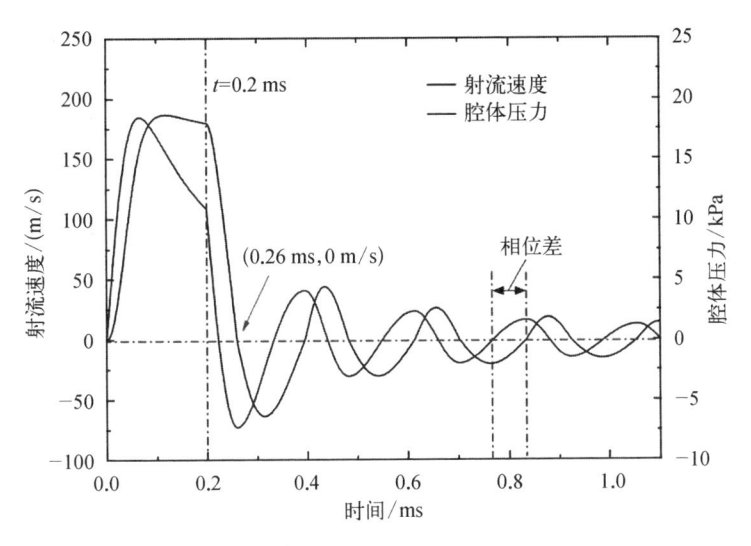

图 4.23 射流速度和腔体压力的演变

速度达到峰值(180 m/s)。随着能量沉积的持续进行,射流速度在 $t=0.2$ ms 之前一直维持在较高水平。这一变化趋势与图 4.8 差异较大,说明射流持续时间不仅仅是由放电能量和出口直径决定的,还与放电时间有关;通过长时间的持续能量沉积,可以使腔体压力维持在较高水平,延长射流持续时间。当能量沉积结束以后($t>0.2$ ms),射流速度迅速下降,并在 $t=0.26$ ms 时经过零点。随后,吸气恢复阶段和射流阶段交替出现,腔体压力和射流速度呈现出振荡衰减的变化趋势。整个振荡过程中,腔体压力的变化总是先于射流速度,两者之间存在相位延迟。这种相位时延本质上是由射流喉道内气体的惯性造成的。忽略喉道内气体的惯性,腔体压力和射流速度的变化将严格同步,不会出现交替振荡现象。

利用解析模型的预测结果,可以计算出脉冲射流的机械能:

$$E_m = \int_0^{T_{\text{jet}}} \left[\frac{p_{\text{exit}}(t)}{\rho_{\text{exit}}(t)} + 0.5 \cdot v_{\text{jet}}^2(t) \right] \cdot \rho_{\text{exit}}(t) v_{\text{jet}}(t) A \cdot dt \qquad (4.18)$$

其中,$p_{\text{exit}}(t)$ 代表出口压力;$\rho_{\text{exit}}(t)$ 和 $v_{\text{jet}}(t)$ 分别代表射流密度和射流速度;A 表示出口面积。计算结果表明,第一射流阶段所喷出的机械能占整个周期喷出的总机械能的 95% 以上。因此,式(4.18)的积分上限设定为第一射流阶段的持续时间 T_{jet}。以图 4.23 为例,单个周期内射流所喷出机械能为 0.315 mJ,相应的理想热力循环效率仅为 3.31%。

当加热时间固定为 $T_d = 1$ μs 时,理想热力循环效率 $\eta_{c,\text{ideal}}$ 随无量纲能量沉积 ε 的变化情况如图 4.24 所示。在双对数坐标系中,理想热力循环效率随无量纲能量沉积的增加而线性增加。根据最小均方误差(MMSE)原理,可将图 4.24 中的计

算数据拟合为 $\eta_{c,\text{ideal}} = 0.0316\varepsilon$。当 $\varepsilon \leq 10$ 时,平均拟合误差小于2%。当 $\varepsilon \geq 10$ 时,应做出对应修正、保证热力循环效率不超过1。无量纲能量沉积的定义为均匀加热能量 $E_{h,\text{uniform}}$ 与腔体气体内能之比。通过调研文献[1]、[8]~[10],发现当前绝大多数研究中所采用的无量纲能量沉积都在 1~10,对应的理想热力学循环效率小于30%。为了进一步提升理想热力循环效率,应增加脉冲放电能量。

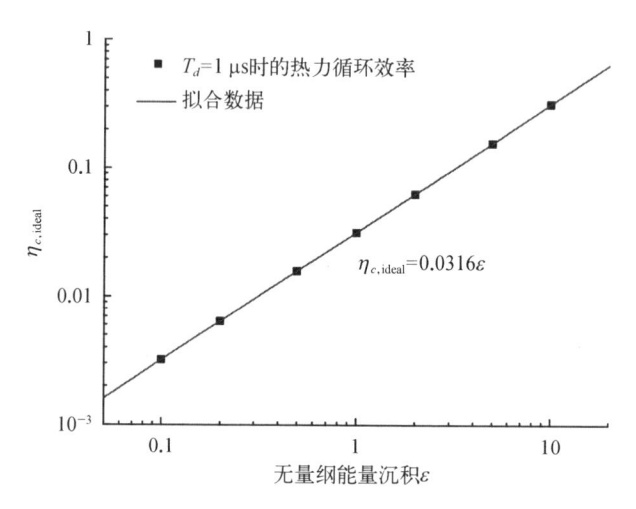

图 4.24 不同能量沉积条件下的理想热力循环效率

当无量纲能量沉积保持为 1 时,理想热力循环效率随放电时间的变化曲线如图 4.25 所示。为便于分析,对原始的理想热力学循环效率进行了归一化处理。总体来看,随着放电时间的延长,理想热力循环效率逐步下降。这一现象可以解释如

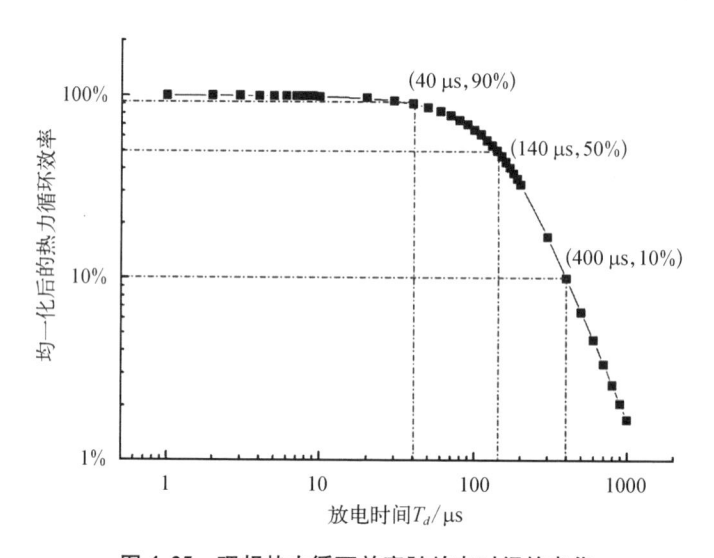

图 4.25 理想热力循环效率随放电时间的变化

下：随着放电时间的增加，电弧加热过程逐渐从定容加热过程转变为定压加热过程，总的热能中转换到腔体内部压力能的比例逐渐下降；由于射流机械能本质上来源于气体压力能，放电时间的增加将导致射流机械能的减少，最终导致理想热力循环效率的下降。

在图 4.25 中，分别用 $T_{0.9}$、$T_{0.5}$ 和 $T_{0.1}$ 表示均一化后的热力循环效率下降至 90%、50% 和 10% 所对应的放电时间。这三个临界时间对于激励器放电电路设计至关重要。以 $T_{0.9}$ 为例，它意味着只要放电时间小于该阈值时间，腔体内部的电弧加热过程就可以近似看作一个定容过程，理想热力循环效率与其最大值相比就下降甚微。如图 4.26 所示，随着无量纲能量沉积的增加，三个临界时间的值随之单调增加。当 $\varepsilon < 1$ 时，$T_{0.9}$ 在 $30 \sim 40\ \mu s$。而当无量纲能量沉积从 1 增加到 10 时，$T_{0.1}$ 会迅速从 $40\ \mu s$ 增加到 $250\ \mu s$。在实际的工程应用中，为了保证不同能量沉积下激励器都有较高的理想热力循环效率，放电脉宽应在 $30\ \mu s$ 以下。

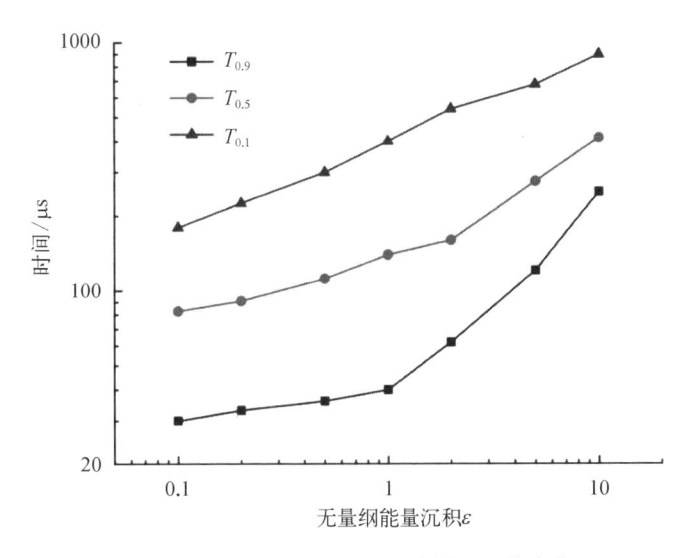

图 4.26 临界时间随无量纲能量沉积的变化

4.3.5 等效均匀加热效率

根据图 4.20，等效均匀加热效率是实际加热效率和转换效率的乘积。在本节中，我们计算 $\eta_{h,\,\text{uniform}}$ 的思路如下：首先，根据 2.5.1 节中所描述的方法对脉冲射流冲量进行实验测量[10]；其次，将该脉冲冲量的实测结果作为参考值，根据解析理论模型反推出能够产生该脉冲冲量的等效均匀加热能量 $E_{h,\,\text{uniform}}$；最后，计算等效均匀加热能量与实际放电能量的比值，根据定义式 $\eta_{h,\,\text{uniform}} = E_{h,\,\text{uniform}}/E_d$ 即可得到不同激励参数下的等效均匀加热效率。以上方法步骤在前面均有不同程度的介绍，在此不做过多的重复，直接进行结果的呈现。

图 4.27 为腔体长度对等效均匀加热效率的影响。在线性坐标系中,随着腔体长度 L 的增加,等效均匀加热效率单调下降,但下降速度逐步放缓,与 Cybyk 等[11] 的结果吻合较好。这种大腔体下加热效率的下降主要与冲击波在长距离传播过程中的熵增有关。在不同的放电电流和放电时间下,等效均匀加热效率的变化趋势基本保持不变,且在对数坐标系中呈现出一种近似线性的关系。据此,可以假定由非均匀加热效应所引起的转换效率具有以下形式:

$$g_4(L) = \left(\frac{x_1}{L}\right)^{x_2}, \quad x_1, x_2 \geq 0 \tag{4.19}$$

其中,x_1 和 x_2 是常数,x_2 代表拟合直线在对数坐标上的斜率。以放电电流 $I_d = 1.81$ A 和放电时间 $T_d = 1.0$ ms 这一案例下的拟合结果作为参考,当放电电流变化时,曲线斜率保持不变;但当放电时间增加时,曲线斜率明显下降。这说明放电时间和腔体长度这两个因素的影响是耦合在一起的,式(4.19)中的斜率应该是 T_d 的函数。基于该认识,对式(4.19)作如下修改:

$$g_4(L, T_d) = \left(\frac{x_1}{L}\right)^{x_2 + x_3 T_d}, \quad x_1, x_2, x_3 \geq 0 \tag{4.20}$$

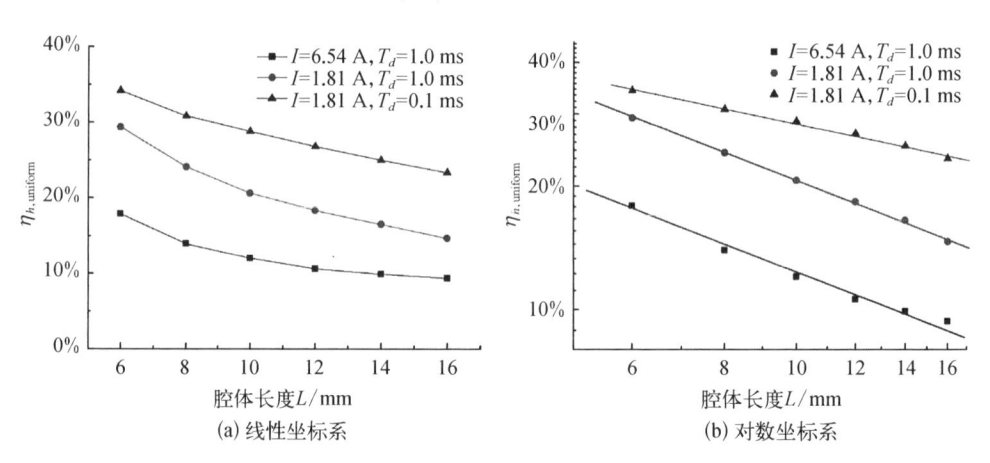

(a) 线性坐标系

(b) 对数坐标系

图 4.27 腔体长度对等效均匀加热效率的影响

图 4.28 为放电电流和放电时间对等效均匀加热效率的影响。整体来看,等效均匀加热效率的变化为 10%~60%,随着放电电流的增加呈现出单调递减的趋势。这种变化的具体原因如下:当放电电流增大时,电弧温度急剧升高,由此所引起的辐射换热和传导换热也相应增加;由于辐射换热与电弧温度呈四次方关系,因此,能量耗散随电流增大的速率要远远高于放电能量本身的增加速度;最终,能够用于气体加热的能量减少,激励器的等效均匀加热效率下降。当放电电流保持不变而

放电时间增加时,等效均匀加热效率呈现出先下降而后保持不变的变化趋势。这与长时间能量沉积所导致的腔内气体密度下降有关。具体而言,密度越低、约化场强就减小,放电形态越容易向弥散的辉光放电转变。此时,大部分的能量将暂存在离子的转动能量中,气体宏观温度和加热效率较低。Golbabaei-Asl 等[12]同样发现加热效率会随着放电能量和放电时间的增加而下降,这与本书的结论是完全一致的。

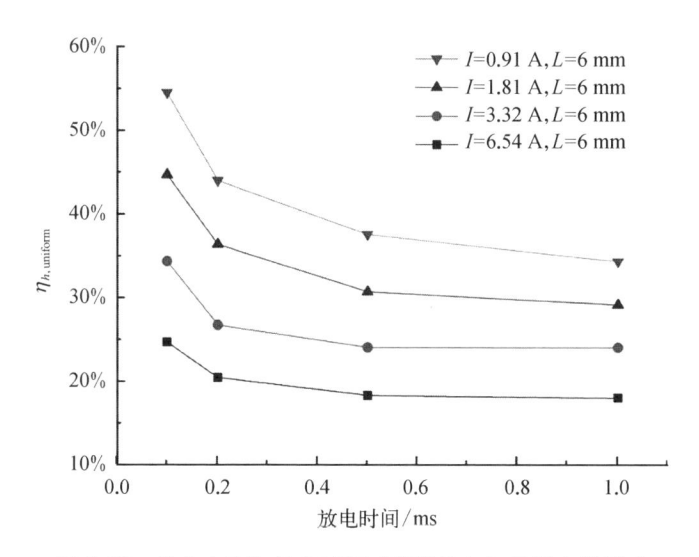

图 4.28 放电电流和放电时间对等效均匀加热效率的影响

在对数坐标系中,图 4.28 中的四条曲线也呈线性变化趋势。而且,放电电流对曲线斜率没有影响。这表明放电电流和放电时间这两个因素是相互独立的。因此,$g_1(I_d, T_d)$ 可以写成如下形式;其中,x_1、x_2、x_3 为常数。

$$g_1(I_d, T_d) = x_4 I_d^{-x_5} T_d^{-x_6}, \quad x_4, x_5, x_6 \geqslant 0 \quad (4.21)$$

至此,可以得到等效均匀加热效率的表达式:

$$\eta_{h,\text{uniform}} = \left(\frac{x_1}{L}\right)^{x_2 + x_3 T_d} \cdot x_4 I_d^{-x_5} T_d^{-x_6}, \quad x_1, x_2, \cdots, x_6 \geqslant 0 \quad (4.22)$$

对上式中的常数进行拟合,最终得到如下等效均匀加热效率经验公式:

$$\eta_{h,\text{uniform}} = 0.26 \left(\frac{9.03}{L}\right)^{0.34 + 0.33 T_d} \cdot I_d^{-0.38} T_d^{-0.21} \quad (4.23)$$

其中,L、I_d 和 T_d 的单位分别是 mm、A 和 μs。从这三个变量的指数来看,放电电流对等效均匀加热效率的影响最大,腔体长度次之,加热时间最弱。

4.3.6 激励器总能量效率优化

根据式(4.23),如果要提高等效均匀加热效率,应缩小腔体体积、并减小放电电流。一方面,放电电流的减小有利于提高放电效率。但另一方面,激励器的无量纲能量沉积会随之放电电流的减小而降低,不利于理想热力循环效率的提升。由此来看,同一激励参数对于不同子效率的影响可能是相互矛盾的。为了解决这一矛盾,应把总效率 η_{total} 最高作为目标,建立非线性规划模型,对激励系统的放电参数和几何参数进行综合优化。优化变量包括三个:腔体长度 L、放电电流 I_d 和放电时间 T_d。约束条件包含两大类,一是电源输入的总能量 E_{total} 保持不变,二是每个优化变量的变化范围不能超过经验公式的适用范围。基于上述分析,建立非线性规划模型如下:

$$\max = \eta_{\text{total}}$$
$$\text{s.t.} \begin{cases} E_{\text{total}} = V_0 \cdot I_d \cdot T_d \\ \eta_{\text{total}} = \eta_d \cdot \eta_{h,\text{uniform}} \cdot \eta_{c,\text{ideal}} \\ \eta_d = \dfrac{1}{V_0}\left(a_1 + a_2 \cdot l + \dfrac{a_3 + a_4 \cdot l}{I_d}\right) \\ \eta_{h,\text{uniform}} = \left(\dfrac{x_1}{L}\right)^{x_2 + x_3 T_d} \cdot x_4 I_d^{-x_5} T_d^{-x_6} \\ \eta_{c,\text{ideal}} = g_2(\varepsilon, T_d) \\ \varepsilon = \dfrac{E_{\text{total}} \cdot \eta_d \cdot \eta_{h,\text{uniform}}}{C_v \cdot \rho_0 \cdot V_{ca} \cdot T_0} \\ V_{ca} = L \cdot \pi D_{ca}^2 / 4 \\ 0.91 \leqslant I_d \leqslant 6.54 \\ 0.1 \leqslant T_d \leqslant 1 \\ 6 \leqslant L \leqslant 16 \end{cases} \quad (4.24)$$

该模型中,$g_2(\varepsilon, T_d)$ 的函数值可通过二维插值获得;C_v、ρ_0 和 T_0 分别表示标准大气下的定容比热、密度和温度;V_{ca} 和 D_{ca} 代表腔体体积和腔体直径。其他参数的值已在前面章节中给出。

上述非线性规划模型可通过 MATLAB 中的优化工具箱进行求解,不同输入能量下的优化结果如表 4.2 所示。总体来看,优化后的总效率仍然相对较低,在 0.01%~0.03%。制约总效率提升的瓶颈是理想热力循环效率:一方面,无量纲的能量沉积始终较小,最大值不超过 2;另一方面,放电时间的量级为数百微秒,远远超过了临界加热时间 $T_{0.9}$,导致能量沉积过程中大部分的热能并没有转化为腔内气体的压力能。

表 4.2　不同输入能量下的优化结果

E_{total}/mJ	I_d/A	T_d/μs	L/mm	η_d/%	$\eta_{h,\text{ uniform}}$/%	η_{cycle}/%	η_{total}/%
50	1.67	100	6	21.1	40.7	0.326	0.027 9
100	3.33	100	6	17.3	31.3	0.433	0.023 5
200	6.54	102	6	15.5	24.1	0.636	0.023 8
500	6.54	255	6	15.5	20.4	0.536	0.017 0
1 000	6.54	510	6	15.5	18.3	0.407	0.011 6
1 500	6.54	765	6	15.5	17.4	0.363	0.009 8

在表 4.2 中,最佳腔体长度始终为 6 mm。这很容易理解,因为减小腔体长度不仅可以提高等效均匀加热效率,还能增加无量纲能量沉积,对提升理想热力循环效率也有益。进一步缩小腔体可以继续提升总效率,但腔体尺寸受到电极间距的限制不可能无限制减小。对于放电电流和放电时间而言,当总能量保持不变时,二者成反比。无论是减小放电电流还是缩短放电时间,都各有其有利的一面。表 4.2 中列出的结果表明,总效率最高时的放电时间永远是可行域内的最小放电时间,说明放电时间的影响占主导。

综上所述,可采用以下几种方法来提高激励器的总能量效率。在放电方式上,建议采用放电时间短、放电效率高的电容放电。在激励器结构方面,应采用小腔体、大放电间距,尽量地增大电弧加热区域占整个腔体的体积。经过这些准则优化后的激励器总能量转化效率可以轻易提升一个量级(6%,见 3.6 节)[13]。

4.4　本 章 小 结

本章首先针对 PSJA 的"高频失效机理"问题,提出了国际上首个完整的等离子体合成射流重频解析模型。该模型能够重现激励器的吸气恢复过程,实现激励器重频工作性能的快速仿真预测。模型结果揭示了激励器高频失效机理的本质是吸气时间不足,吸气强度主要由射流阶段结束后的腔内负压决定,而受冷却散热影响较小。进一步,对射流脉冲开始"哑火"的饱和工作频率和射流密度显著下降的截止频率进行了分析,提出了"小腔体、大孔径、短喉道、高材料热导率"的频率特性优化提升准则。

后面又针对"能量转化链路"问题,本章建立了激励器的多层级能量转化模型,揭示了包含放电间距、腔体体积、放电电流、加热时间在内的多个激励参数对激励器能量效率的影响机制和规律。结果表明,放电、加热和热力循环这三个子效率相互交织耦合,只有以总能量效率为目标进行综合考虑,才能实现激励参数的优化选取。当前大部分研究中的无量纲能量沉积都不超过10,制约等离子体合成射流总能量效率(0.1%量级)提升的一个关键环节是等效均匀加热效率。在激励器设计中,遵循"细长腔体、大能量沉积、长电极间距、瞬时空间均匀加热"的优化准则可以将总能量效率提升至1%量级。

参考文献

[1] Narayanaswamy V, Raja L L, Clemens N T. Characterization of a high-frequency pulsed-plasma jet actuator for supersonic flow control[J]. AIAA Journal, 2010, 48(2): 297-305.

[2] Dufour G, Hardy P, Quint G, et al. Physics and models for plasma synthetic jets[J]. International Journal of Aerodynamics, 2013, 3(1/2/3): 47-70.

[3] Zong H H, Wu Y, Li Y H, et al. Analytic model and frequency characteristics of plasma synthetic jet actuator[J]. Physics of Fluids, 2015, 27(2): 027105.

[4] Zong H, Wu Y, Song H, et al. Efficiency characteristic of plasma synthetic jet actuator driven by pulsed direct-current discharge[J]. AIAA Journal, 2016, 54(11): 3409-3420.

[5] Xu D A, Shneider M N, Lacoste D A, et al. Thermal and hydrodynamic effects of nanosecond discharges in atmospheric pressure air[J]. Journal of Physics D: Applied Physics, 2014, 47(23): 235202.

[6] Zong H, Kotsonis M. Experimental investigation on frequency characteristics of plasma synthetic jets[J]. Physics of Fluids, 2017, 29(11): 115107.

[7] Wang L, Xia Z X, Luo Z B, et al. Effect of pressure on the performance of plasma synthetic jet actuator[J]. Science China Physics, Mechanics and Astronomy, 2014, 57(12): 2309-2315.

[8] Wang L, Xia Z X, Luo Z B, et al. Three-electrode plasma synthetic jet actuator for high-speed flow control[J]. AIAA Journal, 2014, 52(4): 879-882.

[9] Narayanaswamy V, Raja L L, Clemens N T. Control of unsteadiness of a shock wave/turbulent boundary layer interaction by using a pulsed-plasma-jet actuator[J]. Physics of Fluids, 2012, 24(7): 076101.

[10] Zong H H, Wu Y, Jia M, et al. Influence of geometrical parameters on performance of plasma synthetic jet actuator[J]. Journal of Physics D: Applied Physics, 2016, 49(2): 025504.

[11] Cybyk B, Grossman K, Van wie D. Computational assessment of the sparkjet flow control actuator[C]. Orlando: 33rd AIAA Fluid Dynamics Conference and Exhibit, 2003: 3711.

[12] Golbabaei-Asl M, Knight D, Anderson K, et al. SparkJet efficiency[C]. Grapevine: 51st AIAA Aerospace Sciences Meeting Including the New Horizons Forum and Aerospace Exposition, 2013: 928.

[13] Zong H. Influence of nondimensional heating volume on efficiency of plasma synthetic jet actuators[J]. AIAA Journal, 2018, 56(5): 2075-2080.

第5章
等离子体合成射流调控湍流边界层

5.1 引　言

定常射流与横流的相互作用(jet in crossflow, JICF)已经被研究了50年,但在对转涡对的产生机理上仍有争议[1]。等离子体合成射流对亚声速边界层的调控除了包含非定常JICF流动,还有冲击波/吸气与边界层的相互作用。迄今仅法国宇航院对这种复杂流动做过初步探索[2]。澄清等离子体合成射流与亚声速边界层相互作用所形成的复杂三维流动结构,揭示激励调控亚声速流动分离的机理,是亟须解决的关键科学问题。本章将基于多种PIV测试技术开展等离子体合成射流调控湍流边界层风洞实验,旨在揭示单个等离子合成射流激励器与横流边界层的相互作用。

针对单脉冲射流与边界层的相互作用机理(5.2节):在多个平面上进行锁相PIV测量,以捕捉不同阶段的演变,并依次给出相平均流动组织和湍动能分布。针对激励器射流孔型对流动结构的影响(5.1节):基于层析PIV对比分析圆孔和狭缝孔射流所诱导的三维涡系变化,并对不同涡结构的产生机理和相互耦合作用作出了详细分析。针对不同射流速度比的影响(5.2节):分别在对称面(流向)和展向平面上进行了高速锁相PIV的测量,获得了静态与有横流条件下的射流轨迹和涡结构。进一步,通过分析不同速度比对横流中PSJ演化特性的影响,总结出了两种典型演化模式。

5.2 单脉冲射流与边界层的相互作用

5.2.1 实验装置

1. 激励器及电源

本章采用了图2.1中所示的激励器A_1,几何构型和腔体参数等不再重复介绍。金属顶盖安装在风洞实验段的底壁上,两者表面齐平。采用图2.2(a)所示的电路E_1对激励器进行供电。工作频率为0.5 Hz,储能电容的电容值与电压分别为$C_1=$

$0.5~\mu F$ 和 $V_1 = 2.0~kV$，无量纲能量沉积比为 $\varepsilon = 2.6$。在该能量水平下，峰值射流与横流的速度比约为 4。

2. 风洞及实验段

实验于代尔夫特理工大学的 W 型风洞中开展。W 型风洞为开口回流风洞，实验段尺寸为 $3 \times 0.5 \times 0.5~m^3$，最大速度为 25 m/s，湍流度约为 0.5%。如图 5.1 所示，为了便于光学测量，实验段采用有机玻璃加工而成，与收缩段平滑连接。在本书中，自由来流速度保持在 $U_\infty = 20$ m/s，大气压力为 $P_0 = 101$ kPa，温度为 $T_0 = 288$ K。

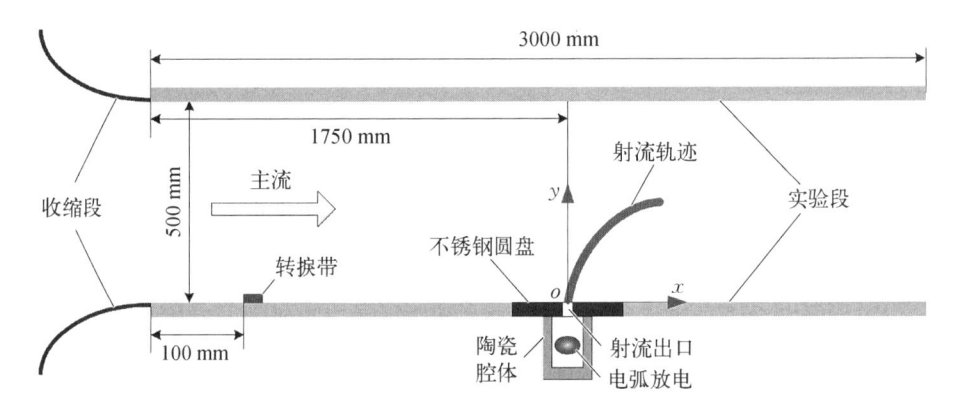

图 5.1 实验段示意图

在实验段前缘下游 0.1 m 处安装 Z 字形胶带，实现自然边界层的强制转捩。开有射流小孔的不锈钢圆盘（直径为 0.11 m）齐平安装在风洞底板上，与陶瓷腔体通过阶梯槽实现装配。射流孔径为 2 mm，距离实验段前缘距离为 1.75 m。以射流出口中心为原点建立坐标系，x 轴、y 轴和 z 轴分别代表流向、壁面法向和展向。

在实验段底壁 $x = -0.75$ m 和 $x = 0.25$ m 之间布置了 16 个测压孔（直径为 0.4 mm），用于测量实验段内的压力分布。此外，还在 $x = 0.15$ m 处安装了一个皮托管，用于获取来流的动压（$0.5\rho_0 U_\infty^2$）。上述压力信号通过机械压力扫描阀连接到一个高精度压力传感器（Mensor，型号 2101），进一步配合 LabVIEW 软件实现模数转换和数据记录。单点测量的记录时间和采集频率分别为 5 s 和 10 Hz。在本书中（$U_\infty = 20$ m/s），测得的底壁压力分布 Δp 如图 5.2 所示。将 Δp 除以动压 $0.5\rho_0 U_\infty^2$ 之后，即可得到压力系数。由于边界层的增长，等效流通横截面积沿流向逐渐减小，来流速度相应增加，壁面压力逐步降低。压力系数的最小值约为 -0.05。在 PIV 测量区间内（0.02 m<x<0.1 m），压力系数的变化小于 1%。因此，本书中的湍流边界层可大致视为零压力梯度。

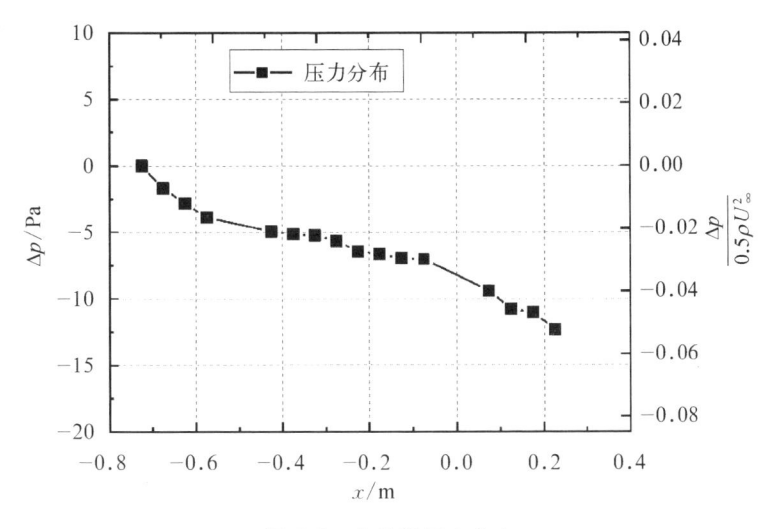

图 5.2 实验段压力分布

3. 热线风速仪和粒子图像测速仪

热线测量的目的主要是获取基准边界层的速度剖面、湍流度等信息,为 PIV 结果提供验证。所采用的热丝探头为 P15 型边界层探头(Dantec Dynamics,P15),由 TSI IFA-300 电桥供电,工作在恒温模式。测点位于 xy 平面($z = 0$ mm)上 $x = 50$ mm 处。热线所校准的速度范围为 0~25 m/s。校准曲线采用四阶多项式,最大拟合误差小于 0.6%。在使用过程中,热线的校准数据会根据大气压力和温度进行修正。探针安装在移测机构上,定位精度为 2.5 μm。沿垂直方向上,整个边界层剖面内共设置了 60 个测点。在记录过程中,每个点的采样频率与记录时间分别为 50 kHz 和 5 s。

所采用的 PIV 系统主要由一个 Nd:YAG 激光器(Quantel EverGreen,峰值脉冲能量:200 mJ)、两台 CCD 相机(LaVision Imager Pro LX,分辨率为 3248 像素×4872 像素,像元大小为 7.4 μm×7.4 μm)和一个可编程定时单元(PTU-v9)组成。如图 5.3 所示,这两台相机既可以从不同角度观察同一流场、实现三维立体 PIV(即 SPIV)测量,也可以并排放置在一起进行二维平面 PIV 测量。激光头发出的激光束经过一个圆柱形透镜和两个球面透镜的整形后,变成薄激光片。该激光片的厚度在二维平面 PIV 测量中为 0.6 mm,立体 PIV 中为 1 mm。相机头部安装了一个焦距为 200 mm 的微距镜头(Nikkor,Micro-Nikkor)。在平面和立体 PIV 测量时,镜头的光圈值分别为 8 和 11,相应的粒子图像直径为 2~3 像素。为便于改变测量平面,激光器和两台相机均固定在一个两自由度位移机构上(精度为 2.5 μm)。PIV 的测量截面共有六个,相关参数如表 5.1 所示。

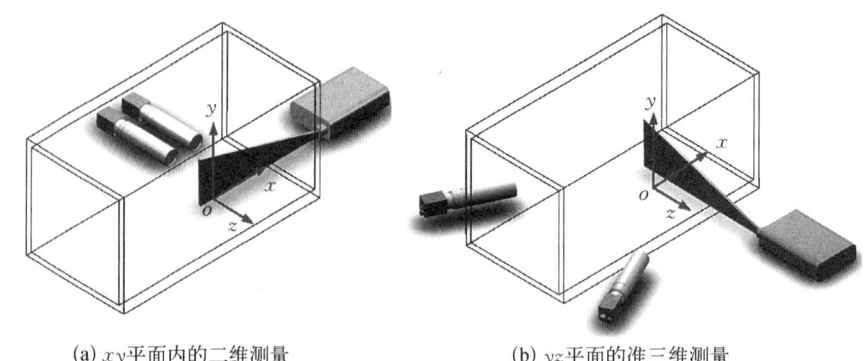

(a) xy 平面内的二维测量　　　　(b) yz 平面的准三维测量

图 5.3　PIV 测量方案

表 5.1　PIV 测量平面选取

测量平面	位　　置	FOV/mm²	空间分辨率	M
xy 平面	$z/D=0$	41×118	9.8 vectors/mm	0.54
yz 平面	$x/D=2.5, 5, 10, 15, 20$	71×73	5.7 vectors/mm	0.30

在示踪粒子播撒方面,采用了"来流+激励器"的共同播撒方案。来流中的粒子由位于风洞稳压段的 SAFEX 烟雾发生器提供,使用水-乙二醇混合物,平均粒子直径约为 1 μm。激励器腔体内部的粒子播散沿用第 2 章中的方案[图 2.2(a)][3]。为了捕捉湍流来流环境中 PSJ 的时空演变,所有的测控系统包括放电、粒子播撒和 PIV 在内,都工作在锁相模式、各自的相位可以通过 LabVIEW 软件进行调节。为了能够重构出 PSJ 的完整演化,在一个周期内挑选了多个相位进行 PIV 测量。对于每个相位(时延 t),共采集了 500 张瞬时流场图像。初步的收敛性测试表明,进一步增加采样数并不会对锁相平均流场有太大影响。实验中使用德国 LaVision 公司的 Davis 8.3 软件对图像对进行记录和处理。最后一步互相关运算中,问询窗的大小为 32 像素×32 像素,重叠比例为 75%。表 5.1 详细地列出了每个测量平面的视场(field of view,FOV)、空间分辨率和放大系数 M。

5.2.2　PIV 数据验证

本节的符号约定如下:相平均速度用 U_i 表示,下标 i 可以是任意一个坐标分量;$\overline{u_i u_j}$ 为雷诺应力;k 为湍动能。δ_ν、u_τ 和 y^+ 分别为黏性长度尺度、壁面摩擦速度和壁面单位;D 为孔口直径;δ_{99} 为边界层厚度。

1. PIV 统计收敛性验证

为判断平均流场是否收敛,在 xy 测量平面内($z=0$ mm)共记录了 1 000 个瞬时速度场。根据这些数据,可以计算出不同采样数下的平均速度和雷诺应力等统计量。在 $x=0$ mm 处,沿着 y 方向共设置了 4 个监测点($y=1$ mm,5 mm,10 mm,20 mm),分别记为 $P_1 \sim P_4$。各个测点的收敛曲线表明,时均流场为一阶统计量,比雷诺应力的收敛速度更快。典型的二阶统计量如 $\overline{u_x u_x}$ 和 $\overline{u_x u_y}$,在 $N>400$ 时就变化很小了,进一步增加样本数所引起的相对变化量不超过 5%。因此,本书将瞬时流场采样数设为 500。

2. PIV 与热线测量的比较

本研究使用的热线探头是单分量探头,因此测得的速度 U_{xy} 实际上是流向速度和壁面法向速度的矢量和,即 $U_{xy}=(U_x^2+U_y^2)^{1/2}$。根据速度剖面所计算的边界层厚度 δ_{99} 为 34.5 mm。图 5.4(a)展示了 PIV 和热线所获得的基准边界层速度剖面,具体的测量位置为 $x/D=25$ 和 $z/D=0$。图中的虚线为对数区的线性拟合曲线。

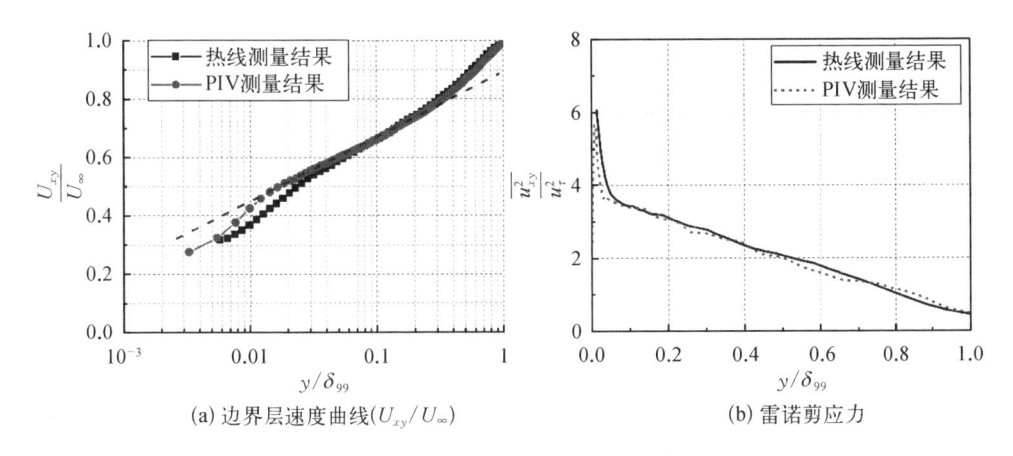

(a) 边界层速度曲线(U_{xy}/U_∞)

(b) 雷诺剪应力

图 5.4　热线与 PIV 结果的比较

总体来看,两种测量手段所获得的平均速度剖面在外层($y/\delta_{99}>0.03$)吻合良好。但是,在 $y/\delta_{99}<0.03$ 的近壁区域,热线测量速度明显低于 PIV 测量速度。这种差异与 PIV 测量的空间分辨率有关(本书中为 0.5 mm)。具体而言,PIV 互相关运算中的问询窗本质上是一个低通滤波器,所计算的每个速度点实际上是问询窗内的空间平均速度[4]。在边界层的外层,速度变化相对平稳,这种空间平滑效应不那么显著。但在近壁区域,空间速度梯度较大,测得的速度剖面与实际剖面相比会有畸变。对于零压力梯度边界层,由于近壁速度剖面 u_{xy} 是一个凸函数,空间平均之后会产生正偏差。也就是说,PIV 测量速度剖面会略高于实际值,这与图 5.4(a)的结果是一致的。

在 $0.03<y/\delta_{99}<0.3$ 这一区间内,PIV 和热线数据可以通过一条直线进行拟合。该区域对应于对数层[5],其中的速度剖面可用下式精确描述:

$$\frac{U_{xy}}{u_\tau} = \frac{1}{\kappa}\ln\frac{y}{\delta_v} + b \tag{5.1}$$

其中,κ 为冯卡门常数(0.41)。理论上,图 5.4(a)中虚线的斜率为 u_τ/κ,将该理论斜率与拟合值进行比较,即可确定测量位置处的壁面摩擦速度 u_τ 为 0.79 m/s。相应地,黏性长度尺度和时间尺度分别为 0.019 mm 和 0.024 mm。以 δ_{99} 作为参考长度尺度,根据自由来流速度 U_∞ 和壁面摩擦速度 u_τ 所计算的雷诺数分别为 44 400 和 2 060。对于 PIV 和热线这两种手段,靠近壁面的第一个测量点所对应的 y^+ 值分别为 6 和 10.5。图 5.4(b)显示了 $\overline{u_{xy}^2}$(测量平面内速度波动幅值 u_{xy} 的均方根值)随壁面距离的变化。不同测量手段所得到的结果在外层较为一致[6],但热线风速仪没有捕捉到黏性底层内 $\overline{u_{xy}^2}$ 的下降。

5.2.3 锁相平均流场

1. 对称面

xy 平面上的锁相平均速度场演化如图 5.5 所示。图中,红线为锁相平均流线;第一个子图上的黑色矩形表示平均射流出口速度的计算域;第二、三子图上的黑色实线表示回流区域的边界(回流区定义: $U_x<0$);时间 t 用 U_∞ 和 D 进行归一化处理后,即可得到无量纲的对流时间尺度 $t^* = tU_\infty/D$。在 $t^* = 2(t = 200\ \mu s)$ 时,高速射流沿着壁面法向方向从激励器腔体内喷出,峰值速度为 $4.6U_\infty$(92 m/s)。由于流体的突然喷出,在流场中形成了一个涡环(也称为头部涡环)。该涡环在形成后,不断向上传播[7]。横流边界层中的一小部分流体被头部涡环夹带着向上方传播,而大部分的自由流体则像绕流圆柱一样从高速射流主体的两侧绕过。总体来看,放电后所形成的初始流动特征(如涡环、高速射流等)与静止状态下非常相似。随着时间增加,射流主体逐渐向横流弯曲[1]。

除了射流轨迹弯曲,在 xy 平面上的另一个显著流动现象是射流背风面所形成的回流区($U_x \leq 0$)。如图 5.5(b)与(c)中的黑色实线所示,该过程可以看作钝体后面分离区的形成过程[8],伴随着非定常尾涡的脱落[9]。另外,该回流区占据的流向范围为 $1D$,与定常射流在边界层中所引起的回流区范围基本一致[10]。在 $t^* = 5(t = 500\ \mu s)$ 时,从速度场已经无法识别出明显的启动涡环,但流场中的弯曲流线表明仍有其他集中涡存在。此时的射流出口速度峰值下降到了 $2.4U_\infty$(48 m/s);从 $t^* = 10(t = 1\ 000\ \mu s)$ 开始,射流基本终止。已有的射流主体彻底与小孔分割开来,开始沿着水平方向做平移运动。在此平移过程中,射流与湍流边界层之间不断进行着动量和质量的交换。最终,射流的动量被耗散,边界层恢复到原始的未扰动状态。

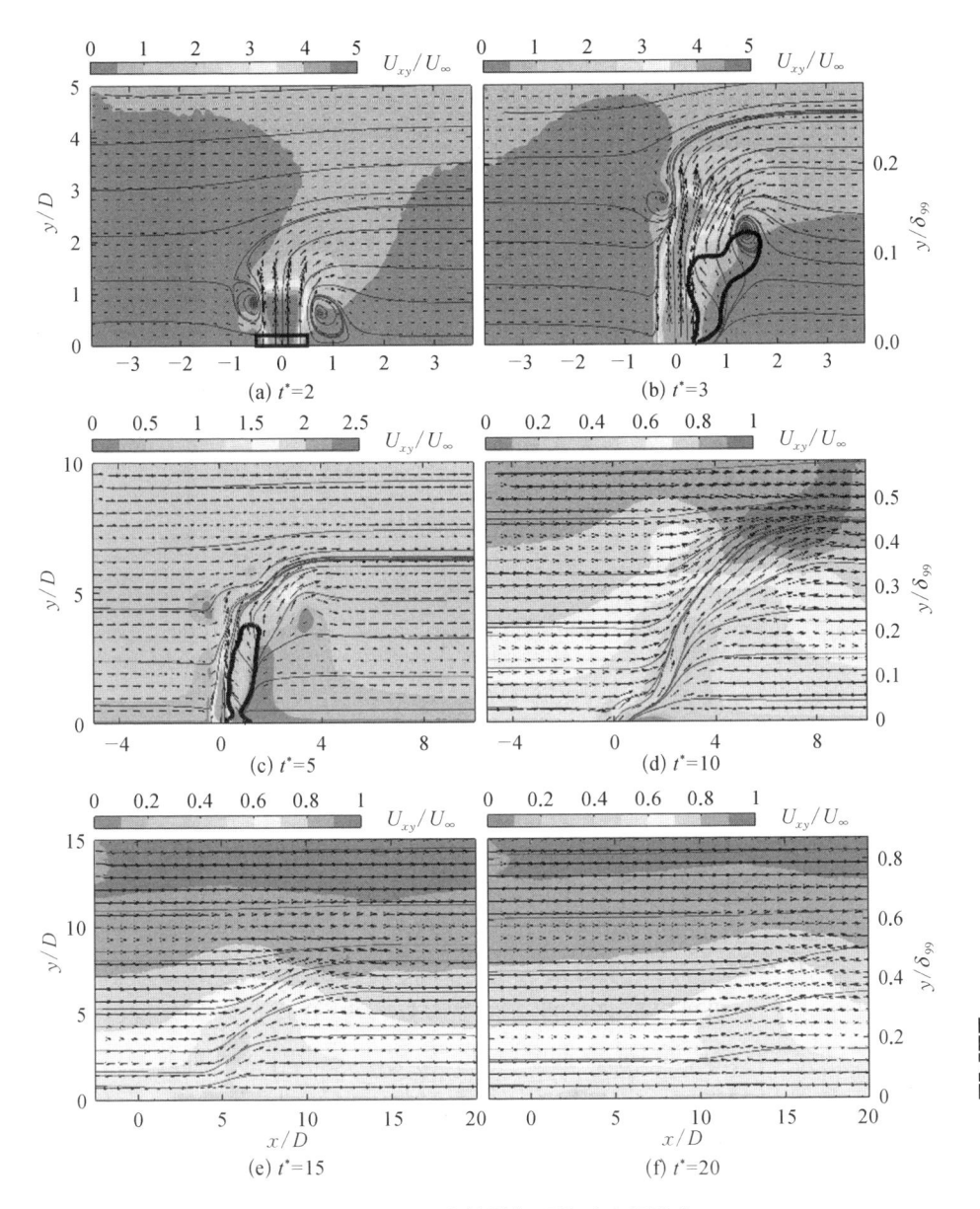

图 5.5 xy 平面上的锁相平均速度场演化

图 5.6 为不同时刻的回流区面积(A_r)。在 $t^* = 5$($t = 500$ μs)之前，由于射流的不断喷出，回流区面积不断增大。随后，A_r 开始减小，并在 $t^* = 10$($t = 1\ 000$ μs)之后完全消失。A_r 的峰值约为射流出口面积的 3 倍($A_e = \pi D^2/4$)，比定常射流所引起的无量纲回流区面积(约为 2)要大[10]。图 5.6 中 A_r 值的持续增加与高速射流的持续穿透有关，而 A_r 值的减小则与射流出口速度的下降直接相关。这种相关性也

是可以理解的,因为射流速度越高、高速射流主体就越类似于一个固体圆柱,其对横流的阻塞效应也就会越强。根据文献中的仿真结果,当速度比低至 0.17 时,流场中已经不存在射流主体和回流区,取而代之的是一连串的发夹涡[11]。

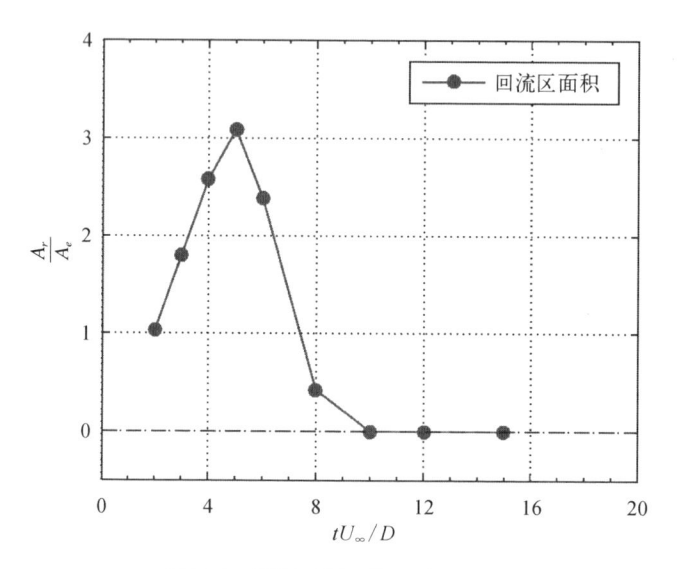

图 5.6　不同时刻下的回流区面积

如图 5.5(a)中的黑色矩形所示,可通过位于射流出口正上方的问询窗口来监测锁相平均射流出口速度随时间演变。假定 U_{ex} 与 U_{ey} 分别表示射流出口速度在 x 和 y 方向上的两个分量。图 5.7 比较了 U_{ex} 与 U_{ey} 在静止环境和横流流动着两种条件下的变化曲线[12]。放电击穿后,U_{ey} 首先急剧上升,然后缓慢下降。在这两种情况下 U_{ey} 的峰值都在 $4.5U_\infty$(90 m/s)左右。在 $t^* = 10$ 之后,可以观察到一个小的负出口速度,表明激励器开始进入吸气恢复阶段,相应的吸气速度峰值约为 $-0.3U_\infty$(-6 m/s),远远低于射流速度峰值。该现象表明,作为一种典型的合成射流激励器,虽然 PSJA 在一个周期内的质量流量为 0,但其动量流量却不为 0。根据动量定律,PSJA 在重频工作状态下将会产生一个推力,有望应用到飞行控制领域[13]。总体而言,U_{ey} 的两条曲线吻合较好,激励器的无量纲射流持续时间($T_{jet} U_\infty /D$)均为 10($T_{jet} = 1\ 000\ \mu s$)。从理论上来讲[14],当放电和几何参数相同时,PSJA 的出口速度主要受外部大气压力和密度影响,与是否有横向流动无关。因此,图 5.7 中的结果在很大程度上是意料之中的。与静止条件不同的是,横流流动中的射流出口速度存在一个横向分量 U_{ex},其幅值与 U_{ey} 成反比,最大值仅为 $0.5U_\infty$(10 m/s)。

PSJA 在横流中的穿透能力是流动控制关心的一个重要指标。对于定常射流而言,射流轨迹可定义为不同壁面高度上涡量最大值的连线、不同壁面高度上法向

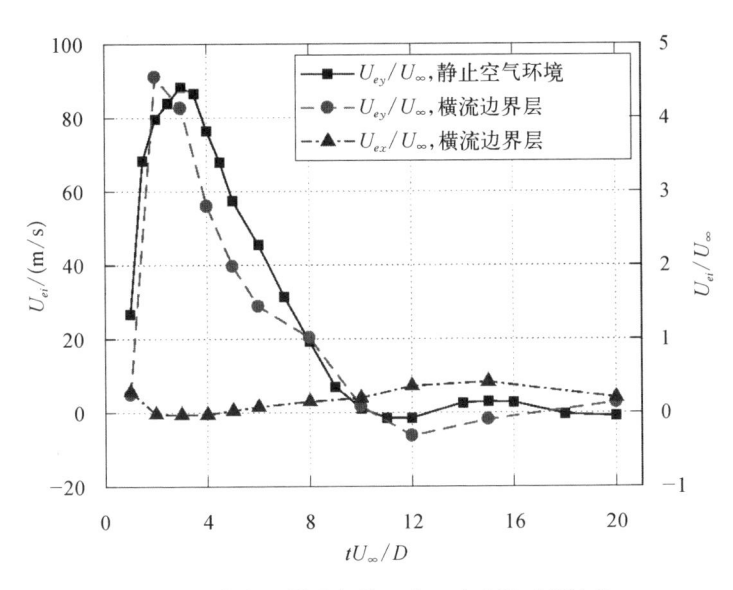

图 5.7 静态和横流条件下出口速度随时间演化

速度最大值的连线或经过射流出口中心的流线[1]。对于横流中的 PSJ，$t^* = 5$ ($t = 500~\mu s$) 这一时刻之前的涡量主要集中在头部涡环中，故不能采用涡量判据。图 5.8(a) 比较了其他两个标准，可以看出，由锁相平均流线定义的射流轨迹更加平滑、鲁棒性更好，更适用于本研究。

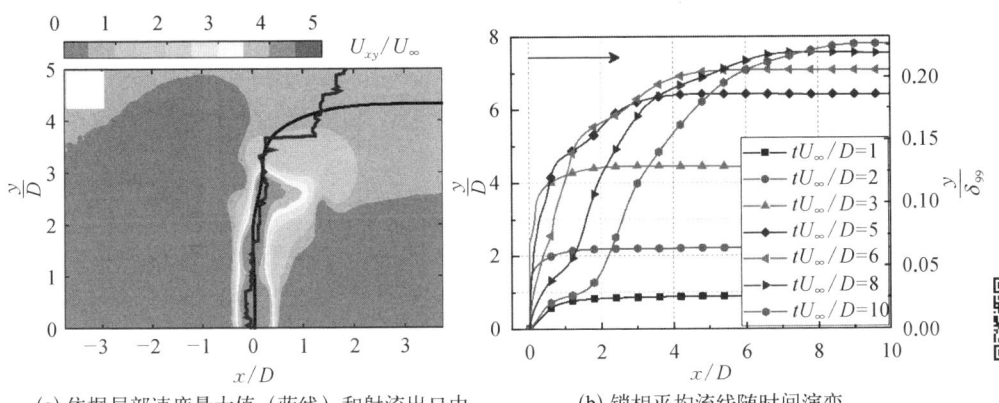

(a) 依据局部速度最大值（蓝线）和射流出口中心流线（黑线）所提取出来的射流轨迹对比

(b) 锁相平均流线随时间演变

图 5.8 射流轨迹和锁相平均流线随时间演变

$t^* = 3$ 时，射流轨迹随时间的演变如图 5.8(b) 所示，对于每条流线，都存在一个平顶区域。该平顶区域所对应的 y 坐标反映了某个相位下的射流穿透深度。该穿透深度随着无量纲时间 t^* 单调增加。与定常射流[15]相比，PSJ 的射流轨迹在

$t^* = 3$($t = 300\ \mu s$)之后表现出明显的拐点。这种现象与射流出口速度在一个周期内的动态变化有关。具体来说,射流主体抵抗横流流动的能力会随着时间的推移而逐渐减弱。因此,射流轨迹不可避免地会随着边界层向下游飘移,导致射流轨迹的曲率发生变化,最终形成拐点。$t^* = 10$ 后,激励器进入吸气恢复阶段。在此阶段,激励器出口上方会形成一个驻点,将之前的射流流动和后续的吸气流动分隔开[16,17]。受此驻点的影响,源自射流出口中心的流线不再代表实际的射流轨迹,稍后将引入另一种方法来量化吸气恢复阶段的射流穿透能力。

图 5.9(a)为不同时刻的射流轨迹包络线,包络线下方区域是可能被射流扫过的区域。从物理含义上来讲,无量纲时间 tU_∞/D 可以解释为射流流体在横流中的最大飘移距离。也就是说,在 $t^* \leq 10$ 的任何时刻,射流头部都应该落入图 5.9(a)中所定义的封闭区域内。图中还画出了射流穿透深度[定义:图 5.8(b)中每条曲线平台端的 y 坐标]随无量纲时间的变化,最大的射流穿透深度约为 $7.8D$ ($0.45\delta_{99}$)。总体来看,PSJ 的射流轨迹包络线与之前研究的定常射流轨迹具有明显的相似性,可以采用相似的方法量化它们的穿透能力。射流轨迹最常使用 rD[18]进行无量纲化处理,其中,r 是射流动量平均速度 U_m 与自由来流速度之比:

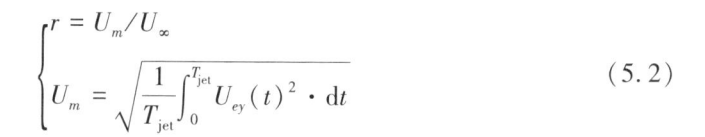

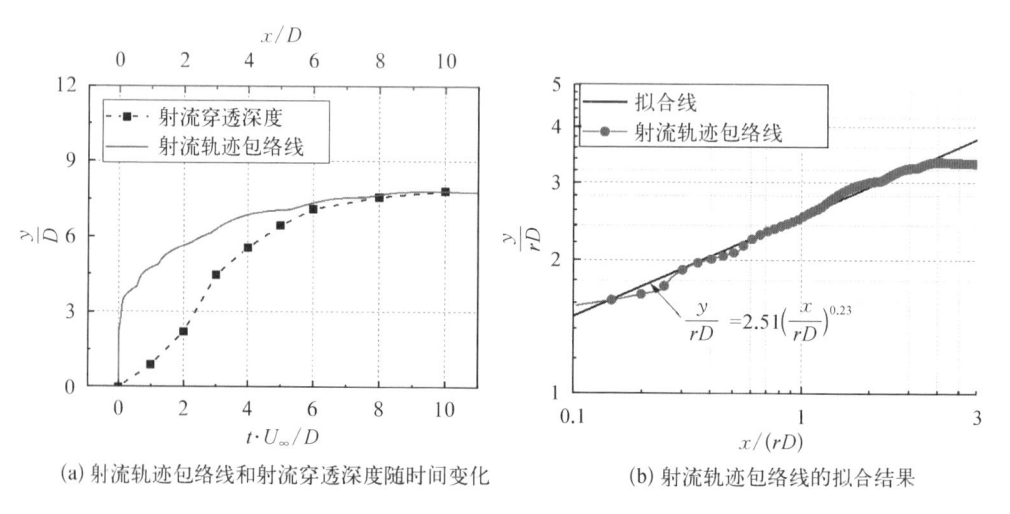

$$\begin{cases} r = U_m/U_\infty \\ U_m = \sqrt{\dfrac{1}{T_{jet}}\int_0^{T_{jet}} U_{ey}(t)^2 \cdot \mathrm{d}t} \end{cases} \quad (5.2)$$

(a) 射流轨迹包络线和射流穿透深度随时间变化

(b) 射流轨迹包络线的拟合结果

图 5.9 射流轨迹包络线、射流穿透深度以及射流轨迹包络线拟合结果

在本研究中,U_m 和 r 的计算结果分别为 46.8 m/s 和 2.34。如图 5.9(b)所示,当采用对数坐标系呈现射流轨迹包络线时,曲线在 $x/rD < 2$ 时的线性度很高。也就

是说，PSJ 的射流轨迹包络线也可以通过以下关系进行拟合[19]：

$$\frac{y}{rD} = A\left(\frac{x}{rD}\right)^B \quad (5.3)$$

其中，A 和 B 是要拟合的系数。定常射流情况下，Margason[19]总结的参数范围为 $1.2<A<2.6$ 和 $0.28<B<0.34$。对于 PSJ，B 的拟合值（0.23）超出了以上范围，表明 PSJ 的穿透能力比具有相同动量的定常射流更强。当 rD 保持不变时，增加射流持续时间 T_{jet} 可以提高 PSJ 的穿透能力。

上述穿透能力的分析都是基于射流中心流线轨迹开展的。如前所述，在 $t^* = 10$ ($t = 1\,000\,\mu s$) 之后，激励器进入吸气阶段，射流出口中心轨迹的流线不再能够反映射流的穿透能力，故应提出一种替代方法。我们注意到在 xy 平面（$z = 0\,mm$）内，射流终止后射流主体向下游飘移并远离壁面；因此，U_y 较大的区域可以在一定程度上代表射流主体。在本书中，利用最大壁面法向速度（$U_{y,\max}$）的 20% 阈值来提取 xy 平面上的射流主体轮廓[10]。如图 5.10(a)所示，在向下游传播时，射流轮廓基本保持不变。提取该轮廓的流向边界（$x_{\min}$，$x_{\max}$）和壁面法线边界（$y_{\min}$，$y_{\max}$），并将不同时间的结果绘制在图 5.10(b)中。可以发现，$x_{\max}$ 与无量纲时间近似呈线性关系，表明射流主体的飘移速度大致不变，平均飘移速度为 $0.85U_\infty$。$x_{\max}-x_{\min}$ 定义了射流主体所占据的流向范围 L_{x0}。由于射流主体在向上运动过程中会带动边界层的外层流动，L_{x0} 随无量纲时间的增加而增加。在 $t^* = 25$（$t = 2\,500\,\mu s$）时，L_{x0} 约为 $10D$。$y_{\max}$ 可以解释为 PSJ 的射流穿透深度，其变化趋势与理论预期一致：$y_{\max}$ 随时间单调增加，并在 $t^* = 25$（$t = 2\,500\,\mu s$）处达到峰值 $10D$（$0.58\delta_{99}$）。

(a) 射流主体轮廓在 xy 平面上的演化

(b) 射流主体轮廓的流向和壁面法向边界

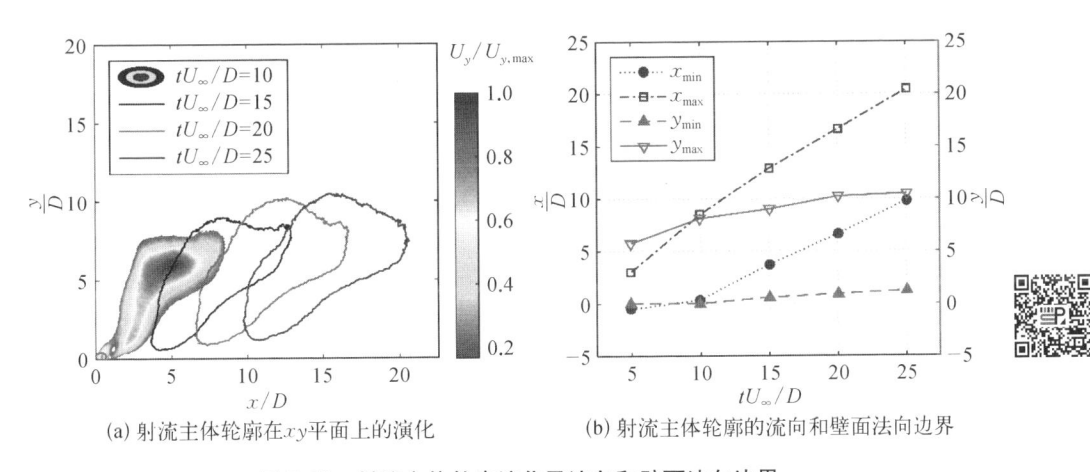

图 5.10 射流主体轮廓演化及流向和壁面法向边界

2. 横截面

PSJ 是一种瞬态射流，故针对表 5.1 中列出的每个测量截面都选择了多个时间延迟进行立体 PIV 测量。如图 5.11 所示,所测量的瞬时流场呈现出两种不同的拓扑结构。其中,等值线表示流向速度分量 U_x,箭头和流线表示横向流动分量 U_y 和 U_z。在图 5.11(a)与(c)中,可以观察到一个显著的对转涡对(counter-rotating vortex pair,CVP),类似于横流边界层中定常射流喷射所形成的涡对[1]。在 CVP 的驱动下,近壁区域的低动量流体向上喷射,外层的高动量流体向下扫掠,形成了如图 5.11 所示的等值线。CVP 的起源至今仍有争议,Marzouk 和 Ghoniem[20] 认为射流剪切层涡流的拉伸和变形引发了 CVP;然而,Meyer 等[9] 认为悬挂涡是 CVP 的起源,并且为 CVP 贡献了很大一部分涡量。在下一节中,我们将利用 Tomo-PIV 对横流中的等离子体合成射流进行诊断,揭示 CVP 涡量的来源。

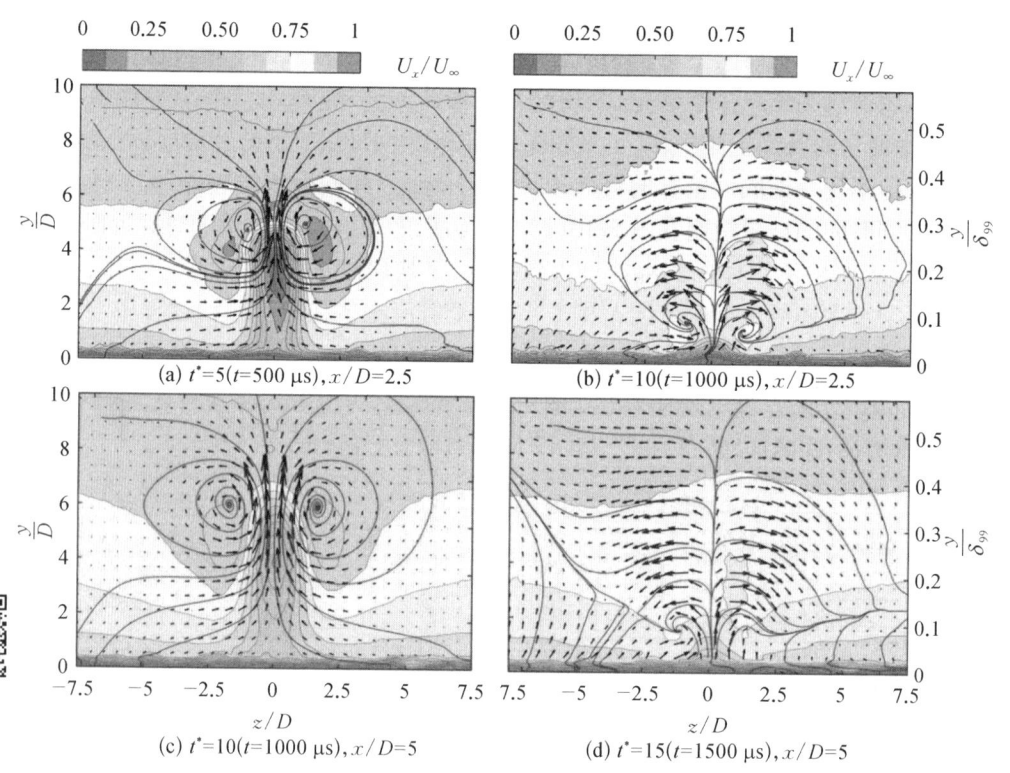

图 5.11　yz 平面上典型的速度场

图 5.11(b)与(d)对应于第二种拓扑结构。在这种拓扑结构中,虽然流线在 z/D=1、y/D=1.5 处严重弯曲,但并不能提取出 CVP。中心线 z/D=0 附近存在一条分叉线,将两个符号相反的展向速度矢量分割开。这种流动模式极有可能是文献[21]观测到的悬挂涡对在横截面上的投影。具体而言,悬挂涡对是位于射流两侧的准稳态结构,它的形成与射流两侧的倾斜混合层密切相关[22];在近壁区域,其轴

线高度倾斜并与壁面相连；在远离壁面的地方，它的形体复杂，在一定程度上贡献了 CVP 的涡量[21]。在同一横截面上，第二个流动拓扑结构的出现时刻大约比第一个拓扑结构的出现时刻晚 500 μs（5 个无量纲时间单位）。

图 5.12 根据壁面法向速度等值线对立体 PIV 所捕捉的流动拓扑结构做出了示意。其中，四根竖线表示图 5.11 所示四种情况的流向测量位置；第一类和第二类流动拓扑结构分别由点划线和虚线表示；实心点表示根据图 5.11 中的流线所确定的涡流中心位置。CVP 倾斜后会诱导明显的上洗流动，因此 CVP 在一定程度上可以通过 U_y 的等值线进行可视化。但该方法并不适应于初始射流阶段，因为初始射流阶段的上洗流动是高速直流直接造成的，与 CVP 无关。图 5.11 中所示的两个流态均有一个共同特征，那就是此时的射流主体均与测量截面相交。从 U_y 等值线的空间分布来看，悬挂涡对似乎与 CVP 有关，都具有弯曲的形状，与射流轮廓的位置大致相符。这一猜想在一定程度上印证了 Meyer 等[9]的观点，即悬挂涡将大部分涡量传输到 CVP 中。之前观察到的两种不同的流动拓扑结构可归因于 CVP 中心轴和 PIV 测量平面之间的不同夹角。具体而言，在射流头部，CVP 中心轴向横流弯曲较多，因此可以通过 yz 截面上的立体 PIV 结果[图 5.11(a)与(c)]很好地显现出来（拓扑结构 1）；相反，当测量平面与射流"根部"相交时[图 5.11(b)与(d)]，所看到的流场实际上是悬挂涡对所诱导的尾流流动（拓扑结构 2）。

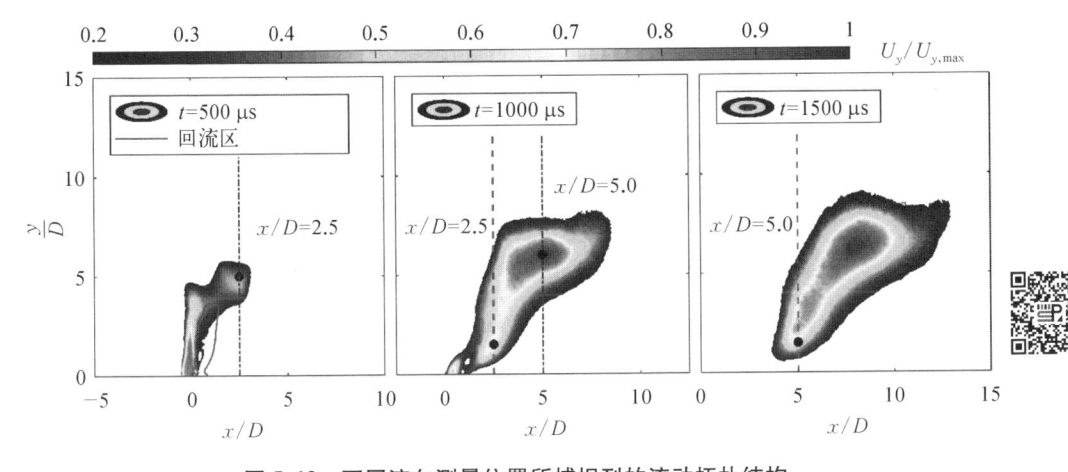

图 5.12　不同流向测量位置所捕捉到的流动拓扑结构

与横流中的定常射流相比，PSJ 在横流中产生的 CVP 表现出强烈的时空依赖性。这种特性主要表现在以下两个方面。首先，由于射流持续时间短，CVP 占据的流向范围极其有限，仅为 10D。其次，射流结束后，CVP 的演化过程类似一个流向飘移过程，在特定流向位置的停留时间（T_{CVP}）不超过射流持续时间（1 000 μs）。从这个角度来看，由于射流阶段和吸气恢复阶段相互交替，PSJ 对边界层的扰动可以近似看作一个脉冲射流与吸气控制的叠加[14]。

下面将从两个方面量化 CVP 的强度：总环量 $\Gamma_{\text{CVP}}(x, t)$ 和边界层形状因子 $H(x, z, t)$。根据本书作者[12]前期研究结果，当无量纲能量沉积较小时，射流出口密度与环境密度之间的相对差异不超过 10%，因此，等离子体合成射流可以近似看作不可压流动。相应的边界层形状因子定义如下[5]：

$$H(x, z, t) = \frac{\delta^*}{\theta} = \int_0^\infty \left(1 - \frac{U_x}{U_\infty}\right) dy \bigg/ \int_0^\infty \frac{U_x}{U_\infty}\left(1 - \frac{U_x}{U_\infty}\right) dy \tag{5.4}$$

其中，δ^* 和 θ 分别表示位移厚度和动量厚度。图 5.13(a)所示为根据立体 PIV 结果所计算的不同空间位置形状因子。图 5.13(b)对应给出了几个典型流向位置下的边界层速度剖面。基准情况下的形状因子(1.3)和边界层速度剖面分别在以上两图上用点线显示出来了。

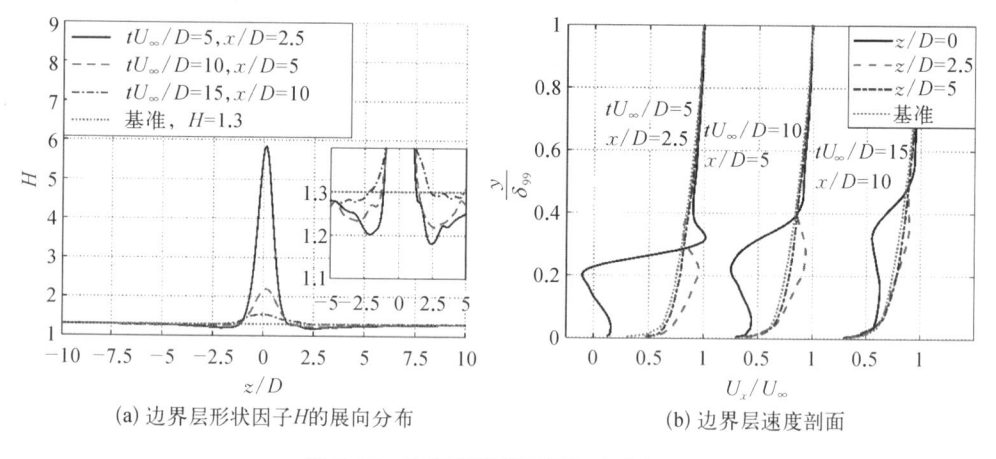

(a) 边界层形状因子 H 的展向分布　　(b) 边界层速度剖面

图 5.13　边界层形状因子和速度剖面

H 的展向分布呈现出类 Mexican 函数状。该函数在 $z/D=0$ 的位置存在一个正峰值，两侧分布着负峰值。当 $t^*=5$ 和 $x/D=2.5$ 时，H 的正峰值达到了 5.85。这个峰值主要归因于射流背风侧的回流流动，导致近壁边界层($y<0.3\delta_{99}$)出现了明显的速度亏损(图 5.5)。在 $z/D=\pm2.5$ 处的两个负峰值(约 1.2)与 CVP 的下洗效应有关。具体来说，下洗效应将高动量流体源源不断地从外层输运到近壁区域，在 $y=0.3\delta_{99}$ 以下的速度剖面变得更加饱满，边界层抵抗流向逆压梯度的能力也相应增强[23]。

当 CVP 向下游传播时，动量亏损区域和增强区域都逐渐远离壁面。与此相呼应，CVP 强度减弱，等离子体激励后的速度剖面逐渐恢复到基准形状。在所有的案例中，$z/D=\pm5$ 处的速度分布与基准情况几乎没有差异。因此，CVP 在展向上的有效作用范围可以近似认为是 10D。Smith 等[24]通过实验研究了压电合成射流阵列（三个激励器、矩形孔口、壁法射流）与湍流边界层（turbulent boundary layer, TBL）之间的相互作用，时均射流速度（11.3 m/s）与自由流速度（9.1 m/s）之比为 1.2。考虑到瞬时射流速度呈正弦曲线变化，该文献中的峰值速度比估计为 3.8，与本书相当（4.6）。Smith[24]等沿着流向和展向检查了边界层形状因子，结果并没有观察到边界层形状因子有明显降低。相比之下，等离子体合成射流比经典的合成射流更有潜力。

图 5.14（a）为 $x/D = 2.5$ 和 $t^* = 5$ 时的涡量场。高涡量区域主要存在于 CVP 核心和近壁区域。使用 Q 准则可以从背景中识别出 CVP，对应的阈值选择为最大 Q 值的 1%。图中红线所框选的区域即为识别出来的旋涡区域。根据该区域的涡量空间分布，可以计算出 CVP 的总环量 Γ 和壁面法向位置 y_c：

$$\begin{cases} \Gamma = \iint_\Omega |\omega_x| \, dydz \\ y_c = \dfrac{1}{2\Gamma} \iint_\Omega y |\omega_x| \, dydz \end{cases} \quad (5.5)$$

式中，Ω 表示识别出来的旋涡区域。分析表明，Γ 和 y_c 对 Q 准则中的阈值选择不太敏感。但对于过小的阈值（如最大 Q 值的 0.1%），近壁面剪切层中的一小部分涡量将会被识别为对转涡对，影响最大环量的计算。

图 5.14（b）为 Γ 和 y_c 随无量纲时间的变化。这五个数据点是在不同的流向位置获取的（$x/D = 2.5、5、10、15、20$）。由于 CVP 的间距与峰值涡量分别与 D 和 rU_∞/D 成比例，因此，总环量可以通过 $rU_\infty D$ 进行归一化处理。无量纲的总环量 $\Gamma/(rU_\infty D)$ 约为 0.1，随无量纲时间的增加而线性递减。$t^* = 25$（$t = 2\,500\ \mu s$）时，总环量仅为 $t^* = 5$（$t = 500\ \mu s$）时的 20%。根据这一现象推断，CVP 的无量纲存留时间仅为 32。由于射流主体在形成后即随着主流往下游飘移，因此，该无量纲时间可以解释为射流主体的最远传播距离。也就是说，CVP 在 x 方向上的最大作用范围也是 32D。超过这个范围后，旋涡强度衰减较快，总环量基本可以忽略不计。此外，y_c 随着无量纲时间单调增加，表明 CVP 存在抬升运动。这种抬升运动与前述章节中头部涡环的运动模式类似，均是由旋涡的自诱导效应引起的。理论上来讲，旋涡的抬升速度与总环量和涡环直径之比成正比[25]。随着 Γ 的下降，y_c 的增加速率也随之放缓，并在 $t^* = 25$（$t = 2\,500\ \mu s$）处达到峰值（8.5D）。

总之，等离子体合成射流形成的 CVP 具有强烈的时空特征。CVP 在形成以后会随着横流往下游飘移，同时缓慢抬升，特定流向位置处的停留时间近似为射流持续时间。CVP 在三个坐标方向（x、y 和 z）的最大影响范围分别约为 32D、8.5D 和 10D。

(a) $x/D=2.5$、$tU_\infty/D=5$时的流向涡量场

(b) CVP 总环量和中心位置的时间演化

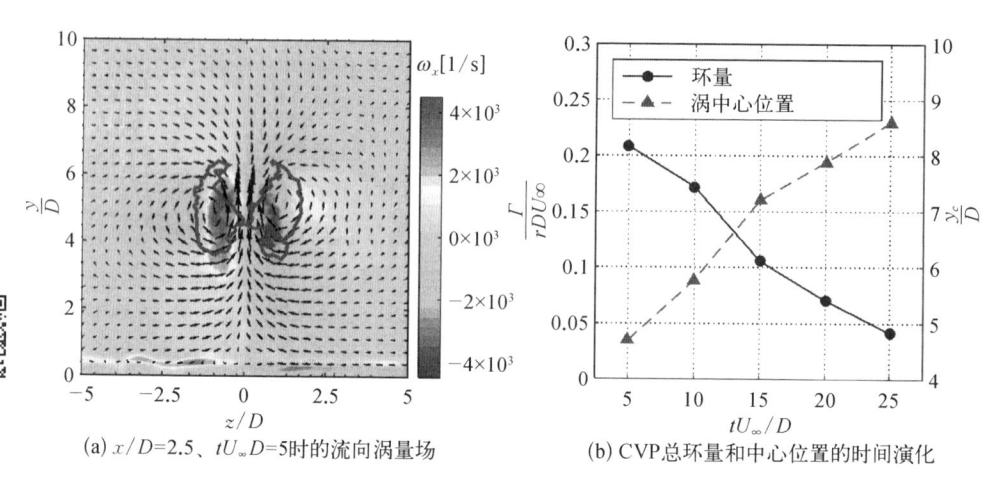

图 5.14 典型截面流向涡量场及 CVP 总环量和中心位置的时间演化

5.2.4 湍动能

1. 对称面

本研究在 xy 平面($z=0$ mm)中只进行了二维 PIV 测量,故使用 $k_{xy} = (\overline{u_x^2} + \overline{u_y^2})/2$ 这一公式计算湍动能(turbulence kinetic energy,TKE);其中,$u_i(i=x,y,z)$ 是脉动速度分量,顶部横线代表统计平均运算。图 5.15 为不同时间下的 k_{xy}/u_τ^2 云图,其中,点划线表示由壁面法向速度所提取出来的射流轮廓线(图 5.10)。根据湍动能方程,TKE 的产生速率为 $P_k = -\overline{u_i u_j} \cdot \partial U_i/\partial x_j$ [5]。因此,TKE 较大的区域总是存在于速度梯度高的区域,典型的例子为头部涡环和射流剪切层。此外,需要说明的是,本实验中采用的"尖-尖"电弧放电在放电时刻上存在一定的不确定性,进一步导致锁相流场的时刻并不严格一致。这种相位抖动所产生的速度脉动并非真实的湍动能,在此称为伪 TKE。伪 TKE 的大小可以通过 ξ^2/u_τ^2 来估计,其中,ξ 是由放电时间不确定性引起的峰值速度波动(约为 3 m/s)。计算出来的伪 TKE 峰值约为 $14.4u_\tau^2$,明显低于头部涡环和射流剪切层中测得的 TKE 值[图 5.15(a)与(b)]。因此,在下面的分析中可以忽略放电时间不确定性的影响。

在 $t^*=5(t=500~\mu s)$ 之前,射流剪切层中的 TKE 低于头部涡环。$t^*=3(t=300~\mu s)$ 时 k_{xy} 的峰值达到了 $1~500u_\tau^2$,显著地高于基准情况(无射流,$4u_\tau^2$);从 $t^*=5$ 到 $t^*=10$,k_{xy} 的最大值从 $750u_\tau^2$ 急剧下降到 $75u_\tau^2$。这一现象可能与头部涡环的破碎有关。$t^*=10(t=1~000~\mu s)$ 后,射流终止,高 TKE 区域随着射流主体的总体运动逐渐向下游输运(图 6.10)。在图 5.15(f)中,由于二次射流的产生,孔口附近的局部区域(见图中的白色矩形)再次发现较高的 TKE。由此可见,等离子体合成射流在一个周期内的射流阶段不止一个,与 4.2 节中的解析理论模型预测是一致的。

该多级射流现象也得到文献[17]中 PIV 结果的验证。但从湍动能云图上来看，次级射流的影响面积较小、穿透深度较短，与主射流阶段相比基本可以忽略。

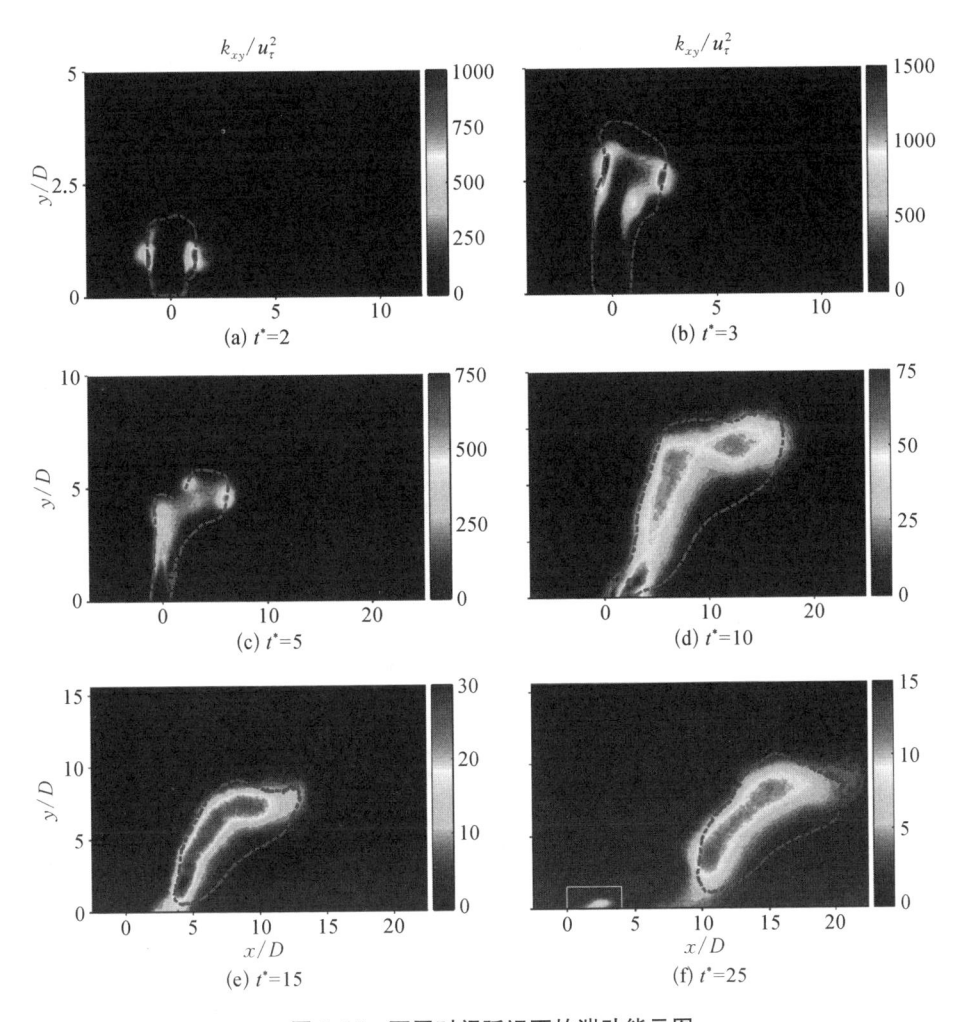

图 5.15　不同时间延迟下的湍动能云图

2. 横截面

在 yz 平面中，立体 PIV 获得了完整的三个速度分量。因此，可以利用 $k = (\overline{u_x^2} + \overline{u_y^2} + \overline{u_y^2})/3$ 这一关系式计算 TKE。$\overline{u_i^2}$ 和 k 的等值线如图 5.16 所示，图中的白色圆圈表示由 Q 准则所计算出来的 CVP 中心位置，虚线则表示速度脉动或湍动能的等值线。本图所呈现的四个案例与图 5.11 中一致。在图 5.16(a)与(c)中，TKE 较高的区域呈双叶肾形，每个肾形的壁面法线位置与相应的 CVP 中心位置吻合很好。对于不同的雷诺正应力项，其空间分布大致相似，但幅值相差较大。具体而言，$\overline{u_x^2}$ 贡献了 TKE 的绝大部分，$\overline{u_y^2}$ 紧随其后。与图 5.16(a) 相比，图 5.16(c) 中的高 TKE 区域面积较大，但 k 的峰值下降明显。这种现象可以归因于 CVP 对低能量流体的快速卷吸。图 5.16(b) 与 (d) 对应于图 5.11(b) 与 (d) 中所示的第二种流动拓扑结构，即测量平面与 CVP 的根部相交。在这种情况下，大部分 TKE 仍然由 $\overline{u_x^2}$ 贡献。然而，不同雷诺应力项的空间分布差异较大，展向速度脉动 $\overline{u_z^2}$ 在 y 方向上的分布比 $\overline{u_x^2}$ 更广泛，近壁的三角形区域以及远离壁面区域均可以观察到。$\overline{u_y^2}$ 的分布呈鞍形，在 $y/D = 2.5$ 和 3.5 处可以观察到两个峰值。

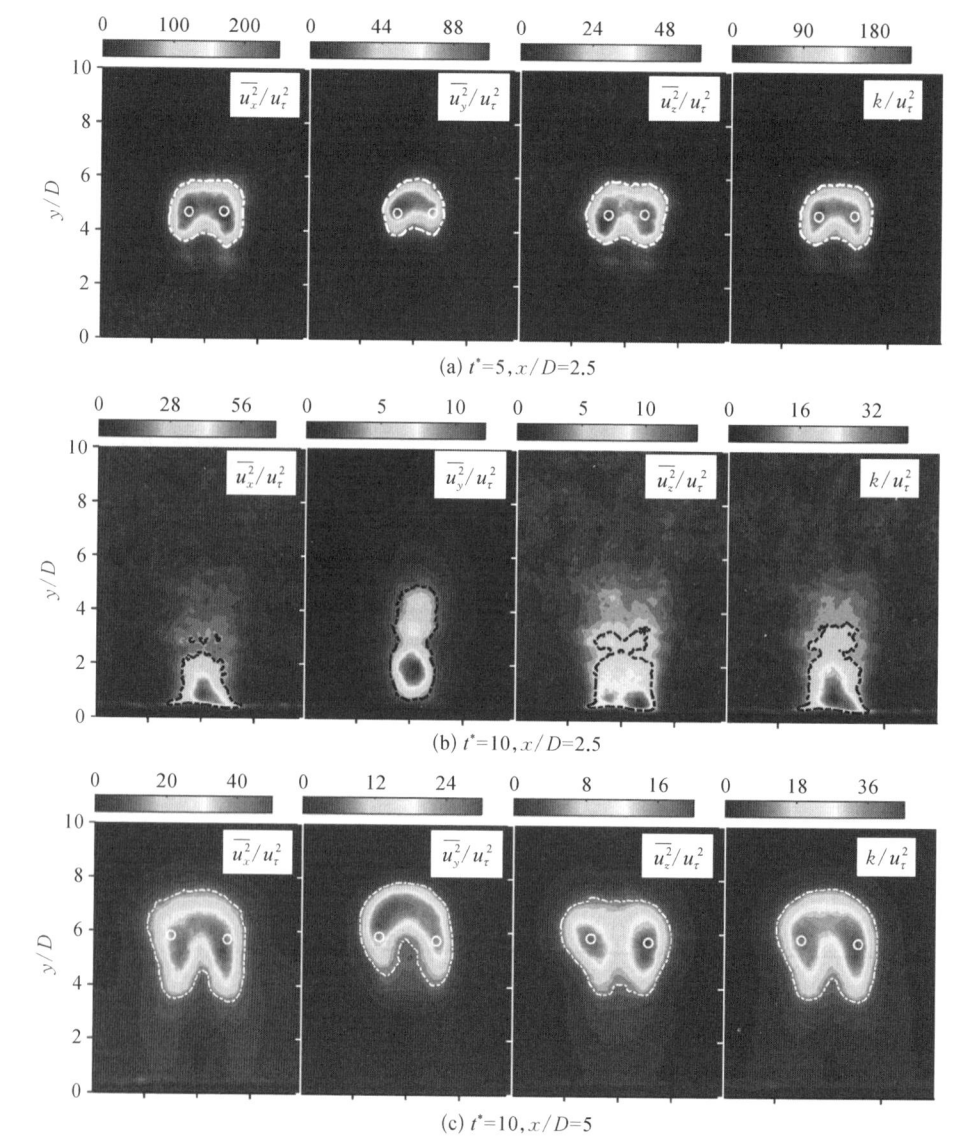

(a) $t^* = 5, x/D = 2.5$

(b) $t^* = 10, x/D = 2.5$

(c) $t^* = 10, x/D = 5$

(d) $t^*=15, x/D=5$

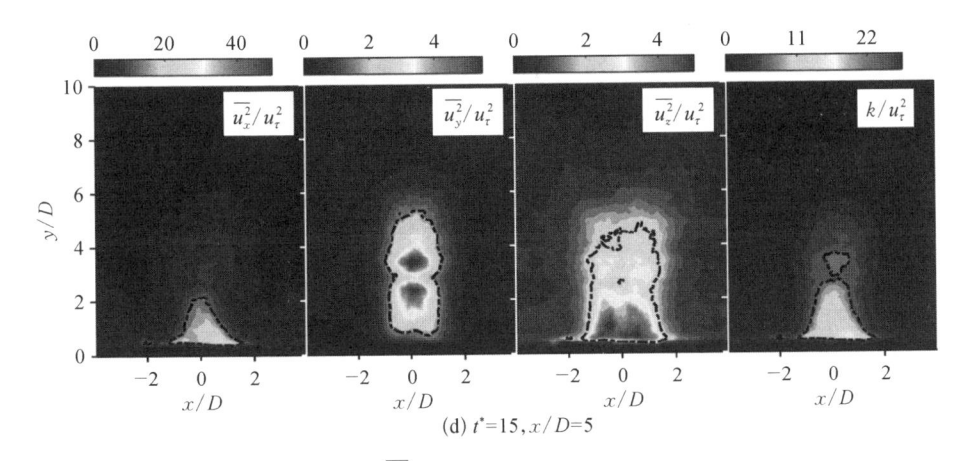

图 5.16 $\overline{u_i^2}$ 和 k 在不同横截面上的分布

为了进一步分析每个雷诺应力项对总 TKE 的贡献,我们计算了"射流影响区域"中的空间平均 $\overline{u_i^2}$(记为 $\langle \overline{u_i^2} \rangle$),并进一步通过空间平均 TKE(记为 $\langle k \rangle$)进行了归一化处理。需要注意的是,这里的射流影响区域是由 $k > 10u_\tau^2$ 这一标准定义的,而不是 5.2.3 节中根据壁面法向速度所提取出来的射流轮廓($U_y > 0.2U_{y,\max}$)。图 5.17 为 $\langle k \rangle/u_\tau^2$ 和 $\langle \overline{u_i^2} \rangle/\langle k \rangle$($i=x,y,z$)随无量纲时间的演变。总体来看,$\langle k \rangle$ 随着时间的推移迅速减少,$\langle \overline{u_x^2} \rangle$ 对 $\langle k \rangle$ 的贡献始终占主导地位。在 $tU_\infty D=5$ 时,$\langle \overline{u_i^2} \rangle/\langle k \rangle$ 达到峰值 66%;此后,该比例逐渐减小,最终稳定在 0.5 左右。$\langle \overline{u_y^2} \rangle$ 和 $\langle \overline{u_z^2} \rangle$ 的变化趋势与 $\langle \overline{u_x^2} \rangle$ 相反,两者随时间缓慢增长,并在大约 $tU_\infty D=20$($t=2\,000\,\mu s$)时达到稳定值(分别为 0.3 和 0.2)。

(a) 空间平均 TKE 随时间的变化

(b) 不同雷诺应力项对总 TKE 的贡献

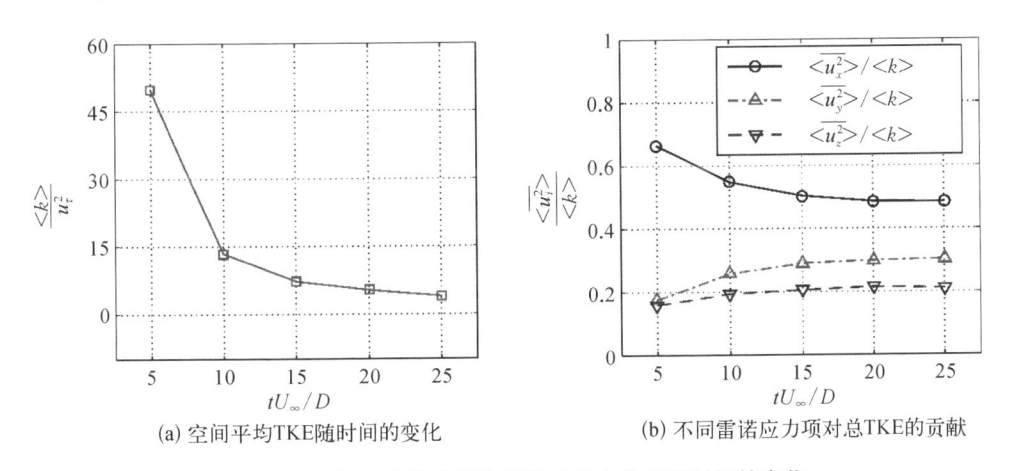

图 5.17 空间平均湍动能和雷诺正应力分量随时间的变化

5.3 射流孔型的影响

5.3.1 实验装置

如图 5.18(a)所示,实验在代尔夫特理工大学的 W 型风洞中开展。TBL 在风洞实验段底壁上自然发展,与沿着壁面法向喷射的等离子体合成射流相互作用。自由流速度 U_∞ 为 20 m/s,测量位置的边界层厚度 δ_{99} 达到了 24 mm。在边界层半高处的湍流度约为 5.8%。由于本节所采用的等离子体合成射流激励器和电源与第 4 章相同,故在此不过多赘述。激励器通过圆板安装在实验段底壁的下方。如图 5.18(b)所示,为对比孔型影响,共设计了具有相同出口面积的三种不同射流孔。参考坐标系建立在射流孔的中心,其中 x、y 和 z 轴分别沿流向、壁法向和展向。案例 1 对应于直径 $D=2$ mm 的圆形射流孔。案例 2 和案例 3 使用相同的狭缝孔(长宽比为 3.4),狭缝孔长轴方向分别沿展向和流向。

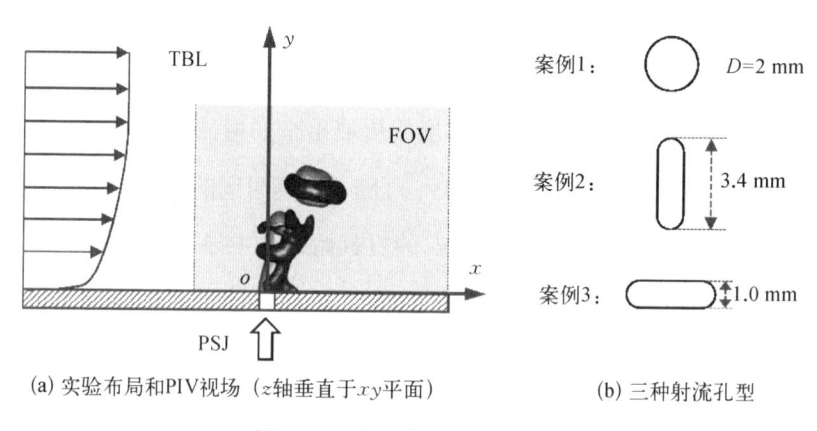

(a) 实验布局和 PIV 视场(z 轴垂直于 xy 平面)　　(b) 三种射流孔型

图 5.18　实验布局与射流孔型

为澄清边界层与喷流干扰所形成的三维流动结构,本节采用层析 PIV(Tomo-PIV)系统对流场进行诊断。该系统由 Nd:YAG 脉冲激光器(品牌:Quantel,型号:EverGreen,脉冲能量:200 mJ)、四台 CCD 相机(IMPERX-Bobcat,200 万像素)和一个可编程计时单元(LaVision,PTU-v9)组成。激光束通过柱面透镜和球面透镜后整形为立体光,并沿着壁面平行方向传递到测量区域。由于射流孔相对于 xy 平面对称,因此,仅需测量一半的射流流场[26,27]。在展向上,体激光照亮的流场范围为 $z=0$ mm 到 $z=3$ mm。四台相机均安装了焦距为 200 mm 的微距镜头(Nikon,Micro-Nikkor),整体在一个平面上呈线性排列,成像张角为 70°。xy 平面上的视场(FOV)范围为 20×15 mm^2,对应的测量体积为 $10D\times7.5D\times1.5D$。示踪粒子为水-乙二醇液滴(平均直径为 1 μm),通过烟雾发生器播撒在风洞的稳压腔内,粒子图像浓度保持在 0.05 粒子/像素左右。本节中的等离子体合成射流激励器放电能量较小,在一个周期内排出的气体质量仅占初始腔体气体质量的 2%,射流密度与外界大气密度接近、不需要再单独在激励器腔体内进行粒子散播。采用 LaVision DaVis 8.4 软件对原始粒子图像进行采集和记录,通过多重几何重构算法重建测量域中的三维光强分布。根据测量域内、外的平均光强所推导出的信噪比为 10,远远高于 Scarano[28] 的推荐值(SNR = 2)。在最后一步图像互相关运算中,问询窗大小设置为 48 像素×48 像素×48 像素,重叠率为 75%,最终的空间分辨率达到了每毫米 6.6 个速度矢量。

层析 PIV 系统与等离子体合成射流激励器工作在锁相模式。激励器的放电频率和无量纲能量沉积 ε(定义为脉冲放电能量与腔体气体初始总焓的比值)分别为 5 Hz 和 0.14。为获得三维流场的完整演化过程,共选取了 27 个相位进行锁相 PIV 测量。与之相对应,放电击穿和图像采集之间的时间延迟(表示为 t)从 50 μs 变化到 1 000 μs。针对每个相位,均采集了 100 组图像进行平均速度场的计算。初步的收敛性测试表明,由有限采样数所引起的平均速度测量误差小于 1%。此外,互相关运算中的峰值锁定误差和放电击穿时刻的波动也会造成 PIV 测量不确定性。按照本书 2.5.4 小节所描述的计算方法[27],最大测量误差不超过 U_∞ 的 4.4%。

5.3.2 圆孔和狭缝孔射流所诱导的三维涡系

图 5.19 显示了静止环境中通过平面 PIV 所测量的激励器平均出口速度 U_e[29]。选取自由来流速度和圆孔直径作为参考速度和长度尺度、对结果进行无量纲化处理,可以得到两个无量纲参数:射流速度比 $r = U_e/U_\infty$ 和无量纲对流时间 $t^* = tU_\infty/D$。比较两条出口速度曲线,可以发现当射流小孔面积一定时,孔型对射流强度影响较小。这与本书作者之前的观测结果较为一致[30]。峰值射流速度比达到了 2.6,主射流阶段的持续时间 T_{jet} 约为 5 个无量纲时间单位。在 $t^* = 5$ 和 $t^* = 10$ 之间,出口速度由正变为负,说明激励器进入吸气恢复阶段。

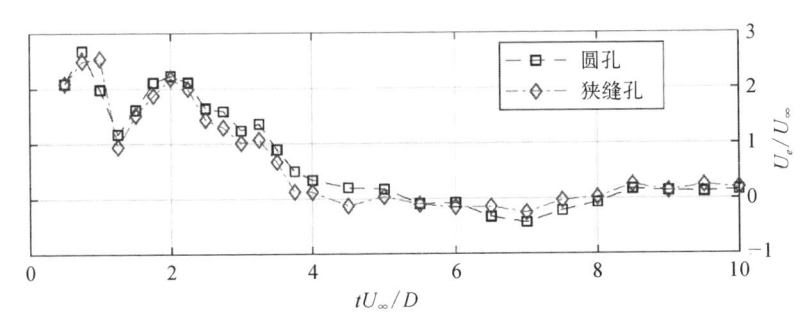

图 5.19 射流速度随无量纲时间的变化

图 5.20 为边界层与圆形等离子体合成射流相互作用所形成的速度场和三维涡结构。按照射流的发展，共选取了六个有代表性的相位进行流场展示，旋涡识别采用的是 Q 准则。各个图线的含义如下：叠加在左侧云图上的黑色曲线是 $Q = 0.03Q_{max}$ 的等值线；粗点线突出显示了 $U_x < 0$ 的回流区域，右侧子图中的灰色等值面代表高速射流主体；射流出口孔采用点划线表示；U_y 和 U_{xy} 分别表示壁面法向速度和中心对称面上的合速度。由于激励器腔内流体的突然喷射，在 $t^* = 1$ 时形成了启动涡环，该涡环在下游传播过程中始终驻留在射流前沿，因此也被称为头部涡环(front vortex ring, FVR)。从流场演化过程来看，该涡环涡量来源于射流孔边缘处脱落的边界层涡量。根据 Gharib 等[31]的研究结果，当射流冲程长度 L_s 与孔口直径 D 的比值超过阈值 4 时，FVR 的下面将会出现直立的射流主体。在本书中，L_s/D 达到 6.4，确实在 $t^* = 2$ 和 $t^* = 3$ 之间观察到了法向射流和一系列的剪切层涡(shear-layer vortices, SVs)。

$$L_s = \int_0^{T_{jet}} U_e(t) \, dt \tag{5.6}$$

此外，在射流主体的两侧，还可以识别出沿着壁面法线方向自然延伸的悬挂涡对(HVP)。HVP 的形成机理是外部横流边界层和射流主体之间的强剪切。根据亥姆霍兹涡运动定理，HVP 的底端与壁面相连，而顶端和中部则与剪切层涡的背风部分连接在一起，形成一个环路。在两个悬挂涡之间，会诱导产生一个负的流向速度，从而在射流主体的背风侧形成回流区[图 5.20(c)]。所诱导的峰值回流速度和最大回流区面积在一定程度上反映了 HVP 的强度[32]。

在 PSJ 与横流相互作用的后期($t^* \geq 4$)，射流头部从射流主体上分割开来，独自向视场的右上方快速传播。同时，剪切层涡受不稳定性的影响而破碎成一个个的小涡，并在湍流边界层中快速耗散掉。受边界层速度梯度的影响，HVP 逐渐向流向倾斜，并演化成为喷流干扰的标志性流动结构：对转涡对(CVP)。根据目前的层析 PIV 测量结果，很明显，CVP 的涡量是由弯曲的 HVP 提供的，而不是 Kelso 等[22]提出的射流剪切层涡的"平铺和折叠"。此外，在次级射流阶段($t^* = 10$)，在射流出口附近产生的是发夹涡(hairpin vortex, HV)而非涡环，这种现象与 Sau 和 Mahesh[33]的 DNS 结果一致，本质上都是由射流速度比过低引起的($U_e/U_\infty = 0.15$)。具体而言，当腔体内的流体从小孔低速喷出时，在小孔迎风侧边缘处产生的正展向涡量与 TBL 中的负展向涡量相抵消；而小孔背风侧边缘处产生的负展向涡量则与边界层涡量相叠加，形成了一个展向涡；在自诱导作用下，该展向涡的头部从壁面抬升而根部仍然与壁面相连，逐渐演化成发夹涡结构。

(a) $t^*=1$

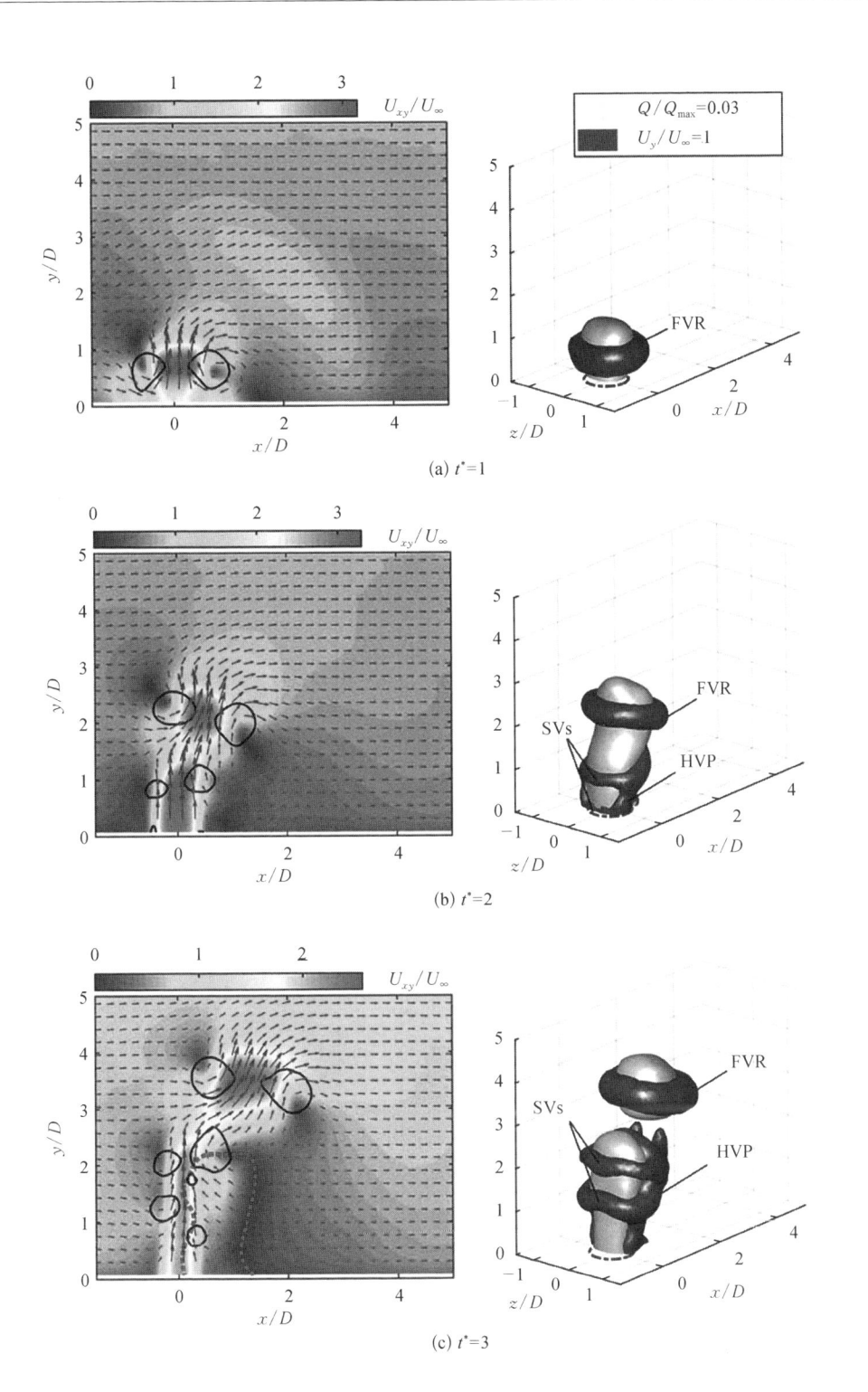

(b) $t^*=2$

(c) $t^*=3$

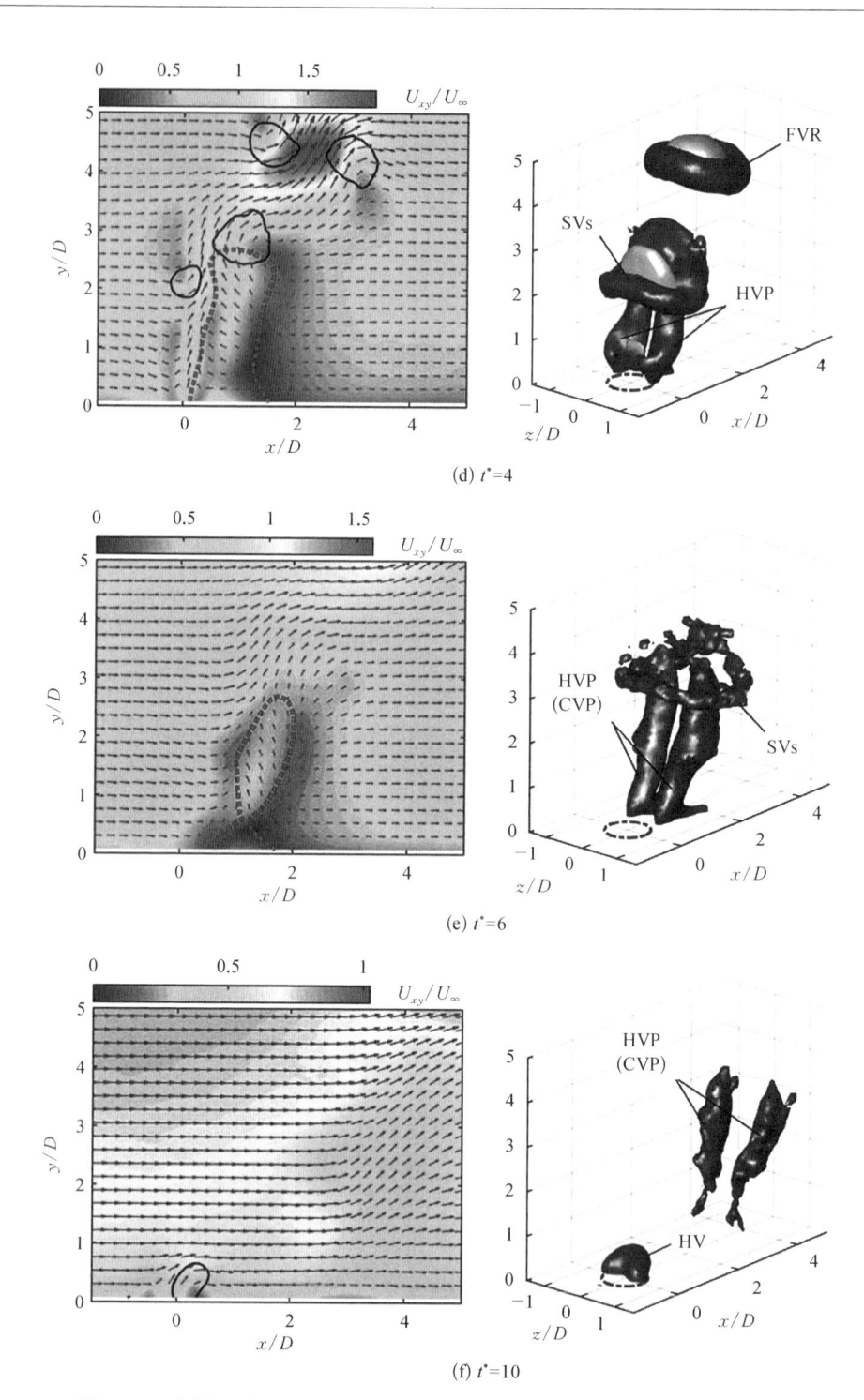

图 5.20 案例 1 对称面上的锁相平均速度场演化(左图)和由 Q 准则所识别的三维旋涡结构(右图)

图 5.21 展示了狭缝射流与边界层相互作用所形成的三维涡结构。案例 2 中，新形成的 FVR 呈细长条状，两端微微向上翘曲。在随后的传播过程中，FVR 的长轴和短轴由于自诱导效应($t^*=2$)而发生轴转换现象。受涡环变形影响，高速射流头部所占据的展向范围被压缩。图 5.22 从不同视角对该时刻($t^*=2$)的流场进行了展示。总体来看，案例 2 与案例 1 类似，均在射流主体的两侧产生了一对悬挂涡，该悬挂涡与背风面的射流剪切层涡形成了复杂连接。然而，在案例 2 中射流主体的迎风面，并没有观察到清晰的剪切层涡。这有可能是剪切层涡的强度与其他类型的涡相比太弱，在同一旋涡识别阈值下无法显现出来。

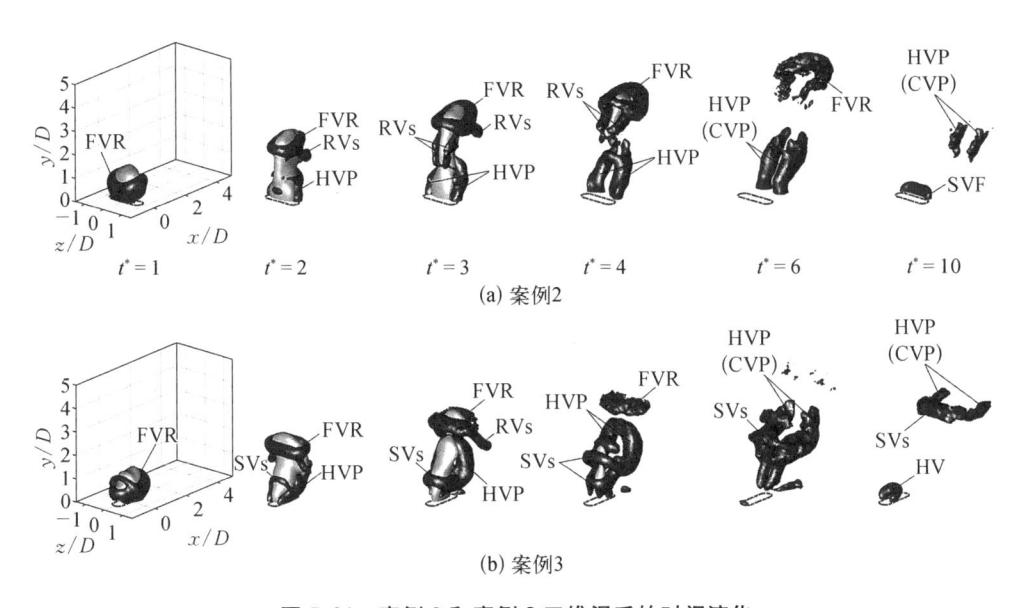

(a) 案例2

(b) 案例3

图 5.21 案例 2 和案例 3 三维涡系的时间演化

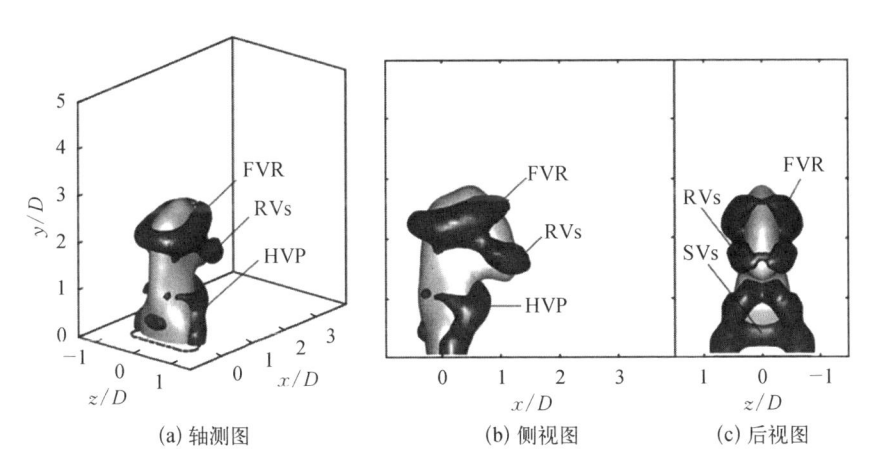

(a) 轴测图　(b) 侧视图　(c) 后视图

图 5.22 案例 2 在 $t^*=2$ 时的三维涡系结构

圆孔案例中,FVR 与其余的旋涡处于割裂状态。而在案例 2 中,FVR 上则连接有多个肋状涡(rib-shaped vortices,RV)。这些肋状涡本质上是由射流头部和外部横流之间的垂直剪切所引起的,因此,主要沿 FVR 的主轴方向(即流向方向)分布。肋状涡和 FVR 一直持续到 $t^*=6$,之后便消失殆尽。$t^*=10$ 时,流场中只剩下倾斜的 HVP 作为主要的涡结构。此外,$t^*=10$ 时激励器所喷出的次级射流会在出口孔两侧边缘拉出一对展向涡(spanwise vortex filament,SVF),同样是由射流剪切层中的正涡量被横流边界层中的负涡量抵消所致。

案例 3 中的涡系组织在形态上与案例 2 类似。这两种案例下,头部涡环均表现出轴切换现象,且与若干个肋状涡相连,肋状涡的走向与长轴相同。但当狭缝孔沿流向布置时(案例 3),射流主体的迎风面和背风面均产生了剪切层涡($2 \leqslant t^* \leqslant 4$)。下半部分的剪切层涡与 HVP 的中部相连,并一直持续到 $t^*=6$ 才消失。上半部分的剪切层涡则与 HVP 融合在一起,总体表现为马蹄涡状。

5.3.3 边界层形状因子

为评估激励器进行流动分离控制的能力,有必要研究 PSJ 激励对边界层速度剖面的影响。图 5.23 显示了 $t^*=10$ 时边界层形状因子的空间分布(H,定义为位

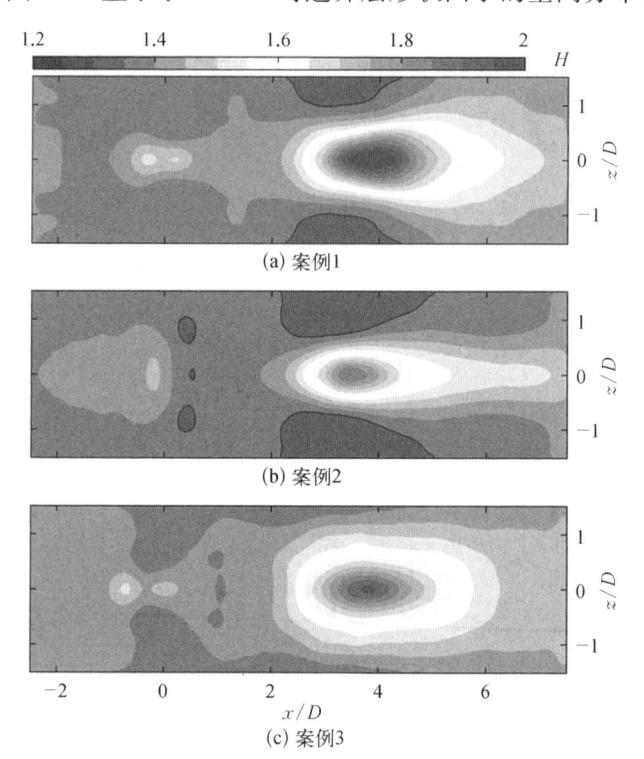

(a) 案例1

(b) 案例2

(c) 案例3

图 5.23　$t^*=10$ 时边界层形状因子的空间分布

移厚度与动量厚度之比)。H 的基准值为 1.39,红线是 $H=1.35$ 的等值线。

受层析 PIV 的测量域限制,这里仅使用部分速度剖面($0 \leqslant z \leqslant 0.63\delta$)来计算边界层形状因子。对于案例 1 和案例 2,在 $2 \leqslant x/D \leqslant 5$ 这一流向范围内可以观察到两个低形状因子区域。其展向间距约为 $2D$,形成原因是 CVP 两侧的下洗效应。具体来说,边界层外区中的高速流体通过下洗效应扫向近壁区域,使得边界层速度剖面更加饱满,形状因子更低。相比之下,在 CVP 的中部为上洗流动;它通过低速流体的上扬增加了边界层的速度亏损,最终形成了云图中的高形状因子区域($|x/D|<1$)。在案例 3 中,由于 CVP 两个分支之间的展向间距较大(约为 $2.5D$,见图 5.21),在测量域中没有观察到边界层形状因子有明显降低。这一现象表明,在流动分离控制应用中,纵向狭缝射流的最佳展向间距比圆形射流和横向狭缝射流要大。从投入与产出的角度讲,最佳展向间距越大,单位长度上需要的激励器数目就越少,流动控制收益比就越高。

5.4 射流速度比影响

5.4.1 测量方案

1. 风洞、激励器和电源

该实验同样是在代尔夫特理工大学的 W 型风洞中进行。实验段与有机玻璃制成的 2 m 长试验段平滑连接,出口横截面积为 $0.4 \times 0.4 \text{ m}^2$。采用皮托管对自由来流速度进行测量,实验中保持 $U_\infty = 20 \text{ m/s}$,对应的湍流度约为 0.5%。如图 5.24

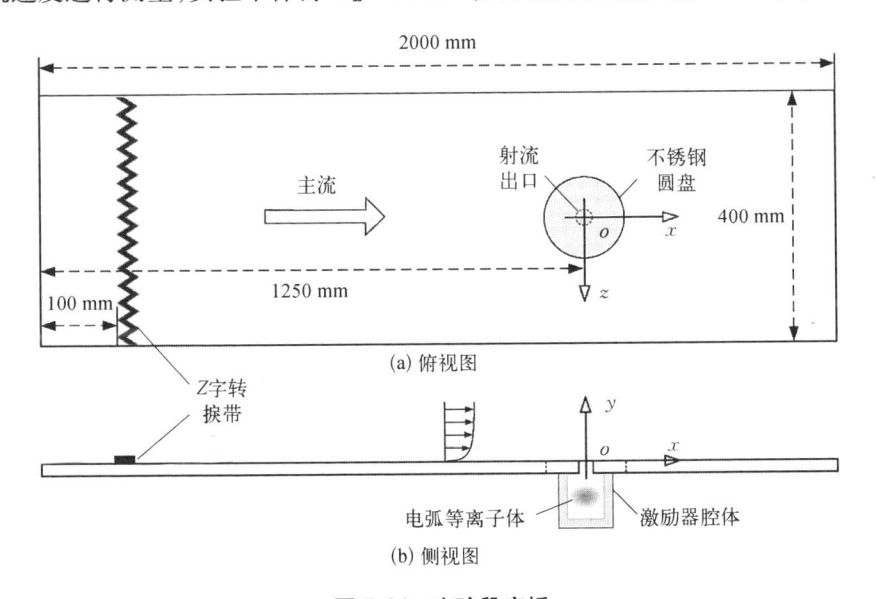

图 5.24 实验段底板

所示,边界层从收缩段开始发展,并在实验段的底板上自然增长。距离底板前缘下游约 100 mm 处,粘贴了一个 Z 字形转捩带,保证边界层在下游的状态为湍流边界层。实验段整体为矩形,因此,随着边界层厚度的增加,不可避免地会出现顺压梯度。定量计算结果表明,该压力梯度小于每米 $0.024\rho_0 U_\infty^2$,其中,ρ_0 是大气密度[27]。不锈钢圆盘齐平安装在底板上,中心钻有圆形孔(直径 $D = 2$ mm),作为等离子体合成射流的出口。不锈钢圆盘下方为激励器腔体,两者之间通过阶梯槽完成配合。射流出口中心到底板前缘的距离为 1 250 mm。按照惯例,在射流出口中心建立参考坐标系,x、y、z 分别为流向、壁面法线方向和展向。等离子体合成射流激励器及供电电源与本章前两个小节相同。其中,电极间间隙固定为 2 mm。储能电容器 C_1 的电容固定为 0.1 μF。

2. 测量技术和测试方案

本节研究的重点是射流速度比 r 对 PSJICF 的影响。为改变峰值射流速度,需在电容容值保持不变的情况下改变直流电源电压、实现放电能量 E_d 的调节。故选取四种不同的直流电压进行实验测试诊断,分别为 $V_1 = 0.88, 1.25, 1.77$ 和 2.5 kV。所有案例下的放电频率 f_d 固定为 200 Hz。之所以选择该频率,是因为前期研究表明相同构型激励器的热截止频率为 210 Hz。当放电频率低于热截止频率时,激励器的吸气恢复较为充分,平均腔密度与环境密度相比下降甚微。

采用高压探头(Tektronix,P6015A)和电流探头(Pearson,325)对激励器的放电电压 u_d 和电流 i_d 进行测量,测点分别位于阳极和接地线上。根据测得的放电波形,即可计算每种情况下的放电能量 E_d 和持续时间 T_d。定量评估这些参数对于分析射流出口速度的变化机理有重要意义[14]。与文献[13]类似,将放电能量除以腔内气体在初始状态下的内能,即可得到无量纲放电能量,如式(5.7)所示。其中,c_v 是定容比热容:

$$\varepsilon_d = \frac{E_d}{E_g} = \frac{\int_0^{T_d} u_d \cdot i_d \mathrm{d}t}{c_v \rho_0 V_{ca} T_0} \tag{5.7}$$

$V_1 = 2.5$ kV 时的代表性放电波形如图 5.25(a)所示。在 $t = 0$ s 时,气体击穿。随后,电容电压稳步下降,放电电流则呈现出半正弦波曲线。由于放电电路中添加了隔离二极管[图 2.1(b)],因此没有观察到文献[34]中的周期性振荡波形。放电持续时间约为 1.5 μs,远小于射流演化的特征时间[即亥姆霍兹自然振荡周期,607 μs,见式(3.2)]。四种不同电压下的无量纲放电能量沉积 ε 如图 5.25(b)所示。ε 为 0.028~0.28。取等离子体合成射流激励器的机电转化效率为 1%[12],通过简化理论估计[14]所得到的射流峰值速度比范围为 1~4。

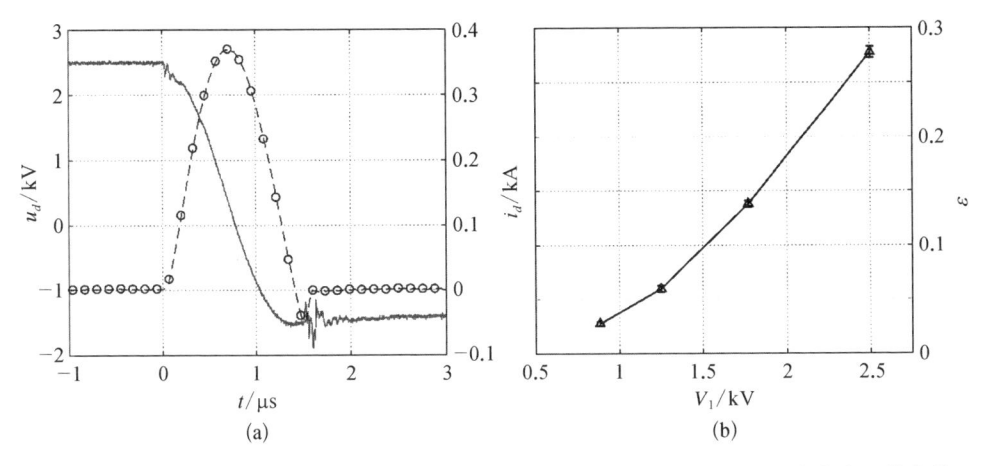

图 5.25 (a) $V_1=2.5$ kV 时的电压电流波形;(b) 无量纲能量沉积随初始电容电压的变化

如图 5.26 所示,选取三个平面进行锁相平均 PIV 测量。一个为流向对称面($z/D=0$),另外两个为展向截面($x/D=2$ 和 $x/D=5$)。对称面测量的目的是获得射流中心线轨迹,横截面测量的目的则是捕捉流向涡。图中所展示的为放电时延 $t=300$ s 时的速度云图 U_{xyz},其中,白色区域表示高速流体区域($U_{xyz}/U_\infty \geqslant 1$)。高速 PIV 系统由两台高速相机(Photron,Fastcam SA-1,1024 像素×1024 像素)、一台高速激光器(Quantronix,Darwin Duo 527-80-M)和一个可编程计时单元(LaVision,HS-PTU)组成。考虑到对称面上的平均展向速度为 0,故在 PIV 测量中仅使用 1 台相机。而在另外两个横流截面上,则采取两台相机进行三维 SPIV 测量,两台相机主轴线的夹角为 60°。平面 PIV 和三维 SPIV 测量中的视场大小(FOV)分别为 $7.5D\times7.5D$ 和 $12D\times12D$。在每台高速相机的头部,均安装了一个焦距为 200 mm 的微距镜头(Nikon,Micro-Nikkor)和一个倍增镜头(Kenko)。Scheimpflug 适配器安装在相机和物镜之间,确保斜视状态下的相机焦平面与物平面能够完全重合。

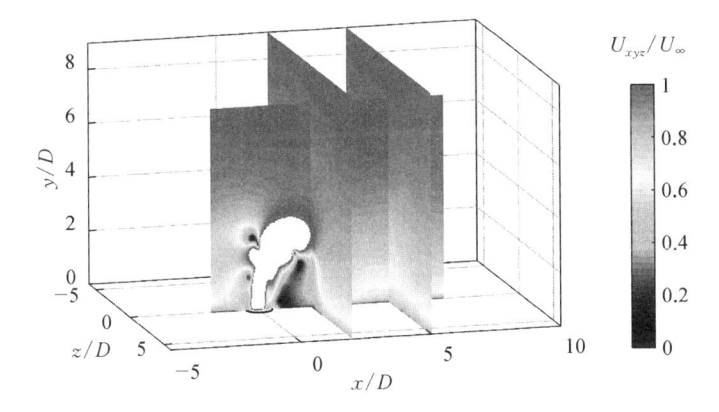

图 5.26 二维平面 PIV 和三维 SPIV 的测量截面

激光束经过两个球面透镜和一个柱面透镜后,整形为一个片激光。激光片的厚度在二维平面 PIV 测量和三维 SPIV 测量中分别为 0.6 mm 和 1 mm。为最大限度地减少壁面激光反射,激光束沿着平行于底壁的方向传输。示踪粒子由烟雾发生器(SAFEX,Fog 2010+)均匀地播撒在风洞的实验段,介质为水-乙二醇液滴。粒子图像直径为 2~3 像素[35]。

PIV 系统工作在锁相模式,图像采集的相位(t,即放电击穿和图像采集之间的时延)可以通过数字时延发生器(Stanford Research Systems,DG535)进行调整。由于不同相位下的峰值射流速度是变化的,相邻激光脉冲之间的时间间隔 dt 需要在 2~8 μs 调节,确保最大粒子位移约为 10 个像素。四个案例中,每一个案例都选择了 54 个相位进行锁相 PIV 测量,以获取 PSJICF 在一个周期内的完整演化过程,涵盖主射流喷出到吸气恢复的完整过程。每个相位下,均记录了 300 对粒子图像用于计算平均速度场和速度脉动等统计量。图像的采集和后处理均由 Lavision Davis 8.3.1 软件实现。在互相关操作的最后一步,问询窗尺寸为 16 像素×16 像素,重叠率为 75%,相应的平面和立体 PIV 测量中的空间分辨率分别为 0.07 mm 每速度矢量和 0.1 mm 每速度矢量。除了横流条件下的等离子体合成射流演化,我们还测量了基准条件下的边界层和静止来流中的 PSJ 演化。基准边界层测量中,采集频率和样本数分别为 2 kHz 和 2 000 个样本。初步的收敛性测试表明,该样本数已经足够获得统计意义上收敛的平均速度场和雷诺应力。为覆盖完整的边界层,基准边界层测量中的 FOV 为 15D×15D。静态来流中的 PSJ 测量方案与第 3 章相同,在此不做赘述。

互相关中的峰值位置评估误差、有限样本大小、有限激光片厚度和放电定时不确定性被确定为锁相平均 PIV 测量不确定性的四个主要来源。按照 2.5.4 节中介绍的方法,可以对每个测量不确定性进行评估,总的测量误差为这四个不确定性的矢量和[36]。在此仅给出计算结果:平面 PIV 测量中 U_x 与 U_y 的峰值误差为峰值射流速度的 2.4% 和 4.9%;在立体 PIV 测量中,三个速度分量(U_x、U_y 和 U_z)的峰值不确定性分别为自由来流速度 U_∞ 的 6.0%、3.0% 和 3.5%。

5.4.2 等离子体合成射流的形成演化特性

案例 1(ε=0.028)和案例 4(ε=0.28)中锁相平均速度场随无量纲时间($t^*=tU_\infty/D$)的演化如图 5.27 所示。平面内速度 U_{xy} 的方向和大小分别用箭头和云图表示,射流出口附近的粗黑线为 $U_y/U_\infty=-0.1$ 等值线,子图(j)中的红线是流线。在案例 1 和案例 4 两种情况下,由于脉冲电弧放电后腔内气体突然膨胀,涡环从射流出口脱落,并沿着激励器喉道轴线向远处传播。在传播过程中,涡环将周围的流体卷吸到其核心区域,因此,直径不断增大。受涡环自诱导效应影响,涡核核心处速度最高。在 t^*=4 时,可以在射流出口附近观察到吸气流动,相应的影响范围为

$U_y/U_\infty = -0.1$ 这一等值线所包裹的区域。随后,吸气流动所影响的范围不断增长,并在 $t^* = 5$ 时占据整个出口。总体来看,射流所形成的流动拓扑结构与第 3 章中的特性研究结果非常吻合[29,38]。

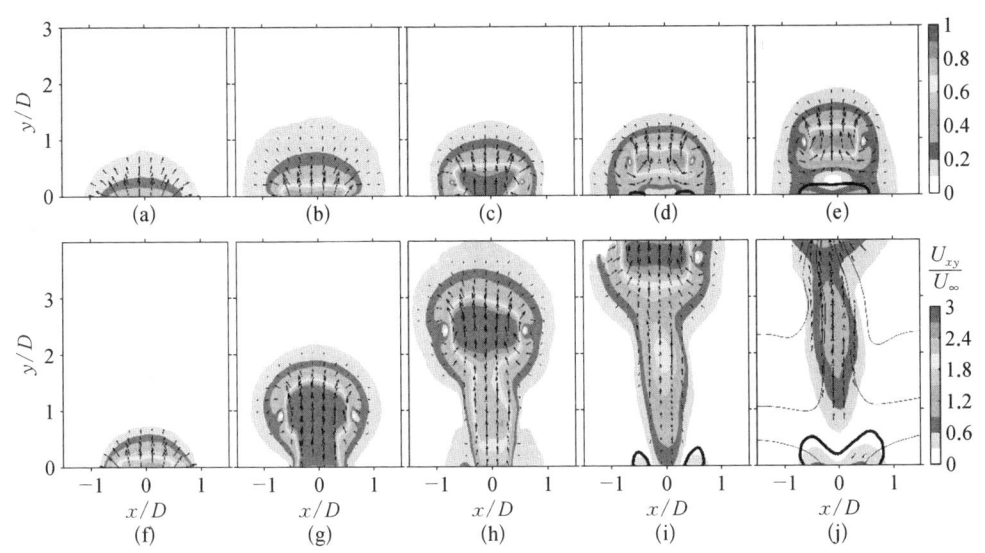

图 5.27 案例 1(顶行,$\varepsilon = 0.028$) 和案例 4(底行,$\varepsilon = 0.28$) 中的锁相平均速度场

案例 4 中的头部涡环在 $t^* = 2$ 时与射流主体连接,但在后续演化过程中($t^* = 5$)逐步与尾部射流分离。相比之下,案例 1 中的涡环在演化过程中始终是孤立涡环。这种差异主要是两个案例中无量纲射流冲程不同所造成的(L_s/D)。具体来说,当式(5.8)[16,29]所定义的无量纲冲程 L_s^* 低于涡环的成形数(3.6~4.5)[31,39] 时,从射流出口所流出的涡量将被涡环完全吸收,并且不会形成尾部射流。

$$L_s^* = \frac{L_s}{D} = \frac{1}{\rho_0 D}\int_0^{T_{\text{jet}}} \rho_e(t) U_{ey}(t) \, \mathrm{d}t \tag{5.8}$$

其中,T_{jet} 是射流持续时间;ρ_e 和 U_{ey} 分别是空间平均的射流出口密度和射流出口速度。在轴对称流动假设下,可以直接推导出以下关系:

$$U_{ey} = \frac{4}{D^2}\int_{-D/2}^{D/2} x \cdot U_y(x, t)\mid_{y=0} \mathrm{d}x \tag{5.9}$$

从等离子体合成射流的 PIV 结果中可以提取出 U_{ey} 随一个激励周期的演化。如图 5.28 所示,在所有案例下,放电击穿后都会出现一个射流阶段,该阶段的射流出口速度呈现出一种先快速上升而后下降的变化趋势。随着能量沉积 ε 的增加,最大的射流出口速度 U_p 从 $1.2U_\infty$ 增大到 $3.5U_\infty$,而主射流阶段的持续时间 T_{jet} 则变化不大(400~450 μs)。在 U_{ey} 的后期演化($t^* > 5$)中,由于激励器进入吸气阶段,出口速度以 $U_{ey}/U_\infty = -0.1$ 为中心作周期性振荡,振幅逐渐衰减。根据一个周期内速度峰值的数量,所确定出的激励器出口速度振荡频率为 1.6 kHz,与腔体的亥姆霍兹自然振荡频率(f_h = 1.65 kHz)[29,37]吻合较好。理论上来讲,亥姆霍兹自然振荡频率来自腔内气体的刚度,主要受几何参数和大气参数的影响。

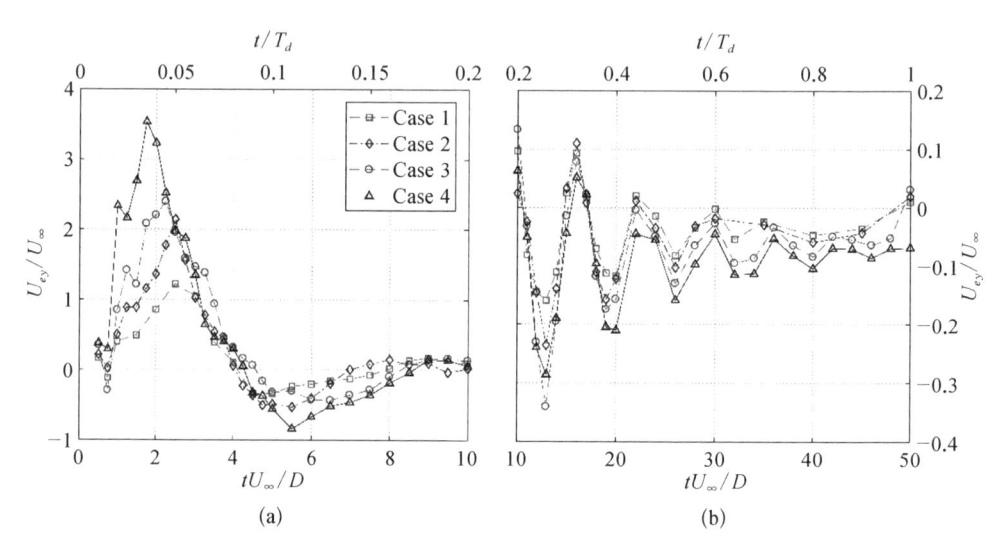

图 5.28 所有测试案例在一个周期内的空间平均出口速度 U_{ey} 的演变

对于传统的压电合成射流激励器,峰值出口速度在 f_h 处表现出最大值[40,41],也就是说工作在亥姆霍兹自然振荡频率有助于提高压电合成射流强度。然而,对于 PSJA 而言,f_h 是激励器的极限工作频率;高于该频率时,由于吸气恢复时间不足,激励器会出现严重"哑火"现象[38,42]。在本书中,放电频率(f_d = 200 Hz)约为 $0.12 f_h$,故由高频效应所导致的射流强度下降不明显(例如,射流密度降低、腔体温度升高等)。图 5.28 中的亥姆霍兹自然振荡频率也可以从理论角度进行解释。具体而言,PSJ 的形成演化过程本质上是复杂流体系统对一个局部热扰动的时间响应。由于这种热扰动(电弧放电)的时间尺度远远低于亥姆霍兹振荡周期尺度,因此,上述问题可以简化为二阶 N-S 方程的脉冲响应。从这个角度来看,图 5.28 中的曲线确实类似于二阶欠阻尼系统的脉冲响应,振荡周期即为系统的固有频率(亥姆霍兹自然振荡频率)。

根据激励器出口速度曲线,可以利用质量守恒定律估计射流阶段的气体平均出口密度 $\bar{\rho}_e$ [29]。结果如下:随着能量沉积的增加,$\bar{\rho}_e/\rho_0$ 从 0.9 变化到 0.8,射流阶段所喷射的总气体质量仅为腔内初始气体质量($\rho_0 V_c a$)的 2%。鉴于射流密度的变化很小,式(5.8)中的时变出口密度可以用 $\bar{\rho}_e$ 代替,所得到的射流冲程(即无量纲射流长度)变化范围为2.0~5.4(见表5.2)。这也进一步说明图5.27中涡环的不同演化模式是由于涡环成形数不同所引起的。

表5.2 所有测试案例下的射流特性参数和边界层参数

编号	V_0/kV	f_d/Hz	ε	U_p/U_∞	r	L_s/D	Re_D	St	δ_{99}/D	c_f
案例1	0.88	200	0.028	1.2	0.7	2.0	1790	0.02	9.7	0.0032
案例2	1.25	200	0.06	2.1	1.0	2.6	2620	0.02	9.7	0.0032
案例3	1.77	200	0.14	2.4	1.2	3.7	3290	0.02	9.7	0.0032
案例4	2.50	200	0.28	3.5	1.6	5.4	4330	0.02	9.7	0.0032

选择射流阶段的时均速度($U_0 = L_s/T_{jet}$)作为参考速度可以对应计算每个案例下的射流雷诺数($Re_D = U_0 D/\nu$)和速度比($r = U_0/U_\infty$)[43]。同样,基于孔口直径和自由流速度可以计算斯特劳哈尔数$St = f_d D/U_\infty$[44]。这些参数(L_s^*、Re_D、r、St),加上壁面摩擦系数($c_f = \tau_\omega/0.5\rho_0 U_\infty^2$)、边界层厚度与孔径之比($h = \delta_{99}/D$),共同构成了决定PSJICF演化的六个无量纲量,如表5.2所示。基于边界层厚度的自由流雷诺数$Re_\delta = Re_L h/(rL_s^*)$可以由其他参数推导出来,因此,并未包含在内。此外,与压电振子驱动的传统合成射流不同[44],$St = 0.5r/L_s^*$这一关系式不再成立,因此,斯特劳哈尔数也被纳入PSJICF的无量纲参数空间。在所有这些参数中,冲程长度和速度比在流场演化中起着主导作用[45,46]。由于本书中激励器几何形状固定、射流持续时间基本不变,因此,r和L_s^*的变化是耦合的。即射流速度越高,无量纲冲程越大。

5.4.3 高射流速度比时的边界层响应($r = 1.6$)

本节重点介绍案例4,对应的射流速度比为$r = 1.6$,无量纲冲程$L_s/D = 5.4$。首先介绍对称面内的相平均速度场,分析相关流动特征(冲击波、涡环、回流、吸气流)对边界层的影响。随后,在横截面(yz平面)流场中利用Q准则识别出流向涡结构,并解释这些流向涡与对称平面中其他流动特征之间的相互关系。最后,建立高速度比和大冲程下PSJICF的简化示意模型。

1. 对称面

对称面($z = 0$ mm)内的相平均速度场演化如图5.29所示。其中,U_{xy}表示平面内速度矢量和$U_{xy} = (U_x^2 + U_y^2)^{1/2}$;黑线表示利用$Q$准则所检测出的头部涡环(检测阈值:最大$Q$值的10%);蓝线表示$U_x/U_\infty = -0.1$等值线;红色点划线为$U_y/U_\infty = -0.2$等值线。由于这种情况下峰值射流速度远高于自由流速度($U_p/U_\infty = $

3.5),因此,射流主体可以用 $U_{xy}/U_\infty>1$ 识别出来。当 $t^*=1$ 时,初始射流呈半球状,其外围随后卷起一个涡环($t^*=1.5$)。涡环接受尾部射流主体($t^*=2$)的动量注入,而向远处传播,整体类似静止空气中的射流演化。该射流主体最初是直立状态,但在后来演化过程中($t^*=3$)受迎风和背风两侧的压力梯度作用而向流向弯曲[47]。具体而言,迎风面的气流处于滞止状态,为高压区。而射流主体的背风面由于存在一个与悬挂涡对(HVP)相关的回流区[15],因此为低压区。射流终止后($t^*=4$),回流区面积减小,并在中心对称面上留下明显的动量损失。后期演化过程中($7 \leqslant t^* \leqslant 12$),在出口附近可以观察到微弱吸气流动和低速二次射流。

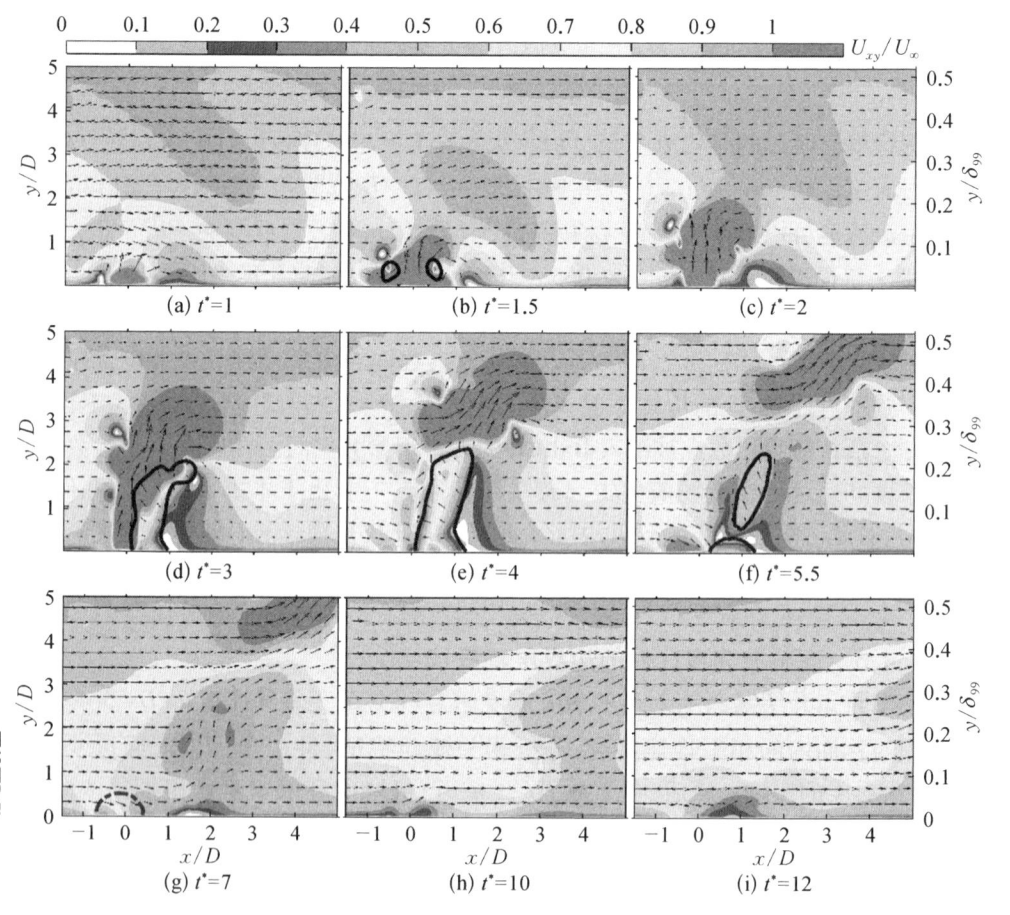

图 5.29 案例 4 中的相平均速度场($r=1.6$)

需要说明的是,在 $t^*=1$ 时,边界层外区($y/\delta_{99}>0.3$)的速度等值线出现了明显的波动。这种异常波动与射流本身无关,因为此时的射流主体才刚刚出现,穿透深度在 $y/\delta_{99}<0.1$ 以下。为了找出外区速度等值线变化的根源,我们把 $t^*=1$ 时刻的

U_y 等值线、典型流向位置处($x/D=1$、3、5)的边界层速度剖面及形状因子重新绘制于图 5.30 中。由此可见,边界层外区的速度等值线波动实际上是由于射流出口所迸发出的多道压缩/膨胀波所引起的。这些波是由不均匀脉冲电弧放电产生的,壁面法向位置由相位决定,波与波之间的法向间距为 $2D$[48]。由于这些冲击波的存在,流场中产生了多个正负速度交替区域,幅值为几米/秒[17]。该扰动速度叠加在现有的边界层速度剖面上,形成了脉动的速度等值线和边界层形状因子。具体来说,在 $t^*=1$ 时,由于压缩波面的叠加而导致 $2\leqslant x/D\leqslant 4$ 之间的速度剖面变得更加饱满,形状因子变小;其他区域则受膨胀波的影响而流向速度减小,边界层形状因子变大。

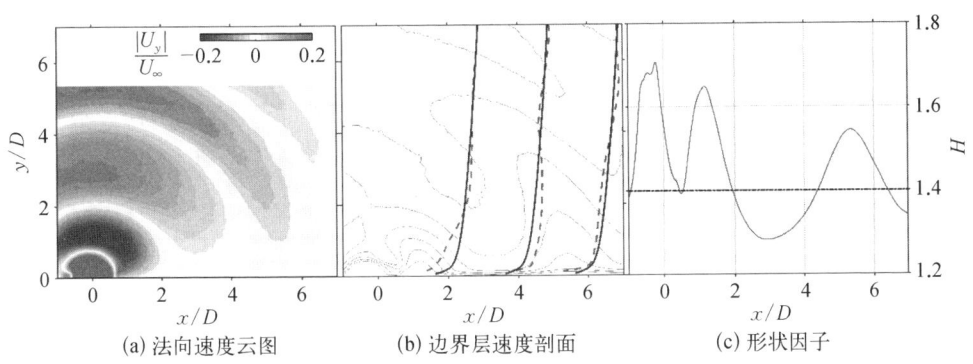

图 5.30 案例 4 在 $t^*=1$ 时的法向速度、边界层速度剖面和形状因子

$t^*=1.5$ 到 $t^*=4$ 之间的涡量场时间演化如图 5.31 所示。旋涡通过 Q 准则进行识别,阈值选为最大 Q 值的 10%(图中的黑线)[49]。虚线是 $U_x/U_\infty=-0.1$ 的等值线。实线是源自出口孔中心的流线。展向涡量(ω_z)通过 U_∞/D 进行归一化处理。总体来看,涡量主要存在于 FVR 和射流剪切层中。头部涡环因卷吸周围流体而直径逐渐增大,并在 $t^*=3$ 后向下游倾斜。对于横流中的涡环而言,这种向下游的倾斜是一个不稳定的过程,与两侧受到的动量注入不均匀有关[17]。具体来说,当 FVR 穿透到边界层的外区时,它会经历比尾部射流主体更高的对流速度,导致 FVR 轴线与尾部射流主体轴线之间的错位($t^*=2$)。这种错位发生后,射流主体所携带的动量会更多地注入头部涡环迎风侧,而涡环背风侧所接收的动量注入则大幅度地减少。最终,由于涡环两侧传播速度不同,FVR 向下游倾斜。这种向下游的倾斜会进一步切断 FVR 与尾部射流的连接,并在中间流线处产生一个拐点。在该拐点的迎风侧,能够识别出剪切层涡。在射流主体的背风侧,由于回流区向上游增长,负涡量在 $t^*=4$ 后明显地减弱。这些结果与文献中通过 DNS 所获得的脉冲射流/横流干扰结果大致类似[45]。

可以根据式(5.10)~式(5.12)计算出 FVR 两侧的环量 Γ 和中心位置(x_v,

y_v^-),积分域仅限于图 5.31 中根据 Q 准则所识别出来的涡核区域。公式中的"+""-"上标分别对应于涡环的上游侧和下游侧。

$$\Gamma^+ = \iint \omega_z^+ \mathrm{d}x\mathrm{d}y \tag{5.10}$$

$$x_v^+ = \frac{1}{\Gamma^+}\iint x \cdot \omega_z^+ \mathrm{d}x\mathrm{d}y \tag{5.11}$$

$$y_v^+ = \frac{1}{\Gamma^+}\iint y \cdot \omega_z^+ \mathrm{d}x\mathrm{d}y \tag{5.12}$$

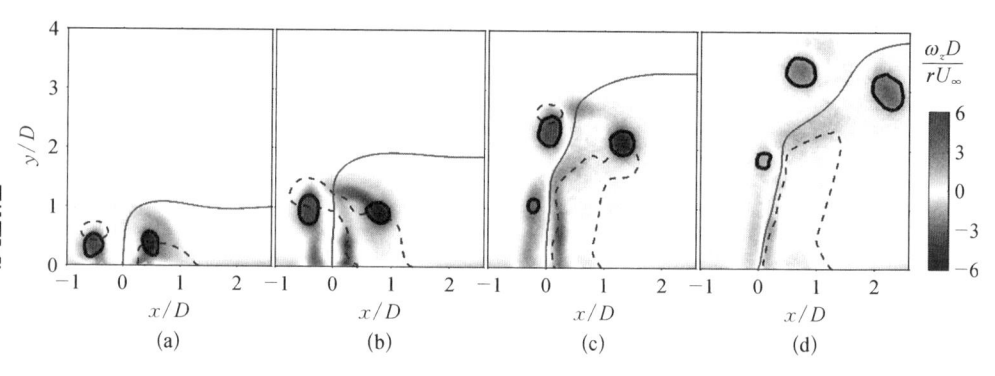

图 5.31 案例 4 中涡量云图的时间演化:(a)~(d) t^* =1.5,2,3,4

图 5.32 显示了 FVR 的轨迹。其中,○表示迎风侧的涡心 (x_v^+, y_v^+),△表示背风侧的涡心 (x_v^-, y_v^-)。很明显,涡环向下游倾斜的角度在 $3 \leqslant y/D \leqslant 4$ 之间达到最大值,然后逐渐恢复到壁面法向方向。这种恢复是由 Kutta - Joukowski 升力引起的,该机制主导着横流中孤立涡环的运动。具体而言,由于涡量方向不一致,涡环的上游侧受到向下的升力,而下游侧受到向上的力[45],由此引发了一种向上游自然倾斜的趋势。最初,由于尾部射流主体的存在,这种趋势并没有显现出来;但在头部涡环和射流断开后,该因素开始逐渐起作用。图 5.32(b) 中绘制出了横流和静止两种条件下无量纲涡环环量(Γ/rDU_∞)随时间 t^* 的演化。这些曲线整体呈非单调变化趋势,涡环的峰值环量基本接近(0.7~0.9)。各个曲线的差异主要体现在 $t^*>3$ 的后续演化中:与静止条件相比,横流中的涡环表现出更快的耗散速率,可能与横流中涡环的卷吸速率较高有关[45]。此外,在 $t^*>4$ 时,Γ^+ 始终高于 Γ^-,表明 FVR 的涡量不止来源于射流剪切层,还会受到其他涡结构影响。

对于定常射流而言,横流中的射流轨迹有多种定义,包括射流出口中心所发出的时均流线、不同壁面高度上射流速度最大值的连线或涡量最大值的连线等[1]。但对于等离子体合成射流而言,如何去提取射流轨迹仍不清晰。在这里,我们沿用 5.2 节中的中心流线包络提取射流轨迹,并进一步利用式(5.3)进行拟合。

第 5 章　等离子体合成射流调控湍流边界层

(a) 头部涡环在横流中的传播

(b) 无量纲涡环环量(Γ/rDU_∞)随时间的变化

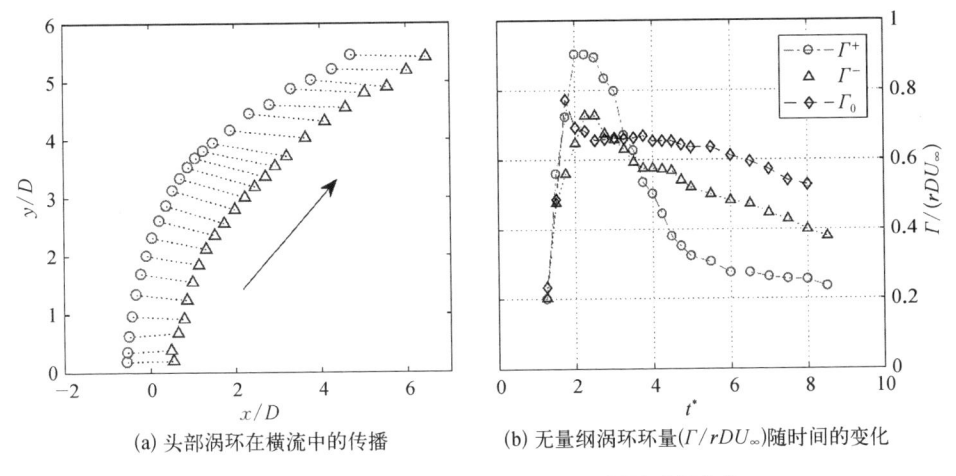

图 5.32　头部涡环传播情况及涡环环量随时间变化

如图 5.33(a)所示,点线为不同时延下的中间流线,Δ 表示涡环中心(x_v, y_v)轨迹。显而易见,根据流线包络所定义的射流轨迹(实线,$A=2.2,B=0.25$)低于远场中涡环中心轨迹(虚线,$A=2.0,B=0.45$)。对于定常射流,中心轨迹方程(5.3)中两个系数的典型范围为 $1.2 \leqslant A \leqslant 2.6$ 和 $0.28 \leqslant B \leqslant 0.34$[19]。由此可见,横流边界层中脉冲射流穿透能力之所以更高是由涡环贡献的。M'closkey 等[50]利用这一现象,提出通过优化时变的出口速度来最大化射流穿透能力。射流主体背风侧回流区面积 A_b 及该区域平均速度 U_b 随时间的变化如图 5.33(b)所示。总体来看,A_b/D^2 在主射流阶段($t^* \leqslant 4$)线性增加,峰值约为 2;射流减弱后,回流区面积对应减小。这种变化的根源是高速射流主体所产生的虚拟阻塞效应。相比之下,平均回流速度呈单调递减趋势,且在 $2 \leqslant t^* \leqslant 4$ 时维持在 $0.5U_\infty$ 附近。

(a) 射流轨迹

(b) 回流区面积和平均回流速度随时间变化

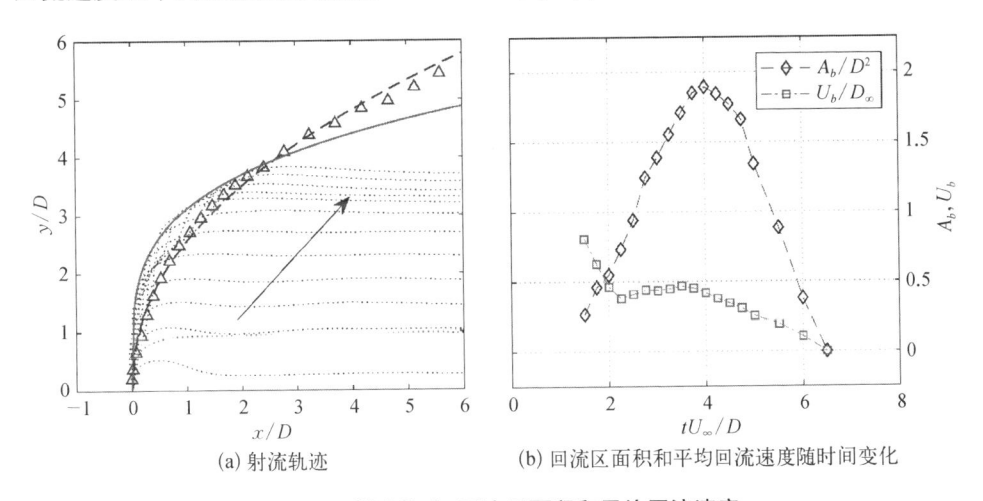

图 5.33　射流轨迹、回流区面积和平均回流速度

图 5.34 为对称面内边界层形状因子的时空分布。基准条件下的形状因子为 1.40,在图中已经用黑色细线进行了标识;蓝色与红色分别表示边界层速度剖面的亏损和增强;白色箭头表示传播速度为 $0.7U_\infty$。法向高速射流和背风面的回流区在 $t^*<7$ 时给出口附近边界层造成了明显的动量亏损。该动量亏损区以大约 $0.7U_\infty$ 的速度向下游移动,并形成一个形状因子较高的平行四边形区域。当发出二次弱射流时,也会形成类似的窄条纹。在射流出口上游,出现了若干个沿时间轴呈周期性变化的低形状因子区域。这些区域的形成可以归因于激励器的吸气恢复过程,对应的周期为亥姆霍兹自然振荡周期(大约为 600 μs)。由于等离子体合成射流的后期演化主要受吸气流动所主导,故边界层底部的低能流体被移除、形状因子降低(图 5.28 的右半部分)。

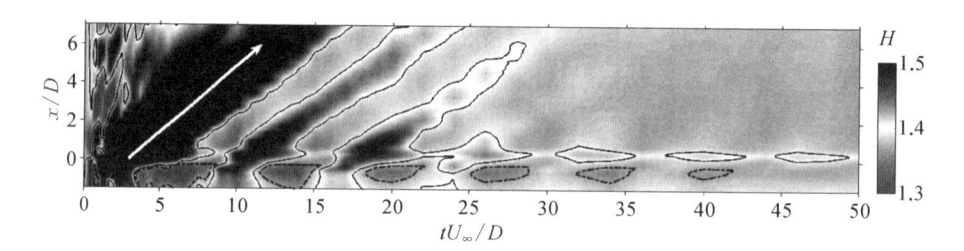

图 5.34 边界层形状因子的时空分布图

根据相位平均速度场,可以进一步推导出时均速度场。如图 5.35(a)所示,在射流出口上游,时均速度等值线受吸气流动影响而被挤压到近壁区域,导致边界层形状因子时均值对应减小[图 5.35(b)]。此外,$0.5 \leqslant U_x/U_\infty \leqslant 0.7$ 这一范围的速度等值线在涡环中心轨迹正下方出现了畸变,对应于回流区和射流抬升所造成的平均动量亏损。相应地,边界层时均形状因子在 $0.5<x/D<2$ 这一流向范围内高于基准状态。在 $x/D>2$ 之后,形状因子恢复到基准状态。

尽管本书中的 PIV 分辨率不足以获得近壁黏性底层的速度剖面,但我们仍然可以根据激励前后壁面某一位置处($y^+=10$)的速度比值评估等离子体合成射流对切应力的影响:

$$k_\tau = \frac{U_x\big|_{y^+=10}}{U_{x0}\big|_{y^+=10}} \tag{5.13}$$

式中,U_x 和 U_{x0} 分别表示案例 4 和基准条件下的流向速度。假定近壁速度梯度在 $y^+<10$ 时不发生显著变化,则 k_τ 可以近似看作是无量纲壁面切应力。需特别注意的是,受壁面位置估计误差影响(1 个像素),上述壁面切应力在计算过程中同样存在不确定性,最高可达 15%。如图 5.35(b)所示,案例 4 中的壁面剪切应力与形状因子成反比,并且在激励器出口上游增加了约 60%;在激励器出口下游,k_τ 从 0.8

恢复到 1.35,之后保持不变。在传统压电式合成射流和层流边界层的相互作用中,也观察到类似的壁面剪切应力升高现象[46]。

(a) 时均流向速度等值线与射流轨迹

(b) 壁面剪切应力和边界层形状因子的流向变化

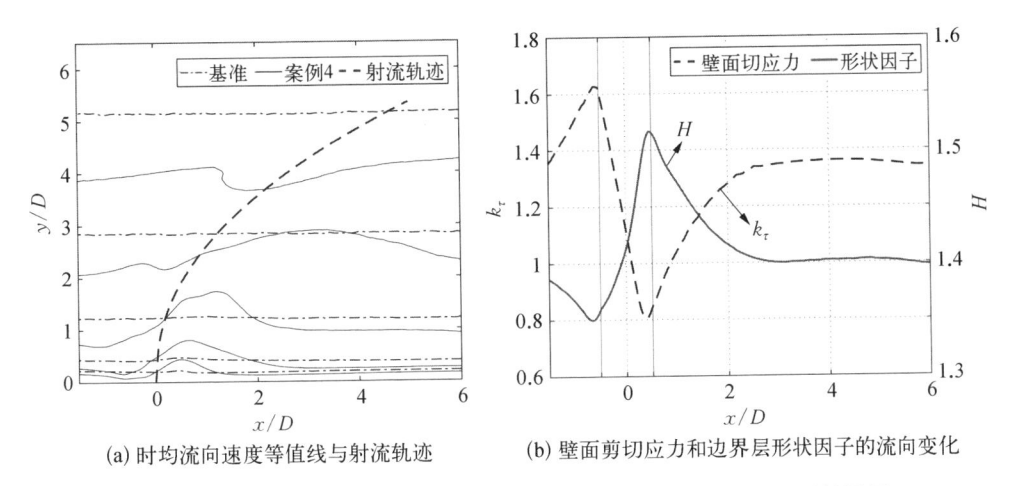

图 5.35 时均流向速度等值线、射流轨迹、壁面剪切应力和边界层形状因子

2. 横截面

图 5.36 的左边一列为对称面内的相平均速度场,其中,细线是 $U_x/U_\infty = -0.1$ 的等值线、粗线表示用最大 Q 值的 10% 作为阈值所检测到的旋涡;中间一列为不同时延($t^* = 3$、4 和 5.5)下 $x = 2D$ 处的相平均速度场;右边一列对比了两个物理量沿壁面法线方向上的变化,其中,黑色虚线是 $x = 2D$ 和 $z = 0$ 这一位置处的法向速度 U_y,红色实线为沿图 5.36(a)、(d)、(g)中参考白线方向上的归一化 Q 值。云图中的法向速度 U_y 和 Q 值分别采用 $U_{y,\max}$ 和 $Q_{\max}$ 进行了归一化处理。在 $t^* = 3$ 时,头部涡环位于 $x = 2D$ 的上游,FVR 背风侧的下洗效应可以在图 5.36(b)中清晰可见。此时,涡环所诱导的峰值下洗速度位置与旋涡的中心位置(即 Q 值的峰值位置)可以很好地吻合在一起。根据 $U_{xyz}/U_\infty = 1$ 这一等值线(黑色细线)可知,高速射流头部与展向测量平面的相交区域呈圆形,射流头部下方能够观察到明显的动量亏损。

在 $t^* = 4$ 时,$x = 2D$ 这一测量平面穿过涡环中心,因此,在图 5.36(e)中可以看到与涡环两个纵向边缘相对应的对转涡对(CVP)。与上一小节所述的 FVR 下游倾斜机制相吻合,峰值上洗速度的位置略高于下游涡心的位置。涡环中所卷吸的高动量流体向外和向上扩散,形成蘑菇状的射流主体横截面。

在 $t^* = 5.5$ 时,$x = 2D$ 的测量平面与涡环的上游部分相交。此时可以在图 5.36(h)中检测到三个对转涡对。顶部涡对本质上是圆形涡环的切片,在其下方有一个双叶形的高速射流区域,再往下是回流区域。由于第二个涡对(主对转涡对,p-CVP)分布在低速回流区域两侧,因此推测其为 5.3 节中所描述的悬挂涡对。具体而言,该悬挂涡对位于射流主体的背风侧,是由主流边界层与回流区之间的剪切所

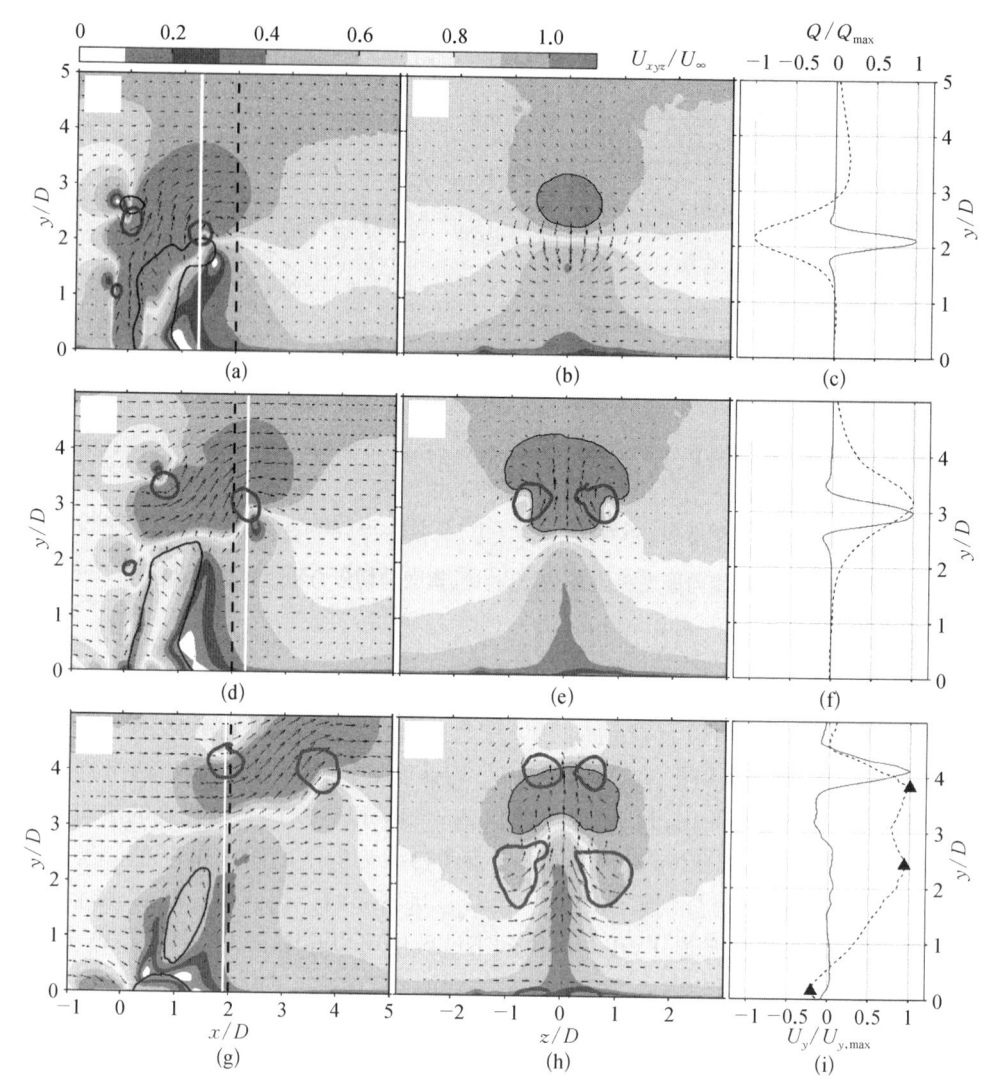

图 5.36 （a）、(d) 与 (g) 对称面内的相位平均速度场演化；(b)、(e) 和 (h) 为 $x=2D$ 平面内的锁相平均速度场演化；(c)、(f)、(i) 沿着不同参考线上的 Q 值变化和壁面法向速度变化

形成的。起始时刻，悬挂涡对沿壁法线方向（$t^* =3$）[9,15]；当射流主体向横流弯曲时，悬挂涡对也相应倾斜[图 5.29(g)]，并演变成 FVR 下方的准流向对转涡对。该涡对与涡环的两个纵向边缘沿相同方向旋转，并在其两侧产生下洗流动（展向范围：$z/D>1$ 和 $z/D<-1$）。这种下洗效应将边界层外区中的高动量流体扫掠至近壁区域，并造成了流向速度等值线的局部弯曲。此外，由于主对转涡对（p-CVP）非常靠近壁面（约 $y=2.4D$），因此，会诱导出一个次级对转涡对（s-CVP）。次级对

转涡对的中心位于 $y=0.16D$ 处,旋转方向与 p-CVP 相反,在中部诱导产生微弱的下洗速度。这种流动模式与高射流速度比下层流边界层中的传统合成射流演化情况一致[46,51]。

图 5.37 为 $t^*=7$ 时刻不同测量截面上的锁相平均速度场。其中,图 5.37(a) 中的箭头对应于该平面内的脉动速度分量 ($\tilde{u}_x$, $\tilde{u}_y$),细线是 $U_y/U_\infty = 0.2$ 的等值线,而图 5.37(b) 与(c)中的矢量箭头则表示平面内相位平均速度 (U_x, U_y) 的方向。也就是说,图 5.37(a) 中的基准边界层流场已经被减掉了,所显示的为 PSJ 所带来的相对速度变化。从图中可以看到两个具有显著抬升运动的区域($U_y/U_\infty > 0.2$),一个位于 FVR 的中间,另一个是主对转涡对引起的。这两个涡结构分别与 $x=2D$ 和 $x=4D$ 两个测量平面相交。根据图 5.37(a) 中上洗区域的平均矢量方向,可以估计出该阶段 p-CVP 的倾角约为 45°。此外,对称面中的两个上洗区域是连接在一起的,表明 FVR 和 p-CVP 在形成机理上可能存在某种联系。

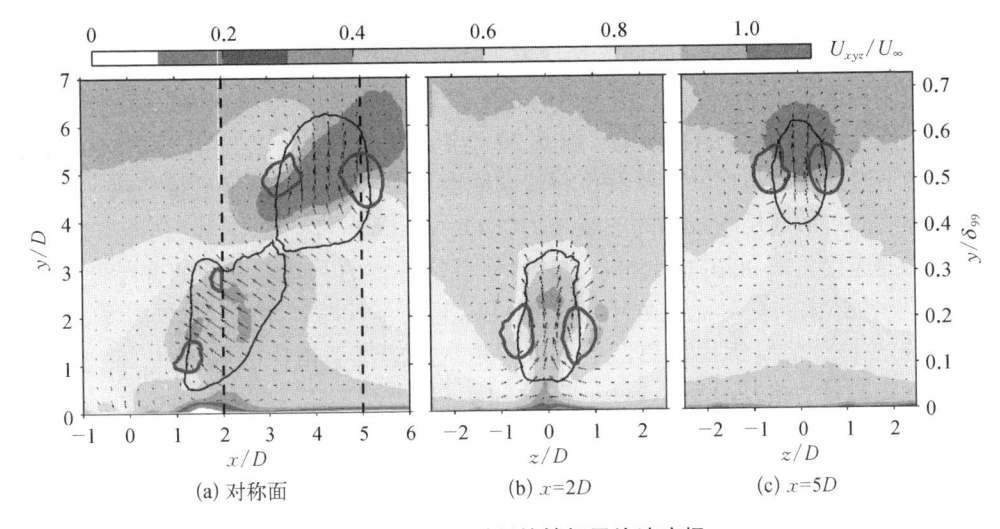

图 5.37 $t^*=7$ 时刻的锁相平均速度场

文献[51]中采用直接数值模拟对层流边界层中的传统合成射流 ($r=1.04$, $L^*=2.7$) 进行了仿真。结果表明,主对转涡对从壁面开始向上延伸,与 FVR 的中间部位相接。由于涡管内的环量是守恒的[25],与 FVR 相连的 p-CVP 必然会分走一部分涡量,导致涡环上游侧和下游侧存在不同的环量。这种环量差异 [$\Delta\Gamma = \Gamma^- - \Gamma^+$,见图 5.32(b)] 应与 p-CVP 的环量 (Γ_p) 相差不大。为了验证这个猜想,图 5.38 画出了 Γ_p 和 $\Delta\Gamma$ 的时间演化。结果表明,p-CVP 的无量纲环量在 $t^*=5.5\sim7.5$ 这一时间范围内的平均值约为 0.25,非常接近涡环上下游的环量差 (0.19),从而证实了 FVR 和 p-CVP 之间的连接关系。之所以两个数值没有严格相等,可能是旋涡的识别阈值不同及 p-CVP 的轴线倾斜所造成的。

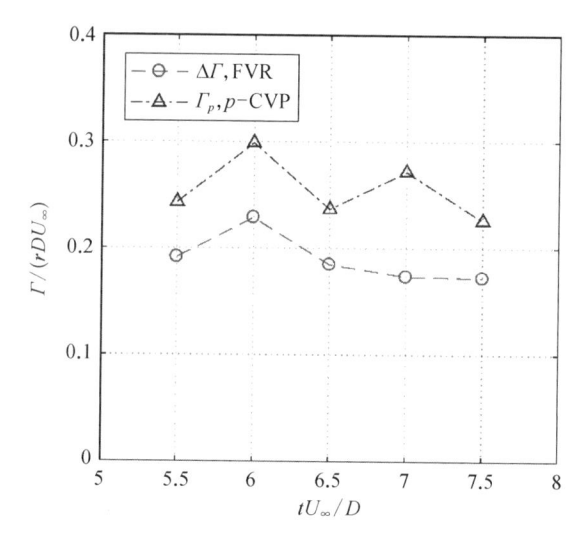

图 5.38　不同时刻的主对转涡对(p-CVP)环量及头部涡环(FVR)上下游侧环量差

将同一展向位置($x=2D$)所测得的不同时刻 SPIV 结果堆叠起来,可以构建一个沿 t、y 和 z 三个维度的数据集。图 5.39 绘制了 $r=1.6$ 时该三维空间中的流向涡量和下洗速度等值面。由于我们将流向维度近似地用时间维度进行替代,因此,这些等值面近似地反映旋涡的三维结构(FVR、p-CVP 和 s-CVP)。总体来看,旋涡之间的连接关系和拓扑结构与之前的分析是一致的。基于泰勒的冻结湍流假说[52],当流体微团在对流过程中的变形可以忽略不计时(即物质导数为零,$dU_i/dx \approx 0$),这些等值面所代表的三维结构就是真实的流动拓扑结构。但在本书中,FVR 存在明显的抬升运动且 $2<t^*<15$ 之间 p-CVP 会向主流弯曲,因此,上述前提条件并不严格成立,图 5.39 中等值面所代表的实际上是一种伪三维结构,与真实 (x, y, z) 坐标空间中的流动结构存在一定的差异。具体来说,FVR 向下游倾斜的角度在侧视图中明显偏大,根据图 5.32 的结果该角度应小于 13°。此外,p-CVP 也并非是一个与水平面平行的流动结构,而是高度倾斜的涡对,在 $t^*=7$ 时的倾角为 45°。尽管不够真实,这些伪三维仍然为我们理解 PSJICF 提供了参考。

值得注意的是,在图 5.39(b)中,p-CVP 诱导的两个下洗区域在大约 $tU_\infty/D=10$ 处相连接。这种连接表明 p-CVP 的两个分支本质上也是由展向旋涡连接在一起的。该展向旋涡即为剪切层旋涡(SV)。如图 5.36(a)、(d)及图 5.37(a)中的 Q 等值线所示,SVs 产生于射流主体的迎风侧[22],整体形状为拱形,坐落在 p-CVP 的两支上,实现对悬挂涡对的桥接。稍后,将在 5.4.5 小节中进一步介绍。

图 5.40(a)为 $x/D=2$ 处所测得的边界层形状因子时空分布。细线和虚线分别表示 $H=1.4$ 和 $H=1.37$ 这两条等值线。在 $t^*<10$ 时,可以观察到一个具有高形状因子($H>1.4$)的三角形区域,对应于回流区所引起的动量亏损。在该三角形区

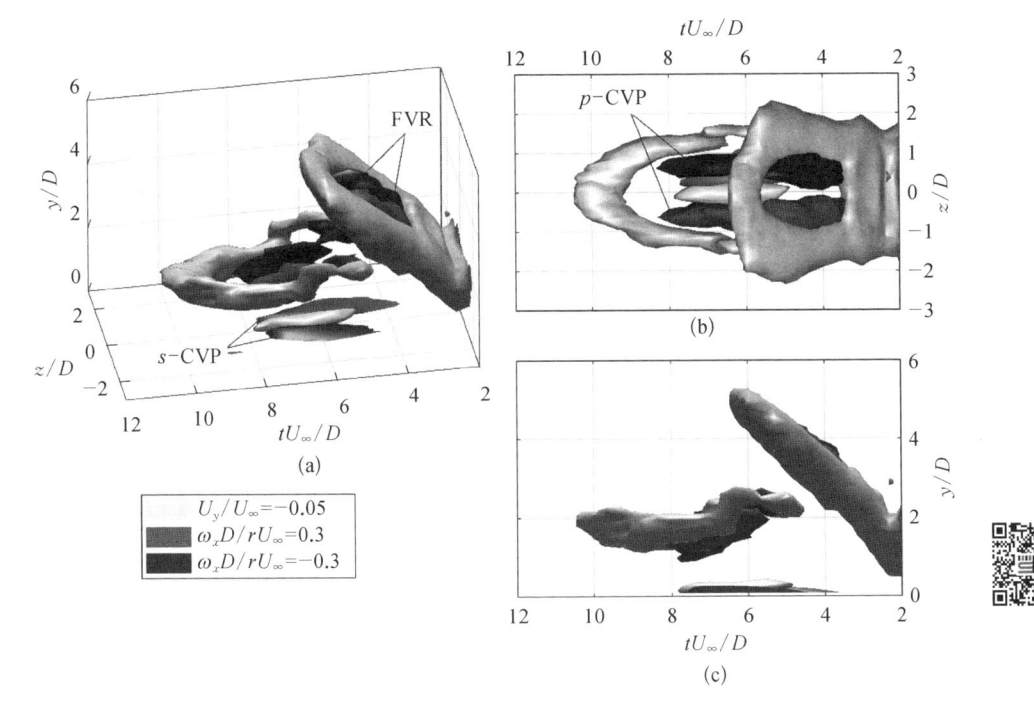

图 5.39 横流与等离子体合成射流干扰所产生的伪三维涡结构(案例 4)

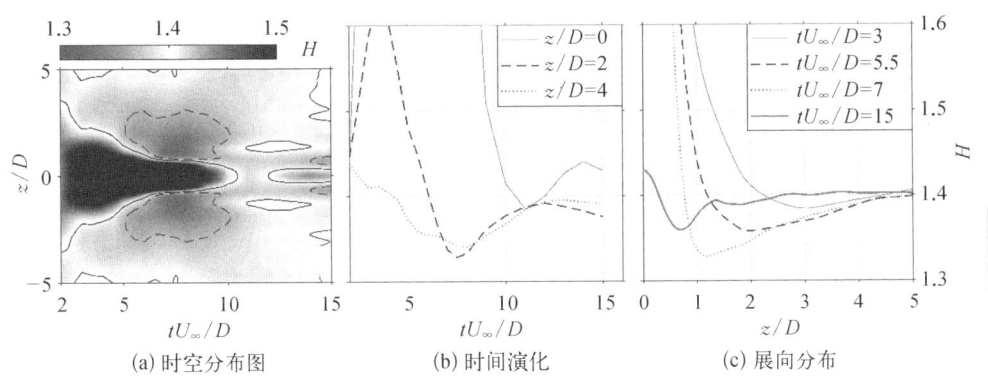

图 5.40 边界层形状因子的时空分布、时间演化及展向分布

域两侧($5<t^*<10$),由于 p-CVP 的下洗效应,整体表现出较低的形状因子($H<1.4$)。这种下洗效应在 $1<|z/D|<3$ 的展向范围内最为显著,在 $|z/D|>5$ 时几乎完全消失,与文献[53]中的大涡模拟(LES)结果一致。图 5.40(b)和(c)中展示了几个代表性位置和时刻的边界层形状因子曲线。总体来看,在 $t^*\geqslant 12$ 时,$z/D=0$ 处的边界层形状因子随时间的增加而逐渐变大,而 $z/D=2$ 处的边界层形状因子则呈现出下降趋势。这种现象与图 5.29(i)中的次级射流有关。具体而言,该次级

射流在近壁区诱导产生一个微弱的流向对转涡对。在该次级涡对的中间和两侧，分别会诱导出上洗和下洗流动，最终导致形状因子的上述变化。

5.4.4 低射流速度比时的边界层响应($r=0.7$)

本节将分析速度比对涡环演化、射流穿透能力和边界层形状因子的影响，并以案例1($r=0.7$)为例，说明低射流速度比时出现的独特流动结构。

1. 启动涡环演化

图5.41所示为案例1($r=0.7$)中的展向涡量等值线演化。在$t^*=2$时，初始射流从小孔喷出，将边界层涡量顶出壁面。在激励器出口边缘附近，可以观察到与涡环相对应的正涡量区和负涡量区。该涡环在$t^*=3$时打破了边界层涡量的约束，并随后向上游倾斜。这与案例4中所示的下游倾斜运动形成鲜明对比，相应的差异可以归因于无量纲冲程的不同。具体而言，案例1中的无量纲冲程(2.0)小于涡环的成形数(3.6)[54]，因此，在随后的演化过程中涡环后面并没有形成尾部射流主体[图5.41(d)]。孤立涡环在横流中受库塔-茹科夫斯基升力驱动，不可避免地会向上游倾斜。

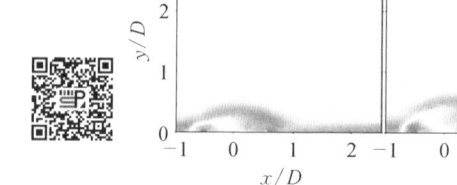

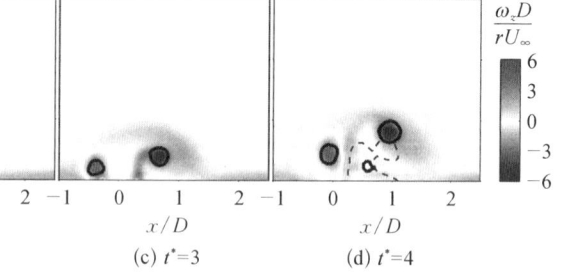

图5.41 $r=0.7$时涡量云图的时间演化

图5.42(a)为横流边界层中头部涡环的空间演化。图5.42(b)为静止和横流两种条件下的涡环无量纲环量。与高射流速度比的情况(案例4)相反，涡环在演化过程中始终停留在射流出口附近($x/D<3$)，并表现出显著的向上游倾斜趋势，峰值俯角(α)约为40°。涡环上游侧(Γ^+)的环量始终低于下游侧(Γ^-)，相应的差异可以归因到边界层涡量。如图5.41(c)所示，部分的边界层涡量(负值)被卷吸到涡环的下游侧，导致涡环下游侧的负环量增加。而对于涡环的上游侧而言，由于涡量符号与边界层内部涡量相反，因此，部分涡量被抵消、环量降低。Γ^+和Γ^-的平均值变换趋势大致与Γ_0相同，表明静态和横流条件下的涡环卷吸速率和耗散速率相当。相比之下，案例4横流状态下的涡环环量耗散率要明显地高于静止状态。从理论上来讲，涡量的耗散率与涡环的卷吸速率呈正比。根据文献[45]的研究结

果,横流和静态两种情况下的卷吸速率差异会与射流速度比呈正相关。对于低射流速度比情况($L^*<2$,案例1),这种差异仅有20%;而对于高射流速度比情况($L^*>4$,案例4),这种差异高达70%。因此,案例1在横流和静止条件下的环量衰减速率基本相当。

(a) $r=0.7$时头部涡环在横流中的演化

(b) 静止空气和横流中的无量纲环量对比

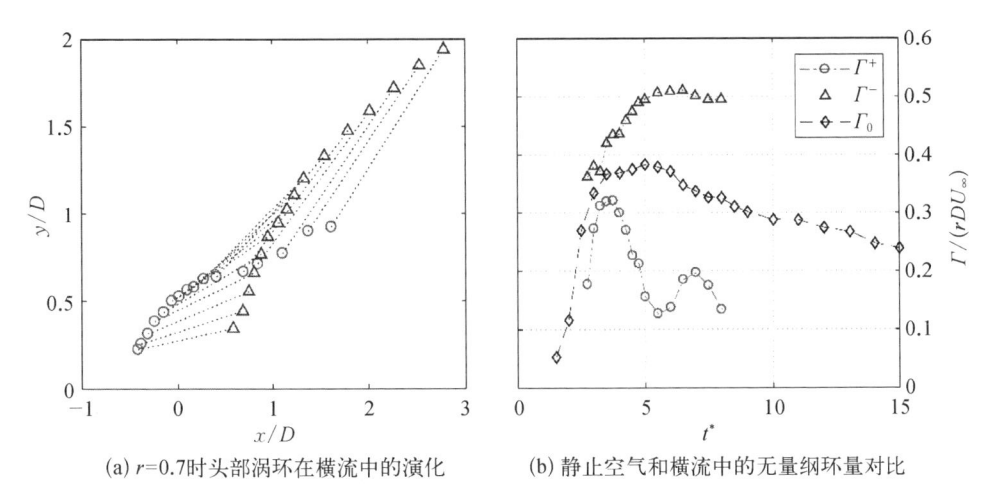

图5.42 头部涡环演化及不同条件下的涡环环量

需要说明的是,在案例1后期演化过程中,虽然上游涡环的环量不断减小,但通过减小 Q 值的阈值仍然可以识别出来。也就是说,涡环的结构仍然是完整的。这种现象与文献[45]、[51]中定常射流在低速度比时所形成的发夹涡结构形成鲜明对比。5.4.5小节中将提供进一步的比较和分析。

图5.43(a)对比了不同案例下的涡环运动轨迹。在 $r<1.2$ 时,涡环的穿透能力随着速度比的增大而提高,之后保持不变。使用式(5.3)拟合 $r=1.2$ 处的涡环轨迹,可以得到系数 $A=1.2$、$B=0.50$,总体位于定常射流所形成轨迹的下方($A=1.9,B=0.31$)[19]。不同案例下的射流穿透能力差异从本质上可以归因到涡环的传播方向。如图5.43(b)所示,在 $r=1.2$ 和 $r=1.6$ 两种情况下,涡环的俯仰角(α,向上游倾斜为正值)变化幅度相对较小,均在 $t^*<4$ 时减小,而后又逐渐增大。由于大冲程比($L^*>3.6$)时涡环尾部存在一个射流主体(参见5.2.3小节),因此,当俯仰角在0°左右时,涡环诱导速度在壁面法线方向上具有较大的分量、有利于快速穿透。相比之下,$r=0.7$ 与 $r=1.0$ 时的俯仰角达到了20°和40°。随着俯仰角的增大,涡环诱导的壁面法向速度减小,导致穿透能力减弱。

2. 三维涡结构、形状因子和壁面切应力

根据 $x=2D$ 处所测量得到的不同时刻SPIV结果,同样可以构建出与案例1相对应的伪三维涡结构,如图5.44所示。

(a) 不同速度比下的头部涡环轨迹

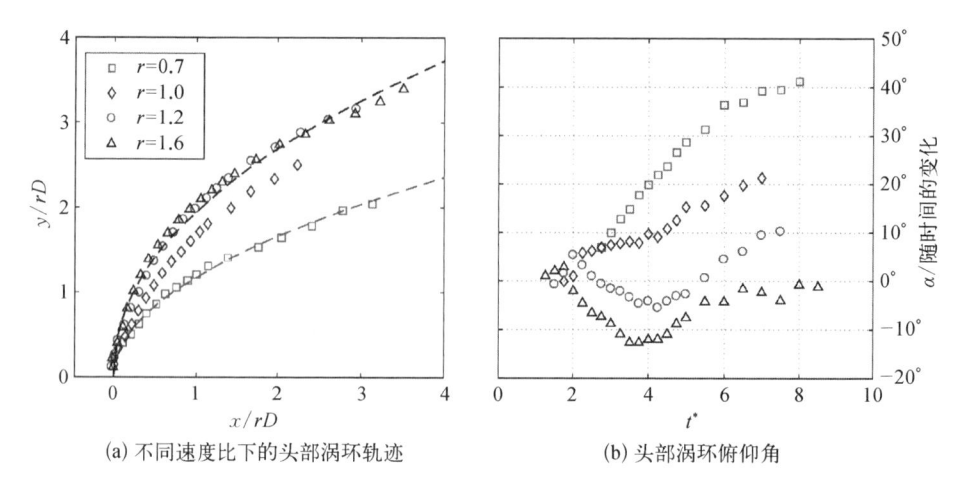

(b) 头部涡环俯仰角

图 5.43 头部涡环轨迹及俯仰角

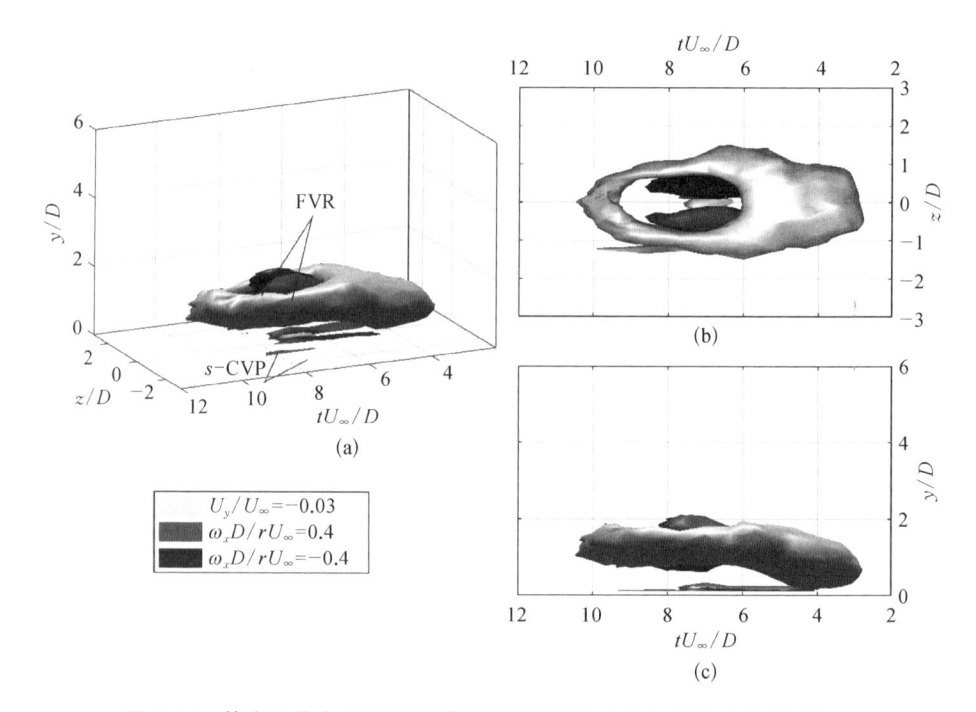

图 5.44 等离子体合成射流与横流干扰所产生的伪三维涡结构（案例 1）

与案例 4 不同，从速度和涡量的等值面仅能识别出头部涡环和近壁的次级对转涡对（s-CVP）。由悬挂涡对演化而来的主对转涡对（p-CVP）从流场中消失了。这种现象在某种程度上是预料之中的。具体而言，在高速度比时，由于高速射流主体产生了较强的虚拟阻塞效应，因此，在射流背风侧形成了大面积的回流区（图 5.31）；回流区和边界层主流之间的剪切层最终演变成了位于射流背风侧的悬挂涡对[9,21]。相比之下，在低速度比时，只有 FVR 产生(图 5.31)，位于涡环下游侧的回流区相对较弱，且在形成后迅速减弱($t^*>4$)。因此，在低速度比的情况下并不会产生悬挂涡对($r=0.7$)，近壁区域的 s-CVP 是由涡环的两个侧边直接诱导产生的。$r=1.0$ 和 $r=1.2$ 两种情况下的三维流动结构与 $r=1.6$ 时类似，因此不做过多描述。

案例 1-3 中边界层形状因子的时空分布如图 5.45 所示。黑色细线与蓝色点线分别表示 $H=1.4$ 和 $H=1.37$ 两条等值线。总体来看，不同案例下的等值线在形态上具有相似性。在 $|z/D|<1$ 和 $2<t^*<10$ 之间，可以观察到一个高形状因子区域，对应于垂直射流虚拟阻塞效应所产生的动量亏损。除此之外，FVR(案例 4)和 p-CVP(案例 1~3)的下洗效应还诱导产生两个低形状因子区域。这两个区域以 $z=\pm 1D$ 和 $t^*=7.5$ 为中心，整体面积随速度比的增加而扩大。在 $t^*>12$，受激励器所喷出的次级射流影响，可以发现另外一个狭长的高形状因子区域。

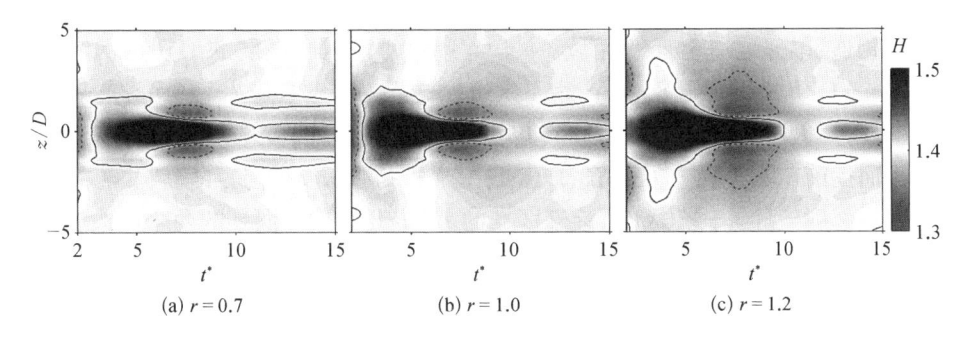

(a) $r=0.7$　　(b) $r=1.0$　　(c) $r=1.2$

图 5.45　$x=2D$ 时的边界层形状因子时空分布

在不同速度比下，对称面内的时均边界层形状因子和无量纲壁面切应力变化如图 5.46 所示。不同案例下的变化趋势基本类似：在出口上游，由于吸气流动移

(a) 时间平均的边界层形状因子　　(b) 对称面中内无量纲壁面切应力的流向变化

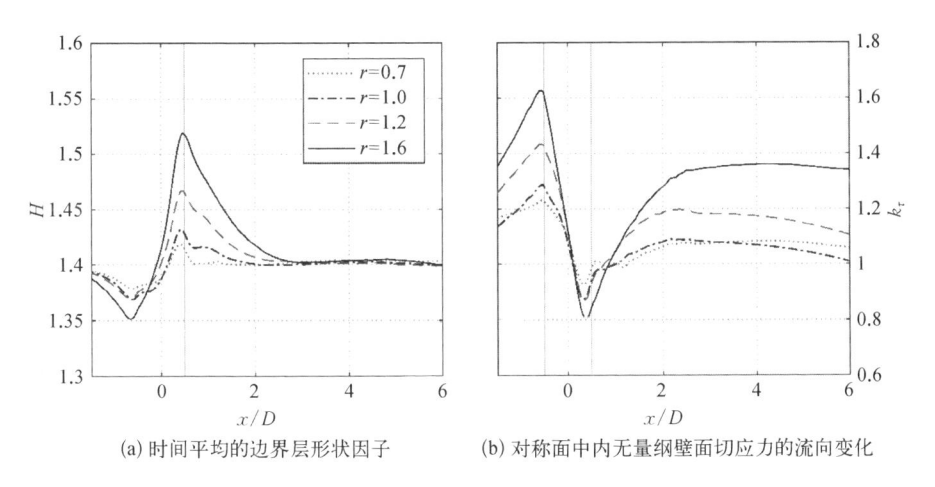

图 5.46　边界层形状因子及壁面切应力的流向变化

除了边界层底部的低能流体,故形状因子较低;在出口下游,形状因子迅速增加,并且在 $x/D>3$ 之后,逐渐恢复到基准值。无量纲壁面切应力的变化与边界层形状因子相反。随着速度比的减小,k_τ 的峰值逐渐下降。尽管如此,在 $r=0.7$ 处(案例1),出口孔下游仍可观察到 k_τ 有明显增加,增幅约为10%。

5.4.5 流动拓扑

综合前面的分析,PSJICF 存在两种典型演化模式,其代表性案例分别为案例 2~4(模式 A)和案例 1(模式 B)。在图 5.47 中,我们分别绘制了每种流场模式下的近场和远场拓扑结构。模式 $A(r>1, L^*>2.6)$ 的近场主要特征为启动涡环和直立射流主体。由于涡环两侧的不对称动量注入,启动涡环首先向下游倾斜,并在射流主体的迎风面和背风面分别形成剪切层涡(SV)和直立悬挂涡对(HVP)。射流减弱后,悬挂涡对向横流弯曲、演化为准流向的对转涡对(p-CVP),其头部与 FVR 的中部相连、尾部延伸至近壁区域。p-CVP 的两条腿由微弱的剪切层涡实现桥接。在 p-CVP 的两条腿下方,产生了次级对转涡对(s-CVP)。当涡环与尾部的射流主体分割开后,FVR 由下游倾斜转变为上游倾斜。转变的时刻会随着速度比的减小而提前。对于模式 B 而言,FVR 自形成以后便开始向上游倾斜。流场中观察不到尾部射流柱和 p-CVP。近壁区域的 s-CVP 直接由涡环的两个侧边诱导产生。FVR 的上游尾部埋在边界层内部,整体涡量与下游侧相比明显较低。

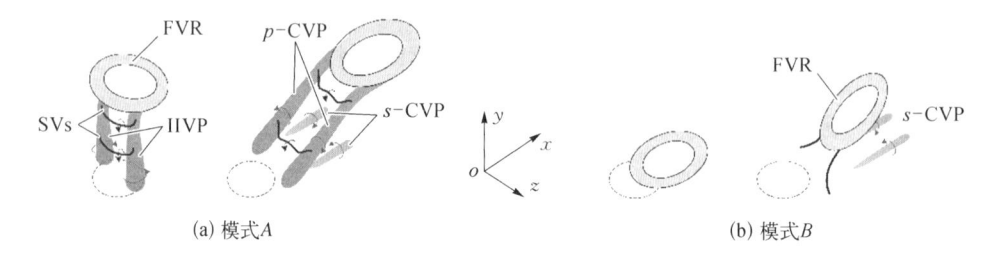

(a) 模式A   (b) 模式B

图 5.47 横流中的等离子体合成射流演化模式

Sau 和 Mahesh[45] 提出了一个参数图谱,对横流中脉冲射流干扰所产生的流动结构进行分类。为便于横向对比,本节中的四个案例也对应的显示在该演化模式图中。如图 5.48(a)所示,选取峰值射流速度作为参考速度时的数据点能够较好地与 Sau 和 Mahesh 所提出的图谱吻合(圆点)。具体而言,图谱预测显示案例 3 与 4 中将产生向下游倾斜的涡环及尾部射流主体,与图 5.48 中的流场模式高度一致。文献[45]将涡环的时均俯仰角为零时所对应的冲程比定义为临界冲程比。对于本书中的等离子体合成射流,临界冲程比在 $L^*=3.7$ 和 $L^*=5.4(3.7<L^*<5.4)$ 之间,高于脉冲射流案例[图 5.48(a)中的实线,$L^*=3.6-5.6\exp(-0.5r)$][45]。此外,对于低射流速度比($r<2$)下的脉冲射流,流场中会诱导产生一系列发夹涡,这

与本节案例1所观察到的上游倾斜涡环结果有所不同。具体差异可归因于雷诺数。具体来说，本实验中的边界层和PSJ均处于湍流状态，$Re_\theta = 2\,540$，Re_D达到了$1\,790 \sim 4\,300$。而Sau和Mahesh[45]进行的数值模拟中Re_D仅为600，来流边界层仍然为层流状态。由于湍流和层流状态下的边界层厚度不同，因此，FVR在穿透边界层后的上游涡量抵消程度也不同，最终形成了不同的涡结构。

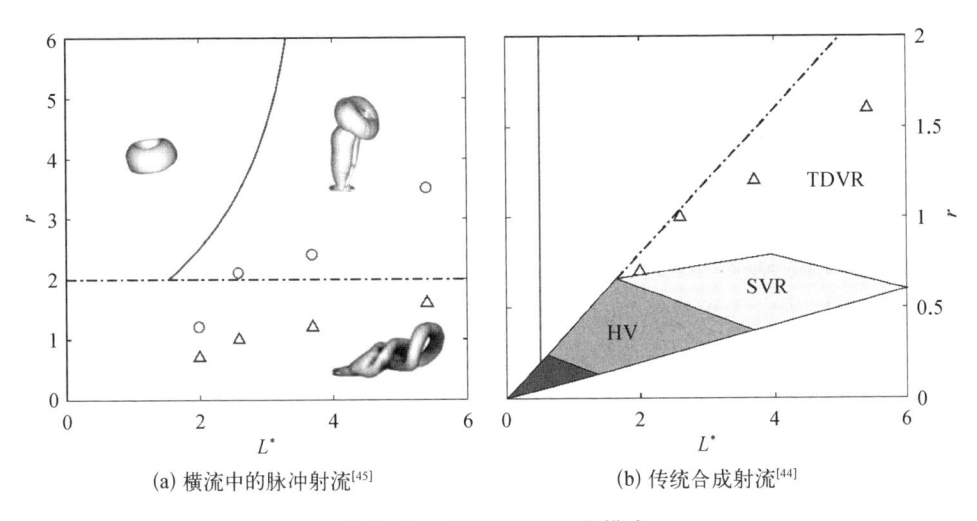

(a) 横流中的脉冲射流[45]　　(b) 传统合成射流[44]

图5.48　可能涉及的演化模式

如图5.48(b)所示，根据冲程和速度比的不同，横流中的传统合成射流演化存在三种模式，包括发夹涡(HV)、拉伸涡环(stretched vortex rings, SVR)和倾斜-扭转涡环(tilted & distorted vortex rings, TDVR)[44]。需要说明的是，为了保持与本书中的定义一致，原始图谱中的速度比已加倍。根据该图谱，案例2-4属于TDVR类别，而案例1则属于SVR类别。文献[46](文献中的图13)提供了TDVR的拓扑结构，该模型与图5.47(a)中描绘的PSJCF的远场流动场景类似，但没有剪切层涡。SVR的流动场景的特点是沿流向方向上有一个高度拉长的上游倾斜涡环[44]，这在一定程度上也与图5.47(b)中的拓扑结构一致。Jabbal和Zhong[46]对横流中传统合成射流所诱导的壁面剪切应力变化进行了可视化分析。在TDVR类别中，可以在对称面观察到一条宽的高壁面切应力条纹，与其他状态下观察到的两条窄条纹形成鲜明对比。Jabbal和Zhong[46]将这种单一的高壁面剪切应力条纹成因归结于s-CVP的下洗效应。然而，根据图5.36(c)、图5.40(a)和图5.45中的结果，在$4 < t^* < 8$期间扫到近壁区域的流体是低动量流，因此，该s-CVP的弱下洗效应并不能抵消回流区所带来的负面影响。在作者看来，对称面中高壁面切应力条纹的存在与高速度比下的吸气流动有关。具体来说，在HV和SVR状态下，速度比相对较低，激励器所诱导的吸气流动可以忽略不计，故两条狭窄的高壁面切应力条

纹是 FVR 或 HV 外侧下洗效应的直接结果。随着速度比的增加,吸气流动逐渐增强。最终,上游边界层中的低能流体被去除,出口孔上游和下游的壁面切应力显著增大(图 5.46)。因此,在 FVR 或 HV 的中心对称面上形成了一条高壁面切应力条带,与文献[44]和[46]观察结果较为一致。

5.5 本章小结

本章针对"三维流动结构"问题,采用时间解析 SPIV 系统和锁相层析 PIV 系统,对等离子体合成射流在亚声速湍流边界层中的时空演化进行了实验测量,获得了非定常 JICF 所诱导的完整涡系,包括头部涡环、肋状涡、悬挂涡对、对转涡对、剪切层涡等;分析了射流孔型和速度比的影响,构建了等离子体合成射流与亚声速边界层相互作用的复杂三维涡系谱;揭示了不同涡结构之间的复杂交联关系,发现远场对转涡对涡量来源于悬挂涡对而非剪切层涡。

等离子体合成射流的穿透能力与涡环息息相关。根据射流速度比和冲程的不同,等离子体合成射流表现出两种截然不同的演化模式。在高射流速度比和冲程比($r=1.6, L^*=5.4$)下,头部涡环的尾部紧随着高速射流主体。涡环在初始运动过程中会由于上下游侧获得的动量注入不均匀而向下游倾斜。射流主体与涡环脱离后,下游倾斜会逐渐转变为升力所驱动的上游倾斜。在低速度比和冲程比($r=0.7, L^*=2.0$)下,涡环总是向上游倾斜,俯仰角单调增加。当平均俯仰角接近于零时,穿透能力达到最大。

参考文献

[1] Mahesh K. The interaction of jets with crossflow[J]. Annual Review of Fluid Mechanics, 2013, 45: 379-407.

[2] Caruana D, Barricau P, Hardy P. The "plasma synthetic jet" actuator. aero-thermodynamic characterization and first flow control applications[C]. Orlando: 47th AIAA Aerospace Sciences Meeting Including the New Horizons Forum and Aerospace Exposition, 2009: 1307.

[3] Ko H S, Haack S J, Land H B, et al. Analysis of flow distribution from high-speed flow actuator using particle image velocimetry and digital speckle tomography[J]. Flow Measurement and Instrumentation, 2010, 21(4): 443-453.

[4] Scarano F. Theory of non-isotropic spatial resolution in PIV[J]. Experiments in Fluids, 2003, 35: 268-277.

[5] Schlichting H, Gersten K. Boundary-Layer Theory[M]. Berlin: Springer, 2016.

[6] Bernardini M, Pirozzoli S, Orlandi P. Velocity statistics in turbulent channel flow up to Re_τ = 4000[J]. Journal of Fluid Mechanics, 2014, 742: 171-191.

[7] Cantwell B J. Viscous starting jets[J]. Journal of Fluid Mechanics, 1986, 173: 159-189.

[8] Krajnovic S, Davidson L. Large-eddy simulation of the flow around a bluff body[J]. AIAA

Journal, 2002, 40(5): 927-936.

[9] Meyer K E, Pedersen J M, Özcan O. A turbulent jet in crossflow analysed with proper orthogonal decomposition[J]. Journal of Fluid Mechanics, 2007, 583: 199-227.

[10] Gutmark E J, Ibrahim I M, Murugappan S. Dynamics of single and twin circular jets in cross flow[J]. Experiments in Fluids, 2011, 50: 653-663.

[11] Wen X, Tang H. On hairpin vortices induced by circular synthetic jets in laminar and turbulent boundary layers[J]. Computers and Fluids, 2014, 95: 1-18.

[12] Zong H, Kotsonis M. Electro-mechanical efficiency of plasma synthetic jet actuator driven by capacitive discharge[J]. Journal of Physics D: Applied Physics, 2016, 49(45): 455201.

[13] Anderson K V, Knight D D. Plasma jet for flight control[J]. AIAA Journal, 2012, 50(9): 1855-1872.

[14] Zong H, Wu Y, Li Y, et al. Analytic model and frequency characteristics of plasma synthetic jet actuator[J]. Physics of fluids, 2015, 27(2): 027105.

[15] Yuan L L, Street R L. Trajectory and entrainment of a round jet in crossflow[J]. Physics of Fluids, 1998, 10(9): 2323-2335.

[16] Glezer A, Amitay M. Synthetic jets[J]. Annual Review of Fluid Mechanics, 2002, 34(1): 503-529.

[17] Zong H, Kotsonis M. Characterisation of plasma synthetic jet actuators in quiescent flow[J]. Journal of Physics D: Applied Physics, 2016, 49(33): 335202.

[18] Smith S H, Mungal M G. Mixing, structure and scaling of the jet in crossflow[J]. Journal of Fluid Mechanics, 1998, 357: 83-122.

[19] Margason R J. Fifty years of jet in cross flow research[J]. Computational and Experimental Assessment of Jets in Cross Flow, 1993: 117021289.

[20] Marzouk Y M, Ghoniem A F. Vorticity structure and evolution in a transverse jet[J]. Journal of Fluid Mechanics, 2007, 575: 267-305.

[21] Yuan L L, Street R L, Ferziger J H. Large-eddy simulations of a round jet in crossflow[J]. Journal of Fluid Mechanics, 1999, 379: 71-104.

[22] Kelso R M, Lim T T, Perry A E. An experimental study of round jets in cross-flow[J]. Journal of Fluid Mechanics, 1996, 306: 111-144.

[23] Johnston J P, Nishi M. Vortex generator jets-means for flow separation control[J]. AIAA Journal, 1990, 28(6): 989-994.

[24] Smith D R. Interaction of a synthetic jet with a crossflow boundary layer[J]. AIAA Journal, 2002, 40(11): 2277-2288.

[25] Wu J Z, Ma H Y, Zhou M D. Vorticity and vortex dynamics[M]. Berlin: Springer Science & Business Media, 2007.

[26] Zong H, Kotsonis M. Effect of velocity ratio on the interaction between plasma synthetic jets and turbulent cross-flow[J]. Journal of Fluid Mechanics, 2019, 865: 928-962.

[27] Zong H, Kotsonis M. Interaction between plasma synthetic jet and subsonic turbulent boundary layer[J]. Physics of Fluids, 2017, 29(4): 045104.

[28] Scarano F. Tomographic PIV: Principles and practice[J]. Measurement Science and Technology, 2012, 24(1): 012001.

[29] Zong H, Kotsonis M. Formation, evolution and scaling of plasma synthetic jets[J]. Journal of Fluid Mechanics, 2018, 837: 147-181.

[30] Zong H, Kotsonis M. Effect of slotted exit orifice on performance of plasma synthetic jet actuator[J]. Experiments in Fluids, 2017, 58(3): 17.

[31] Gharib M, Rambod E, Shariff K. A universal time scale for vortex ring formation[J]. Journal of Fluid Mechanics, 1998, 360: 121-140.

[32] Gutmark E J, Ibrahim I M, Murugappan S. Circular and noncircular subsonic jets in cross flow[J]. Physics of Fluids, 2008, 20(7): 075110.

[33] Sau R, Mahesh K. Dynamics and mixing of vortex rings in crossflow[J]. Journal of Fluid Mechanics, 2008, 604: 389-409.

[34] Belinger A, Naudé N, Cambronne J P, et al. Plasma synthetic jet actuator: Electrical and optical analysis of the discharge[J]. Journal of Physics D: Applied Physics, 2014, 47(34): 345202.

[35] Christensen K T. The influence of peak-locking errors on turbulence statistics computed from PIV ensembles[J]. Experiments in Fluids, 2004, 36(3): 484-497.

[36] Sciacchitano A, Wieneke B. PIV uncertainty propagation[J]. Measurement Science and Technology, 2016, 27(8): 084006.

[37] Chiatto M, de Luca L. Numerical and experimental frequency response of plasma synthetic jet actuators[C]. 55th AIAA Aerospace Sciences Meeting, Grapevine, 2017: 1884.

[38] Zong H, Kotsonis M. Experimental investigation on frequency characteristics of plasma synthetic jets[J]. Physics of Fluids, 2017, 29(11): 115107.

[39] Sau R, Mahesh K. Passive scalar mixing in vortex rings[J]. Journal of Fluid Mechanics, 2007, 582: 449-461.

[40] de Luca L, Girfoglio M, Coppola G. Modeling and experimental validation of the frequency response of synthetic jet actuators[J]. AIAA Journal, 2014, 52(8): 1733-1748.

[41] Gallas Q, Holman R, Nishida T, et al. Lumped element modeling of piezoelectric-driven synthetic jet actuators[J]. AIAA Journal, 2003, 41(2): 240-247.

[42] Narayanaswamy V, Raja L L, Clemens N T. Characterization of a high-frequency pulsed-plasma jet actuator for supersonic flow control[J]. AIAA Journal, 2010, 48(2): 297-305.

[43] Smith B L, Glezer A. The formation and evolution of synthetic jets[J]. Physics of Fluids, 1998, 10(9): 2281-2297.

[44] Jabbal M, Zhong S. The near wall effect of synthetic jets in a boundary layer[J]. International Journal of Heat and Fluid Flow, 2008, 29(1): 119-130.

[45] Sau R, Mahesh K. Dynamics and mixing of vortex rings in crossflow[J]. Journal of Fluid Mechanics, 2008, 604: 389-409.

[46] Jabbal M, Zhong S. Particle image velocimetry measurements of the interaction of synthetic jets with a zero-pressure gradient laminar boundary layer[J]. Physics of Fluids, 2010, 22(6): 030005PHF.

[47] Muppidi S, Mahesh K. Study of trajectories of jets in crossflow using direct numerical simulations[J]. Journal of Fluid Mechanics, 2005, 530: 81-100.

[48] Laurendeau F, Léon O, Chedevergne F, et al. Particle image velocimetry experiment analysis

using large-eddy simulation: Application to plasma actuators[J]. AIAA Journal, 2017, 55(11): 3767-3780.
[49] Chakraborty P, Balachandar S, Adrian R J. On the relationships between local vortex identification schemes[J]. Journal of Fluid Mechanics, 2005, 535: 189-214.
[50] M'closkey R T, King J M, Cortelezzi L, et al. The actively controlled jet in crossflow[J]. Journal of Fluid Mechanics, 2002, 452: 325-335.
[51] Zhou J, Zhong S. Numerical simulation of the interaction of a circular synthetic jet with a boundary layer[J]. Computers and Fluids, 2009, 38(2): 393-405.
[52] Taylor G I. The spectrum of turbulence[J]. Proceedings of the Royal Society of London. Series A-Mathematical and Physical Sciences, 1938, 164(919): 476-490.
[53] Lardeau S, Leschziner M A. The interaction of round synthetic jets with a turbulent boundary layer separating from a rounded ramp[J]. Journal of Fluid Mechanics, 2011, 683: 172-211.
[54] Samimy M, Kim J H, Kastner J, et al. Active control of high-speed and high-Reynolds-number jets using plasma actuators[J]. Journal of Fluid Mechanics, 2007, 578: 305-330.

第6章
等离子体合成射流抑制流动分离

6.1 引　言

　　法国宇航研究院、荷兰代尔夫特理工大学和国内的厦门大学、空军工程大学均已开展了等离子体合成射流控制流动分离的实验研究。但多在开环条件下进行参数研究,未对底层的控制机制进行清晰的解释,且控制效能有待提高。揭示等离子体合成射流与流动分离的耦合作用机制,发展能够自适应于非稳态流动的闭环控制方法是亟待解决的关键科学问题。本章采用测力天平、高速纹影和PIV等技术,对低速翼型前缘流动分离、低速翼型后缘流动分离、超声速激波/边界层干扰诱导流动分离三个问题开展流动控制研究,澄清等离子体合成射流在亚声速和超声速流动分离中的调控机制,探索实现分离控制效果和激励耗能整体性能最优的闭环控制律。

　　针对低速翼型前缘流动分离(6.2节),分析不同激励频率下回流区面积、升力系数、速度脉动等的变化,探究等离子体合成射流在失速攻角和深度失速下对翼型的控制效果和机理。在低速翼型后缘流动分离中(6.3节),用 Q-learning 算法对后缘分离闭环控制策略进行优化,并从参数优化效率、减阻效果、激励耗能等方面与开环控制进行对比。在超声速激波/边界层干扰诱导流动分离中(6.4节),剖析干扰区速度场的时均和脉动特征,获得等离子体合成射流的最佳激励频率,并揭示等离子体合成射流与SWBLI的相互作用机理。

6.2　低速翼型前缘流动分离

6.2.1　实验装置

1. 风洞、机翼模型和激励器

　　如图6.1(a)与(b)所示,本节研究对象为NACA-0015翼型,模型采用聚酰胺材料3D打印制成,弦长为250 mm,展长为400 mm。在翼型前缘附近,加工一个展向延伸的矩形凹槽(高度为10 mm,深度为13 mm),用于放置激励器。Amitay等[1]

证明,合成射流控制分离最佳的激励位置位于分离点上游。本书中失速攻角(15.5°)下的分离点位于前缘下游约 0.12c 处。为避免合成射流在主流中产生的较高壁面剪切应力在下游对流中被耗散掉,分离点与射流出口间的距离应为出口孔径的 5~7 倍(即弦长的 3%~5%),激励器射流孔中心与前缘间的弦向距离为 20 mm(0.08c)[2,3]。模型内部有一个腔体(宽度为 58 mm,高度为 16 mm),用于容纳多通道电弧放电所需的电容器和电阻器,只需两根细软导线即可为激励器供电,在很大程度上减少了刚性电缆连接对测力天平测量的干扰。

本实验在代尔夫特理工大学的 W 型风洞中开展,使用的木制收缩段出口面积为 400×400 mm^2。在可实现的最大流速 35 m/s 下,自由流湍流强度通常小于 0.5%。如图 6.1(a)所示,收缩段之后为进行光学测量的矩形有机玻璃实验段(长度为 600 mm)。机翼模型安装在有机玻璃实验段的两个侧壁之间,支撑点距前缘 0.25c。

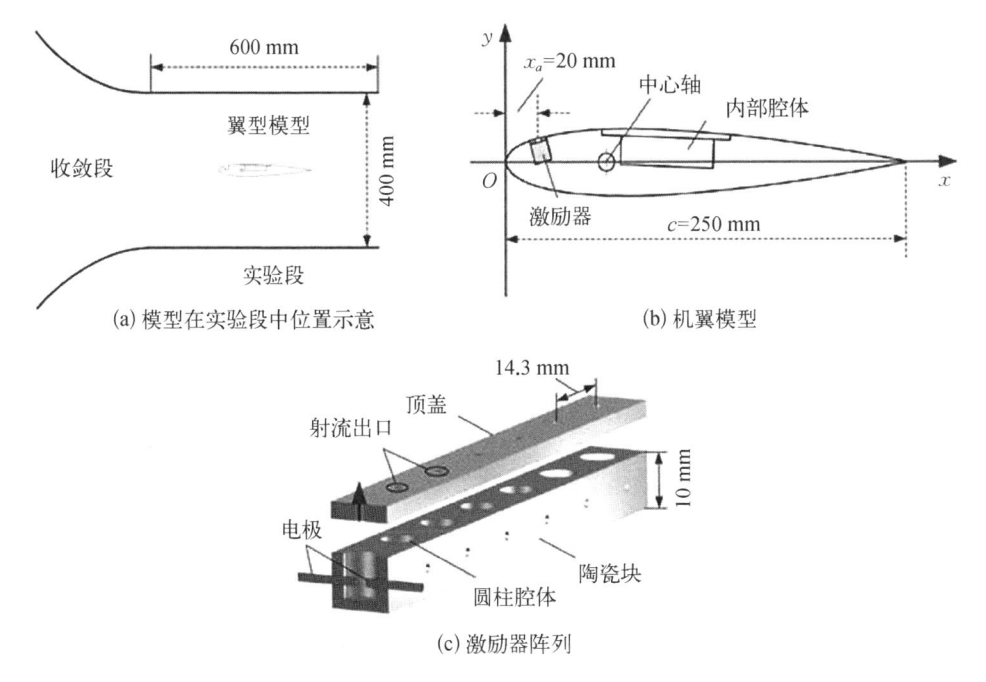

图 6.1 机翼模型和实验设置

多个等离子体合成射流激励器沿模型展向排列。如图 6.1(c)所示,激励器阵列主要由陶瓷块(材料:MACOR,横截面:10 mm×10 mm)和陶瓷顶盖(厚度为 3 mm)构成,陶瓷块上加工有多个圆柱形腔体,而陶瓷顶盖上有多个沿展向(z 方向)均匀分布的射流孔。圆柱形腔体的内径和高度分别为 6 mm 和 8 mm,腔体体积为 226 mm^3。每个腔体中从两侧插入两个电极,分别作为阳极和阴极。所有激励器的电极间距均为2 mm,但为了便于电压击穿将前两个激励器的电极间距设置为3 mm。腔体和陶瓷顶盖圆孔的轴线重合,以产生与局部翼型表面垂直的脉冲射流(即"垂直"射流)。Postl 等[4]的研究表明,"垂直"脉冲射流在分离控制方面优于倾斜脉冲射流。受限于所用电源触发放电的稳定性及连接电缆之间的高压绝缘问题,在模型前缘附近凹槽中以14.3 mm的展向间距放置26个激励器。文献[2]证明等离子体合成射流的展向影响范围约为孔径的10倍,因此本书中设计射流孔径为1.5 mm(展向间距的1/10),以便在相邻等离子体合成射流之间的区域产生足够的展向影响。本实验采用2.3.2节提出的多通道放电电路(图2.3)对等离子体合成射流激励阵列进行供电。

2. 激励器的基准特性

文献[5]和[6]使用锁相PIV测量法对无来流状态下等离子体合成射流的特征进行了大量研究。其中,峰值射流速度 U_p 和平均射流动量 M_e 主要由无量纲能量沉积(ε,定义为电弧放电能量与腔内气体初始内能之比)[7]和气体加热效率 η_h 决定,而电极结构和大气参数会对后者有很大影响[8,9]。根据测量到的放电能量 E_d 和本书中激励器腔体的几何参数(腔体体积、电极间距等),ε 与 η_h 分别定为0.28 和 10%。可通过式(6.1)估算峰值射流速度[10-12]。

$$\begin{cases} T_{ca}/T_0 = 1 + \eta_h \varepsilon \\ P_{ca} = \rho_0 R T_{ca} \\ P_{ca}/P_0 = \left(1 + \dfrac{\gamma - 1}{2} Ma_p^2\right)^{\gamma/(\gamma-1)} \\ T_{jet}/T_{ca} = (P_0/P_{ca})^{(\gamma-1)/\gamma} \\ U_p = M_p \cdot \sqrt{\gamma R T_{jet}} \end{cases} \quad (6.1)$$

式中,R 表示气体常数;γ 表示空气比热比;P_0 表示环境温度;ρ_0 表示空气密度;T_{ca} 和 P_{ca} 分别表示能量沉积后激励器腔体达到的峰值温度和压力;Ma_p 和 U_p 分别表示射流阶段的最大出口马赫数和最大出口速度。

假设能量沉积阶段和射流阶段可分别视为等体积加热过程和等熵膨胀过程,可得到上文关系式[10]。根据公式可确定 U_p 为 68 m/s($M_p = 0.2$),射流与横流的峰值比为 6.8。由于主射流阶段的持续时间(T_{jet},射流持续时间)接近激励器腔体的自然亥姆霍兹振荡周期[7,13],因此,根据喉道长度、腔体体积和出口孔径可计算出振荡周期为 362 μs[7,14]。

文献[12]中推导出单脉冲射流的无量纲冲量 I_p^* 为无量纲能量沉积的函数。根据该关系,射流与横流动量比(C_μ,即射流动量系数)可估算如下[15]:

$$C_\mu = \frac{f_d \cdot I_P^* \sqrt{\rho_0 V_{ca} E_d \eta_h}}{\rho_0 U_\infty^2 \cdot c_{sa}} \tag{6.2}$$

其中,s_a 为展向的激励器间距(14.3 mm,见图6.1)。由此可见,射流动量系数随放电频率的增加而线性增加。本研究中 f_d 最大为80 Hz,对应 C_μ 的计算值为 4.5×10^{-5},属于振荡射流和传统合成射流的范围,即 $O(0.001\% \sim 0.1\%)$[15,16]。

3. 测量方案

本实验采用荷兰国家航空航天实验室开发的六分量测力天平测量施加在机翼模型上的整体气动力和力矩。在每个攻角处,以2 kHz的采样率采集平衡信号3 s,随后对采集的信号进行低通滤波和平均,以减少测量的不确定性。可估计出升力和阻力的测量误差分别小于5 mN(峰值升力的0.1%)和10 mN(峰值阻力的0.3%)。采用文献[17]中提出的方法对计算出的升力和阻力系数进行风洞阻塞效应修正。

本实验采用高速平面PIV系统测量机翼吸力侧上方的展向中心速度场,该系统由高速相机(Photron Fastcam SA-1,分辨率:1024像素×1024像素)、高速激光器(Quantronix,Darwin Duo 527-80-M)和可编程计时单元(LaVison,高速PTU)组成。从激光头发射的激光束通过两个球形透镜和一个圆柱形透镜,最终形成一个激光片(厚度为1 mm)。通过翼型展向中心平面的激光片与机翼表面保持严格的垂直关系。液体颗粒由风洞稳压腔中的SAFEX烟雾发生器产生,工作流体为水和乙二醇的混合物。颗粒的平均直径约为1 μm,颗粒图像大小约为2像素。相机安装有105 mm物镜(尼康,微型Nikkor),成像视场(FOV)为270 mm×270 mm,放大率为0.075。采用LaVision Davis 8.3.1记录和处理原始粒子图像对。最终问询窗口的大小为32像素×32像素,重叠率为75%,最终的空间分辨率为2.1 mm每速度矢量。

本书中自由流速度 U_∞ 保持为10 m/s,基于弦长的雷诺数 Re_c 为 1.7×10^5(环境温度:293 K,环境压力:1.01 bar)。定义无量纲激励频率(即斯特劳哈尔数)为 $F^* = f_d c/U_\infty$,其中,f_d 为放电频率。时间用 c/U_∞ 无量纲化,获得无量纲对流时间 $T^* = tU_\infty/c$。本书中等离子体激励频率变化范围为 $0.1 \leq F^* \leq 2$。在预计发生流动分离的几个典型攻角下,采用PIV技术对流场进行测量。在每个测试案例中,以800 Hz的采样频率采集获取包含2 400个图像对的长序列,该采样频率比文献[18]中报告的旋涡脱落频率(参考值:$0.5U_\infty/c$)高40倍,足以获得相关频谱。测力天平和PIV的测量与放电击穿同步,以便于计算锁相平均结果。

本研究中峰值检测误差和有限的采样数是速度测量不确定性的两个主要来源。粒子最大位移为10像素,考虑到互相关图中典型的峰值检测误差为0.2像素,瞬时速度场的相对不确定性为2%。对于平均速度场,可以根据速度脉动的均方根计算有限采样数造成的不确定性[19]。因此，可以估计出时间平均速度场与锁相平均速度场的总不确定性分别小于 U_∞ 的 1% 和 5%。

6.2.2 天平测力结果

首先进行方波测试，以确定流动对等离子体激励作出响应所需的时间尺度。在方波测试中，等离子体激励交替开启和关闭（循环周期：5 s，占空比为 50%）。图 6.2 为 $F^* = 1$ 与 $\alpha = 15.5°$（失速攻角）时测量的升力和阻力系数（表示为 C_l 和 C_d）的锁相平均时间演化。其中，ON 和 OFF 分别表示等离子体激励的开启和关闭状态。ON 状态下无量纲放电频率为 $F^* = 1$。等离子体激励开启后，经过 2~3 个无量纲时间单位，力系数达到稳定状态。将稳态值与基准值进行比较，可以观察到升力显著地增加，阻力显著地减少。一旦激励器关闭，升力和阻力就开始恢复，并经历一个相当长的瞬态过程（30 个时间单位）。在此过程中，高升力低阻力状态持续了大约 15 个时间单位，然后开始缓慢恢复到原始状态。Benard 和 Moreau[20]对分离与再附发生的不同时间尺度进行了详细解释。在强制附着情况下，等离子体激励产生的展向涡以 $0.43 U_\infty$ 的速度快速向下游传播，导致分离点从前缘快速过渡到后缘。与之相比，由于回流速度较低（通常小于 $0.2 U_\infty$），自然分离过程中局部后缘分离向大规模前缘分离的转变要慢得多。Benard 和 Moreau[20]进一步利用这种迟滞效应建立了一个实时反馈控制系统，该系统使 DBD 激励器在低占空比下工作，以最大限度地减少能耗。

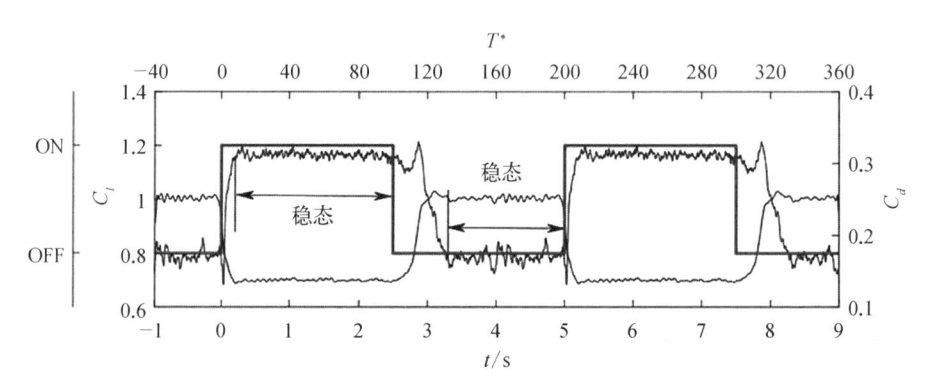

图 6.2 $\alpha = 15.5°$ 时方波测试中升力和阻力系数（C_l，C_d）的锁相平均时间变化

在基准和激励两种情况下，升力和阻力系数随攻角变化情况如图 6.3 所示。在没有 PSJ 激励的情况下，翼型在 $\alpha = 15.5°$ 时失速，其表现为升力系数和阻力系数发生突变，在 $\alpha = 13°$ 和 $\alpha = 15°$ 之间出现迟滞环，其中，红色箭头表示 α 增加，蓝色箭头表示 α 减少，该现象符合此类翼型在基于弦长的雷诺数为 $O(10^5)$ 时的预期现象[21]。当施加 PSJ 激励时，失速攻角被推迟到大约 22°，并且基准情况下观察到

的迟滞环被完全消除,这与文献[22]中相同翼型(NACA-0015)在 $Re_c = 1.6 \times 10^5$ 下的观察结果一致。这些结果表明 PSJA 在增加垂直轴风力机的叶片载荷[21]和缓解俯仰翼型非定常力特性引起的结构疲劳方面[23],具有潜在的应用价值。需要注意的是,本书中分离点处的边界层状态是不确定的,因此,当雷诺数发生变化时,上述流动现象可能会发生改变。在增大最大升力方面($\alpha = 22°$),$F^* = 1$ 优于其他两种情况,最大升力系数提高了 21%。图 6.3(b)中的阻力系数曲线在每种情况下均可分为两段:当 $\alpha < 13°$ 时,曲线大致遵循二次函数关系,阻力来源为附着流动下翼型的诱导阻力和寄生阻力;当 $\alpha > 13°$ 时,阻力突然升高,主要与失速条件下较高的压差阻力有关。在 $0.5 \leqslant F^* \leqslant 2.0$ 范围内,更高的激励频率可以让阻力曲线的第一段达到更大的攻角($F^* = 2.0$ 时的最大攻角为 16.5°),同时也会略微地增加第二段的阻力。

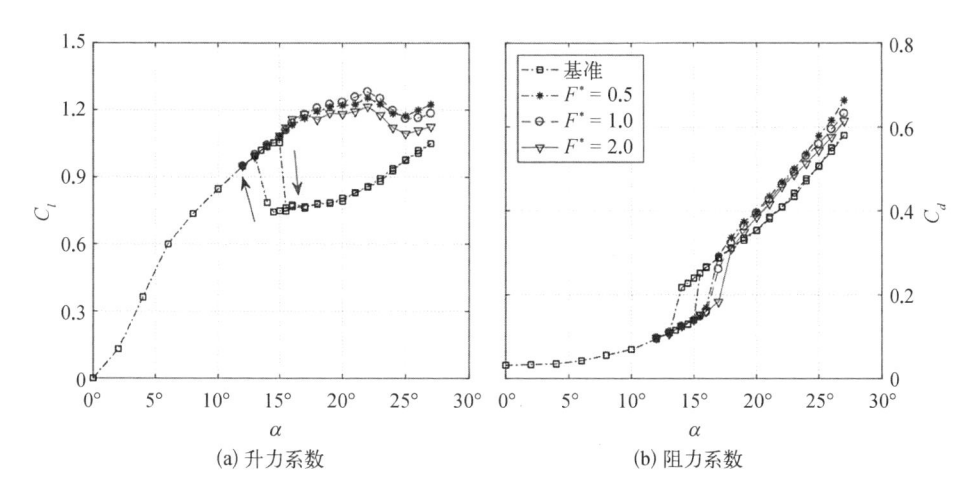

图 6.3 基准和激励情况下力系数随攻角的变化情况

(a) 升力系数 (b) 阻力系数

式(6.3)定义了量化激励器效能的度量参数,即能量节省比 η_p。式中,ΔD 表示阻力变化,η_p 表示阻力减少节省的能量与激励器消耗的能量的比值。在 $\alpha = 15.5°$、$F^* = 0.5$ 时,可估计能量节省比为 0.74,因此,应该进一步提高 PSJA 阵列在工业应用中的效能。文献[24]将式(6.3)中的分母替换为等离子体激励产生的射流能量,从而估计 SDBDA 在圆柱流动控制中的能量节省比为 1 500。这种惊人的差异(几乎为 2 000 倍)与等离子体激励器的机电效率有关,激励器的机电效率为输出的射流能量与消耗电能的比。文献[25]指出 SDBDA 的机电效率为 $O(0.1\%)$。考虑到这一点,PSJA 和 DBDA 的能量节省比量级相同,即 $\eta_p \sim O(1)$,公式如下:

$$\eta_p = \frac{\Delta D \cdot U_\infty}{f_d \int_0^{T_d} U_d(t) I_d(t) \cdot \mathrm{d}t} \tag{6.3}$$

6.2.3 翼型基准流场

图 6.4 为基准状态在不同攻角下的时均速度场,其中,平面内的矢量合速度(表示为 U_{xy})用云图表示,几个特定弦向站位的速度剖面用细的黑色箭头和红线表示。黑色实线为分流流线,黑色虚线为 $U_x = 0$ m/s 的等值线(以下称为零速度线),图中采用较粗的黑色箭头标记射流孔的位置。在 $\alpha = 13°$ 时,翼型后缘附近观察到一个小的分离区,该区域以分流流线为分界。此处分流流线的定义是起源于分离点的流线,与零速度线不同。该分离区的近壁面流体由于逆压梯度向上游回流,在零速度线($U_x = 0$ m/s)下方产生了一个明显的回流区。这条零速度线作为向前和向后流动的交界面,确定了分离剪切层的时均位置。当攻角从 $\alpha = 13°$ 增加到 $\alpha = 15°$ 时,分离区向上游延伸。攻角变化到 $\alpha = 15.5°$ 时,翼型失速,分离点从翼弦中心位置附近突变到翼型前缘附近,导致了图 6.3 中所示的升力系数突然下降和阻力系数突然升高。根据观察到的分离位置和分离类型的变化情况[17],选择两个典型攻角($\alpha = 15.5°$ 和 $22°$)进行详细的 PIV 测量,这两个案例的分离点分别位于射流孔下游 $4\%c$ 和上游 $1\%c$,且这两个攻角分别代表基准和激励条件下的失速攻角。在两个攻角下,使激励频率在 $0.1 \leqslant F^* \leqslant 2.0$ 范围内变化以揭示频率的影响。

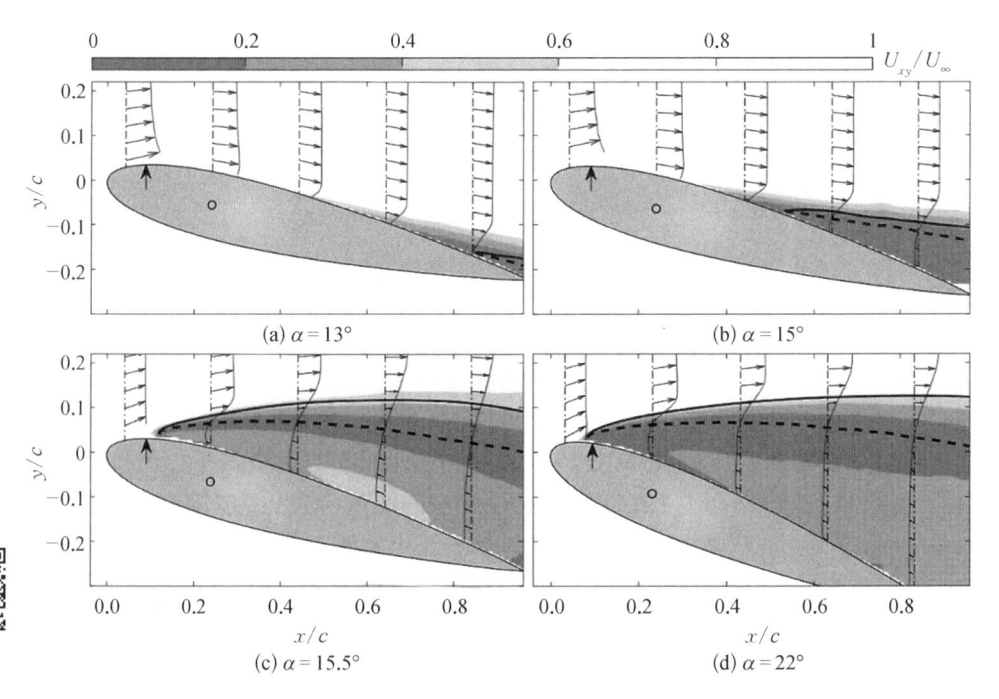

图 6.4 基准状态的时均速度场

6.2.4 失速攻角下的控制结果（$\alpha = 15.5°$）

首先对翼型在失速攻角 $\alpha = 15.5°$ 下的流场进行测试，图 6.5 为 $\alpha = 15.5°$ 时 PSJ 激励下的时均速度场，绘制方法与图 6.4 相同。其中，细红色虚线为基准状态对应的零速度线。

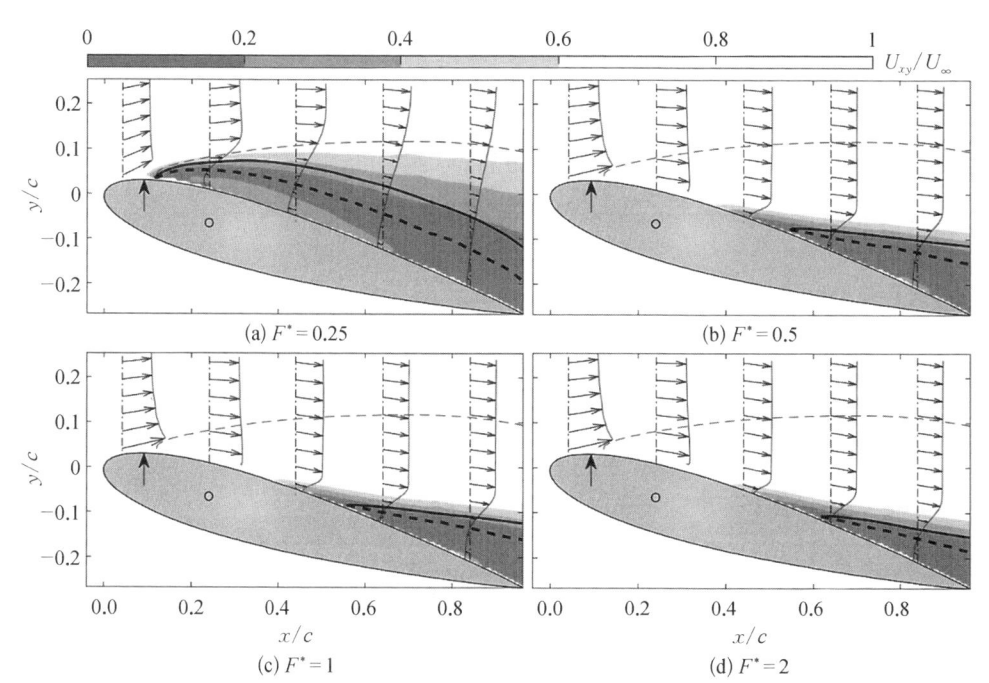

图 6.5 $\alpha = 15.5°$ 时翼型扰流在 PSJ 激励下的时均速度场

在 $0.25 \leqslant F^* \leqslant 2.0$ 内的所有案例下，翼型背风面回流区面积均显著地减小（定义回流区面积 A_b 为分流流线、模型表面和通过后缘的垂直线所包围的面积）。在 $F^* = 0.25$ 时，分离点在前缘附近，与图 6.4(c) 中的基准状态相比，分流流线向吸力面弯曲，分离区域减小为窄带。在 $F^* \geqslant 0.5$ 时[图 6.5(b)~(d)]，前缘附近的速度剖面更饱满。同时，在翼弦前半部分，气流保持附着，大规模的前缘分离转化为局部的后缘分离，与 $\alpha = 15°$ 时的基准流动类似。为了量化频率的影响，定义无量纲回流区面积 A_b^* 和分离长度 L_{sep}^* 如下：

$$\begin{cases} A_b^* = \dfrac{A_b}{0.5c^2 \cdot \sin\alpha\cos\alpha} \\ L_{\text{sep}}^* = 1 - \dfrac{x_s}{c \cdot \cos\alpha} \end{cases} \quad (6.4)$$

式中，x_s 为分离点的 x 坐标；以翼弦及其在两个轴上的投影所形成的三角形面积

$0.5c^2 \cdot \sin\alpha \cdot \cos\alpha$ 来对回流区面积 A_b 无量纲化。

图 6.6(a) 为 $\alpha = 15.5°$ 时回流区面积、分离长度和升力系数随激励频率的变化情况。在基准状态下，A_b^* 接近 1。随着频率的增加，回流区面积单调递减，在 $F^* = 2$ 时达到约 0.14。请注意，$F^* = 0.5$ 时存在一个转折点，该点之后 A_b^* 的下降显著地减缓。在转折点之前，分离长度先保持基本不变(0.88c)，然后在 $F^* = 0.25$ 和 $F^* = 0.5$ 之间急剧下降，而在转折点之后，分离长度变化缓慢。升力系数随回流区面积的减小而增大。这些观测结果表明激励频率在 $F^* \geq 0.5$ 内可以获得较好的前缘分离控制效果，这与文献[15]一致。

(a) 回流区面积、分离长度和升力系数随激励频率的变化

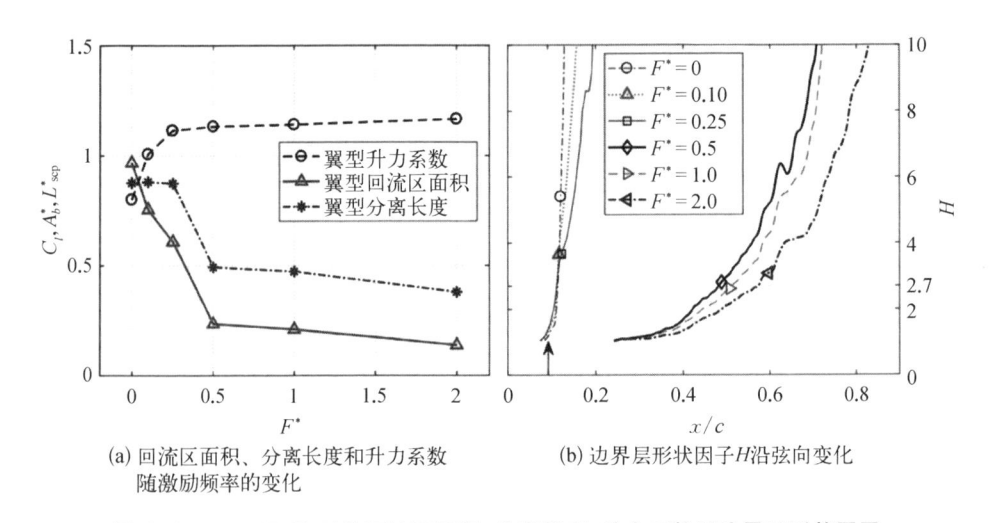

(b) 边界层形状因子H沿弦向变化

图 6.6 $\alpha = 15.5°$ 时的回流区面积、分离长度、升力系数及边界层形状因子

流动分离与边界层速度型密切相关，目前研究者广泛地采用形状因子来量化速度剖面的饱满程度。形状因子被定义为边界层位移厚度与动量厚度之比($H = \delta^*/\theta$)，如式(6.5)所示[26]。其中，U_t 为平行于壁面的边界层速度分量。沿着壁面法向从吸力面 y_w 开始，到平行于壁面的速度峰值 $U_{t,\max}$ 处 y_{ref} 进行积分。

$$\begin{cases} \delta^* = \int_{y_w}^{y_{\text{ref}}} \left(1 - \dfrac{U_t}{U_{t,\max}}\right) dy \\ \theta = \int_{y_w}^{y_{\text{ref}}} \dfrac{U_t}{U_{t,\max}} \left(1 - \dfrac{U_t}{U_{t,\max}}\right) dy \end{cases} \quad (6.5)$$

图 6.6(b) 为不同激励频率下边界层形状因子的弦向变化情况，图中用箭头标记激励位置，用符号在每条曲线上标记分离点。由于空间分辨率较大(2.1 mm)，目前的 PIV 测量无法确定前缘附近的边界层转捩情况。在所有频率下，边界层形状因子沿弦向单调增长。在 $F^* \leq 0.25$ 的低频激励下，等离子体激励会略微推迟

边界层形状因子 H 的增长速度,而在 $F^* > 0.5$ 的高频激励下,$x = 0.4c$ 之前,边界层形状因子被抑制在 2 以下。文献[27]提出 $H = 2.7$ 时湍流分离的准则,由此确定的分离点与图 6.6(a)中零速度线得出的分离点一致。根据边界层方程[26],边界层速度剖面的演化同时受到雷诺应力和流向压力梯度的影响。在激励情况下,边界层形状因子更低,表明此种情况下边界层速度分布更饱满,掺混速率更高,这可能是因为主流中的 PSJ 激励促使转捩提前或产生了反向旋转涡对,需开展进一步研究确定哪种机制起主导作用[2]。

图 6.7 展示了三种典型案例下的速度脉动 U_{rms}。U_{rms} 是用平面内速度分量均方根(RMS)的矢量和来计算的。分离区速度脉动的均方根较大,这可能与剪切层的不稳定运动有关。在所有案例下,流场中的均方根速度峰值位置与分流流线近似重合,这与剪切层不稳定性导致的相干结构发展相关,类似层流分离泡[28]。与基准状态相比,激励频率 $F^* = 0.25$ 时可以观察到速度脉动显著地增加。激励频率 $F^* = 1$ 时,速度脉动由于分离区的限制受到明显抑制。图 6.8(a) 展示了各速度剖面中 RMS 峰值的弦向变化,其中,激励位置用黑色箭头标记。在 $F^* \leq 0.25$ 时,

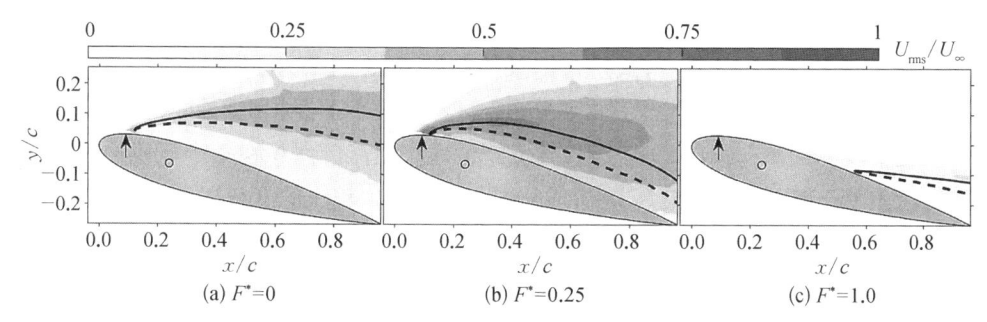

(a) $F^*=0$ (b) $F^*=0.25$ (c) $F^*=1.0$

图 6.7 $\alpha = 15.5°$ 时速度脉动的均方根(RMS)

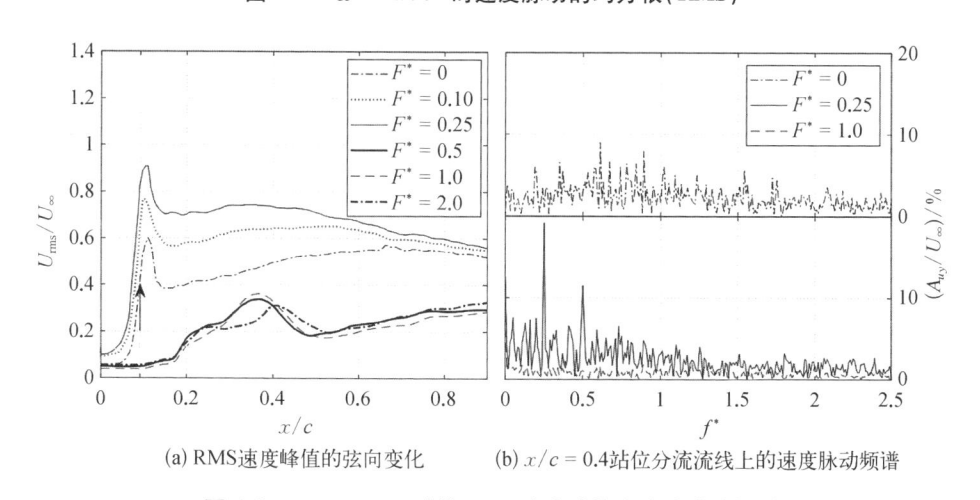

(a) RMS 速度峰值的弦向变化 (b) $x/c = 0.4$ 站位分流流线上的速度脉动频谱

图 6.8 $\alpha = 15.5°$ 时的 RMS 速度峰值和速度脉动频谱

RMS 峰值的变化趋势非常相似,最大速度脉动在分离点附近(大约 $x = 0.12c$),并随着激励频率单调增加。在 $F^* \geq 0.5$ 时,激励频率对 RMS 弦向变化的影响可以忽略不计,最大速度脉动总是在激励位置(约 $x = 0.1c$)的下游。这两种不同的速度脉动形式表明存在两种不同的基于 PSJ 的流动控制机制。下面几节将进一步分析这两种机制。

本研究采用快速傅里叶变换(样本量为 2 700,频率分辨率为 0.6 Hz)在频域内分析激励频率对速度脉动的影响。将探头放置在分流流线上 $x = 0.5c$ 的位置,以感知分离剪切层的振荡。监测 y 方向的瞬时速度 u_y,其振幅谱记为 A_{uy}。图 6.8(b) 为 $x/c = 0.4$ 站位分流流线上的速度脉动频谱。可以看出,基准状态剪切层在 $0.5 \leq f^* \leq 1$ 范围内有几个明显的峰值,振幅为 U_∞ 的 5%~10%。当激励频率 $F^* = 0.25$ 时,会产生两个明显的峰值 ($f^* = 0.25$ 和 $f^* = 0.5$),这表明分离剪切层的振荡情况已经被相应调控,这种周期性调节的机制将在后面介绍。在 $F^* = 1.0$ 时,分离剪切层向下游移动,非定常运动被较大程度抑制。此外,可能由于激励和分离之间的对流距离较长,该激励条件下在 $f^* \leq 2.5$ 范围内无法获得主导的频率分量。

基于放电系统和 PIV 测试平台记录的信号,可以计算不同激励频率下的锁相平均速度场。图 6.9(a) 给出了 $\alpha = 15.5°$ 时不同频率下锁相平均回流区面积的时间演化情况。当 $F^* \geq 0.5$(即受限尾缘分离)时,回流区面积在一个激励周期内几乎保持不变。相比之下,在 $F^* \leq 0.25$ 时,A_b^* 会发生较大的变化,这与频谱分析是一致的。同时,回流区面积在激励后的前半个时间单位内保持不变,随后急剧下降,并逐渐恢复到原状。当 $F^* = 0.1$ 时,在 $T^* \geq 5$ 范围内曲线波动减小,表明单个脉冲射流产生的扰动在 5 个时间单位后已经从翼型传播出去。

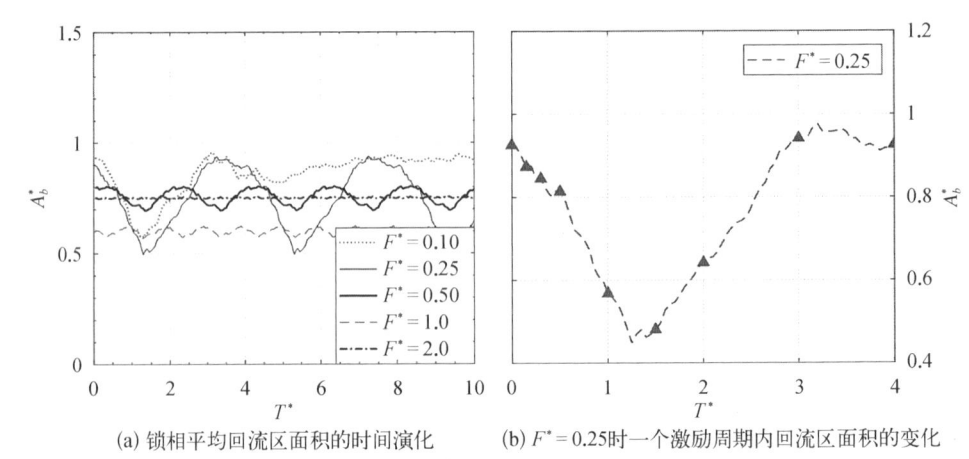

(a) 锁相平均回流区面积的时间演化   (b) $F^* = 0.25$ 时一个激励周期内回流区面积的变化

图 6.9 $\alpha = 15.5°$ 时的锁相平均回流区面积

为了揭示较低激励频率下分离剪切层的周期性调控机制,图 6.10 展示了 $F^* = 0.25$ 时不同时刻的锁相平均流场。其中,细箭头表示平面内速度,云图表示无量纲展向涡量,灰细线和蓝粗线分别代表流线和 $U_x = 0$ 的等值线,粗黑色箭头表示射流位置,蓝点表示旋涡中心。涡量 w_z 由 U_∞ 和翼型最大厚度的一半(记为 b)进行无量纲化。因为涡量层的厚度接近翼型厚度,所以采用 b 进行无量纲化。此外,为了将流场演化与积分参数的变化联系起来,图 6.9(b)绘制了 $F^* = 0.25$ 时一个激励周期内锁相平均回流区面积的放大视图作为参考。在未受干扰的流场($T^* = 0$)中,旋涡从前缘连续脱落,沿着零速度线向下游对流。脉冲射流激励开始后,旋涡脱落暂时中断($T^* = 0.15$),初始的涡面被分成两部分($T^* = 0.3$)。下游的涡面逐渐卷起形成集中旋涡($T^* = 0.3$ 和 $T^* = 0.5$),在其向下游对流过程中原有的零速度线被推向后缘,导致回流区面积减小($0.5 \leqslant T^* \leqslant 1.5$)。与此同时,上游涡面逐渐向下游对流,并靠近翼型表面。在 $T^* = 0.5$ 和 $T^* = 2$ 之间,涡面的下方形成了一个封闭的分离泡。当 $2 \leqslant T^* \leqslant 4$ 时,分离泡增大,回流区面积也随之增大,涡面被抬升远离吸力面,逐渐恢复到干扰前状态。这个封闭回流区相当于在原始翼型上添加了一个虚拟峰,从而增加有效翼型弧度和锁相平均升力。这种影响预计将持续到大约 $T^* = 2.7$,此时分离泡破裂(即前缘分离发生)。

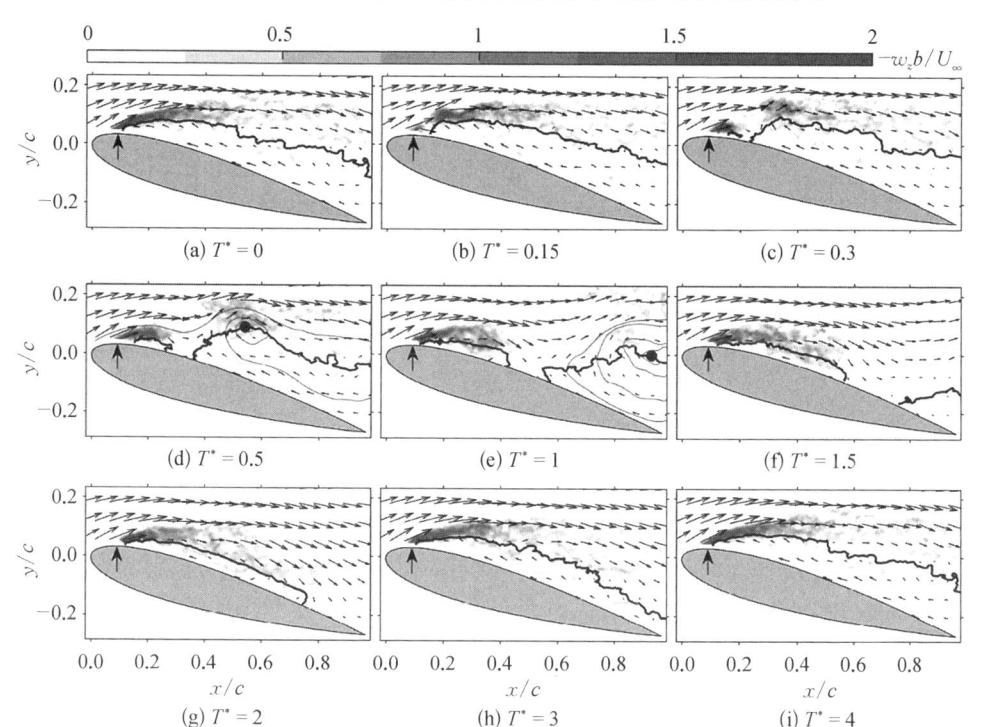

图 6.10　$F^* = 0.25$ 时典型时刻的锁相平均流场

6.2.5 深度失速下的控制结果($\alpha = 22°$)

图 6.11 为 $\alpha = 22°$ 时不同激励频率下的时均速度场,各标记含义与图 6.4 相同。结果表明,PSJ 激励不能有效地减小分离区,这与图 6.5(b)~(d)所示明显不同。在图 6.5(b)~(d)中,大范围前缘分离被转化为局部的后缘分离。$\alpha = 15.5°$ 和 $\alpha = 22°$ 两种情况下控制效果的差异可能是因为激励位置相对分离点变化或逆压梯度升高,也可能是两因素共同作用引起的。在目前的测试中,由于激励位置固定,这些因素的相对重要性还无法区分。图 6.12(a) 为 $\alpha = 22°$ 时回流区面积、分离长度和升力系数随激励频率的变化情况。可以看到,回流区面积非单调变化,在 $F^* = 1$ 处达到最小值 A_b^* (0.65),而 L_{sep}^* 变化不大,同时分离点始终保持在激励器的上游。尽管在 $\alpha = 22°$ 时前缘分离并未完全消除,但在 $F^* \leqslant 1$ 时升力系数显著地增加,这与图 6.6(a)所示的上游激励的趋势对应。在激励频率 $F^* = 2$ 时,C_l 开始降低,因此,最佳激励频率 $F^* = 1$。

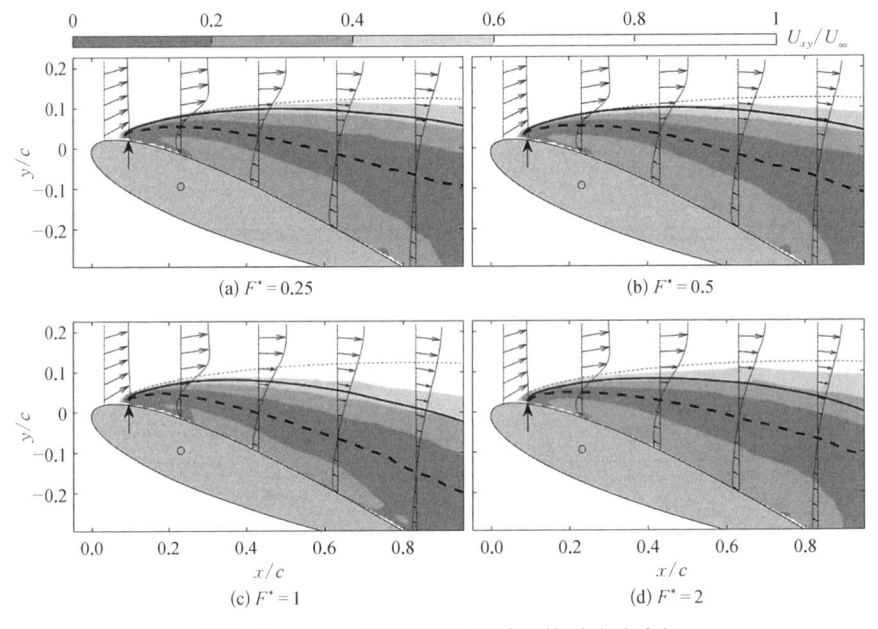

图 6.11 $\alpha = 22°$ 时 PSJ 激励下的时均速度场

图 6.12(b)为 $\alpha = 22°$ 时不同激励频率下边界层形状因子的弦向变化情况,其中,激励位置用黑色箭头标记,曲线上的符号表示分离点。在所有测试案例中,当 $x \leqslant 0.08c$ 时,形状因子缓慢增加,并且增长率受等离子体激励的影响很小。这些观察结果表明,来流边界层的能量不足以抵抗 $\alpha = 22°$ 情况下较高的逆压梯度。图 6.13 为三个代表激励频率下的速度脉动均方根(RMS)。与图 6.8 的流动情况类似,在分流流线附近的速度脉动比较强烈。激励状态的 RMS 明显地高于基准状态,这表明等离子体激励能增强分离剪切层内的非定常运动。

(a) 回流区面积、分离长度和升力系数的变化

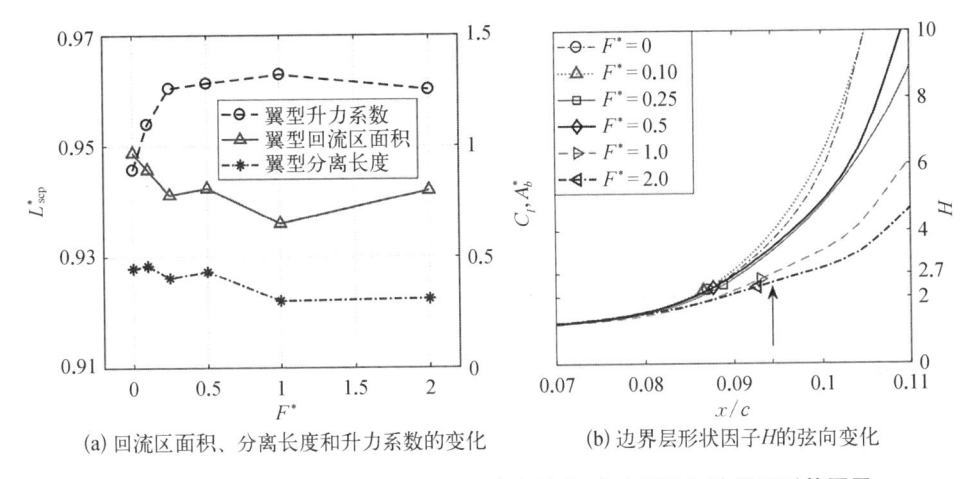

(b) 边界层形状因子 H 的弦向变化

图 6.12 $\alpha = 22°$ 时的回流区面积、分离长度、升力系数和边界层形状因子

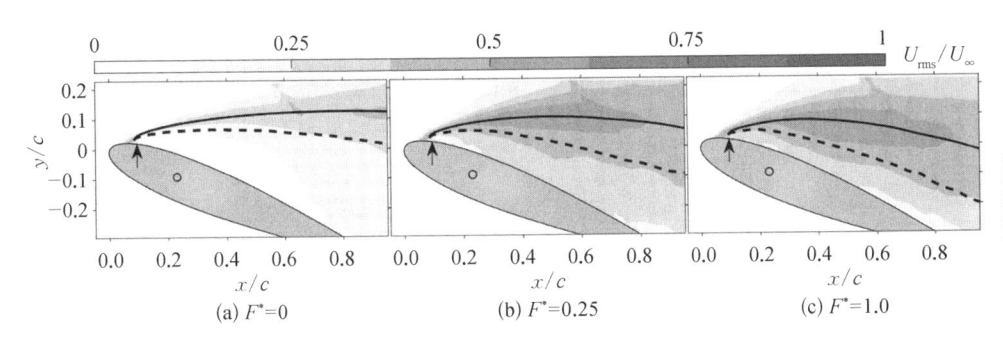

(a) $F^* = 0$

(b) $F^* = 0.25$

(c) $F^* = 1.0$

图 6.13 $\alpha = 22°$ 时速度脉动的均方根（RMS）

图 6.14(a) 为 $\alpha = 22°$ RMS 速度峰值的弦向变化情况。基准状态（$F^* = 0$）与 $\alpha = 15.5°$ 时的变化趋势相似。RMS 值在分离点附近达到最大（约 $x = 0.08c$）。在等离子体激励下，射流孔上游 RMS 保持不变，而随着激励频率的增加，射流孔下游 RMS 先增加随后趋于饱和。这明显与图 6.8（$F^* \leqslant 0.25$）中的上游激励不同，上游激励的 RMS 曲线随着频率的增加整体抬升。这一区别表明，在分离点下游位置的 PSJ 激励虽然可以增强来流边界层的混合，但在增强剪切层不稳定性方面并非最佳。在 $\alpha = 22°$ 时，PSJ 激励在分离点下游 $1\%c$ 处，与回流区相互作用。由于回流区通常速度较低，PSJ 发出的脉冲射流将穿透分离区域，而上游边界层基本不受影响。这些因素与逆压梯度增大一起导致了所有测试案例中的前缘分离流动，和 PSJA 相对较弱的控制效果。

图 6.14(b) 为 $x = 0.4c$ 站位分流流线上的速度脉动频谱，其中，激励位置由黑色箭头标记。基准状态下，分离剪切层在 $0.5 \leqslant f^* \leqslant 1.7$ 范围内具有丰富的频率成分，但是没有观测到主导的峰值，这表明剪切层能够感受较宽的频率范围。由于

基准频谱是自然扰动频带放大的结果，$0.5 \leqslant f^* \leqslant 1.7$ 可视为分离剪切层的可感受频率范围。这个范围比 $\alpha = 15.5°$ 时的基准状态下获得的频率范围 $0.5 \leqslant f^* \leqslant 1.0$ 更宽。当施加的等离子体激励（$F^* = 1.0$）处于这个范围内时，会在基本激励频率上产生一个明显的峰值。与此相比，$F^* = 0.25$ 时的频谱中出现了几个可感受范围内的高阶谐波。

(a) RMS速度峰值的弦向变化

(b) $x/c = 0.4$ 站位分流流线上的速度脉动频谱

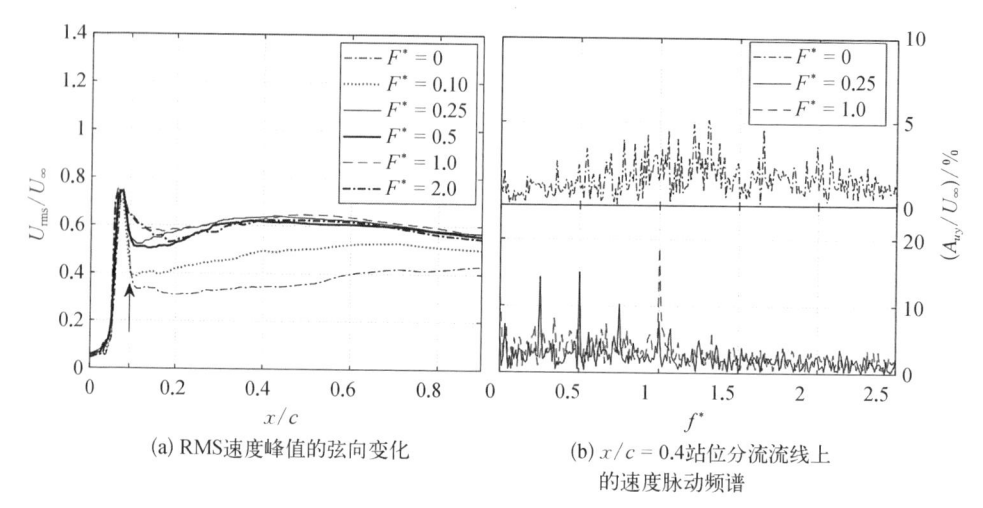

图 6.14　$\alpha = 22°$ 时的 RMS 速度峰值及速度脉动频谱

图 6.15(a) 为 $\alpha = 22°$ 时不同频率下的锁相平均回流区面积时间演化。在 $F^* \leqslant 0.25$ 时，可以观察到 A_b^* 的周期性变化，这与等离子体激励对分离剪切层的动态调控有关。在 $F^* = 0.1$ 时，A_b^* 对单个 PSJ 脉冲的时间响应与图 6.9 相似，在图 6.9 中，A_b^* 在等离子体激励后不久开始下降，A_b^* 大约在 1.2 个时间单位时达到最小值，略早于图 6.6 对应案例中的 1.5 个时间单位。此外，等离子体激励后分离恢复需要的时间 T_r 大约为 3 个时间单位，比 $\alpha = 15.5°$ 时的 5 个时间单位短。这些时间的增加可能是由于在更高攻角时风洞堵塞效应导致局部速度的增加。在 $F^* = 0.25$ 时回流区面积的变化几乎与在 $F^* = 0.1$ 时的变化相同，因为相应的激励周期（4 个时间单位）足够长，使分离流动可以恢复，并且相邻的两个射流脉冲基本上是独立的。所以，在 $F^* \leqslant 1/T_r$ 的频率范围内，增加激励频率将提高分离抑制的占空比。在 $F^* \leqslant 0.33$ 时，A_b^*（C_l）与频率之间存在线性关系，这在图 6.12(a) 中得到验证。当 F^* 超过 $1/T_r$ 时，相邻的两个射流脉冲将不可避免地相互作用。图 6.15(a) 还可看出回流区面积的幅值变化随激励频率的增加而减小。

图 6.16 为 $F^* = 0.25$ 时一个激励周期内锁相平均流场的时间演化，符号含义与图 6.10 相同。图 6.15(b) 为相同条件下一个激励周期的锁相平均回流区面积

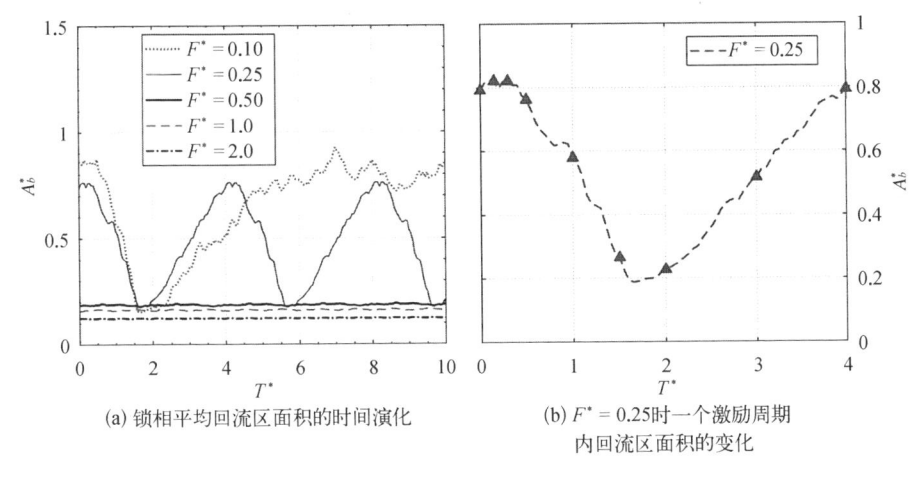

(a) 锁相平均回流区面积的时间演化

(b) $F^* = 0.25$ 时一个激励周期内回流区面积的变化

图 6.15 $\alpha = 22°$ 时的锁相平均回流区面积

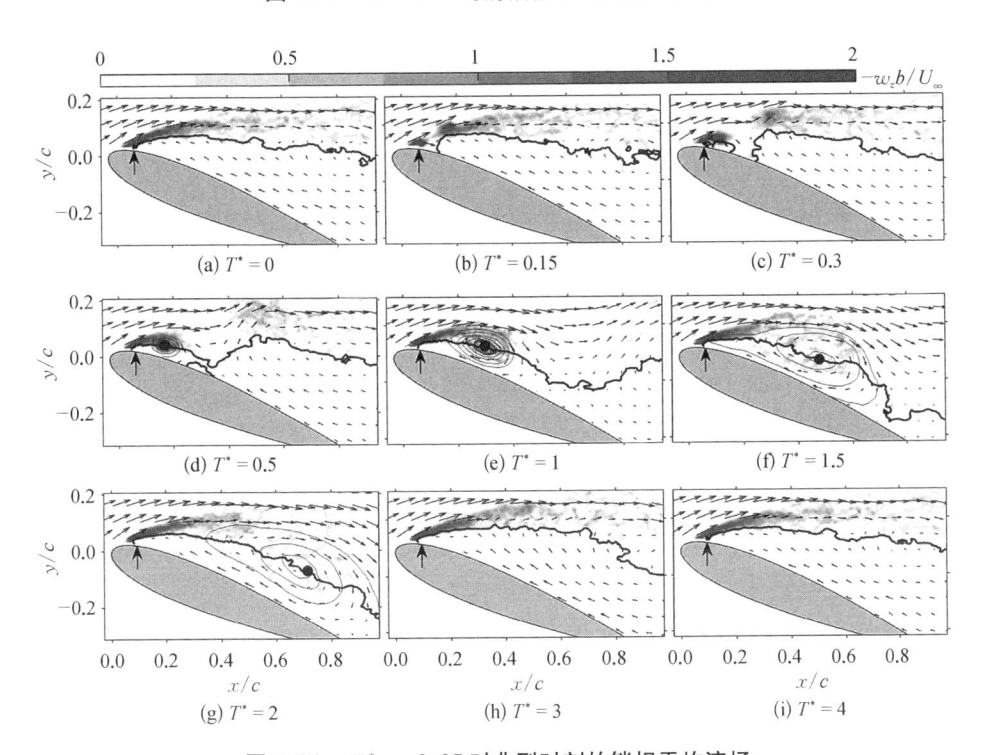

图 6.16 $F^* = 0.25$ 时典型时刻的锁相平均流场

放大视图,并将图 6.16 中的瞬时状态用三角形符号标记。总体而言,分离流在 $\alpha = 22°$ 和 $\alpha = 15.5°$ 时对 PSJ 激励的动态响应是相似的。在 $T^* = 0.15$ 时,旋涡脱落也暂时被脉冲射流中断,新生成的涡面演变成一个集中旋涡,该现象可以通过 $T^* = 1.5$ 和 $T^* = 2.0$ 处的流线观察。然而,与图 6.10 所示的情况不同,在 $T^* = 0.3$ 之后,这个展向旋涡下方的回流区始终与原来的回流区相连,没有形成封闭的分离泡。这一现象说明,从自由流输送到近壁面区域的高动量流体不足以抵抗较强的逆压梯度,表面上是由于大攻角导致旋涡的中心距离翼型表面太远,然而,在向下游传播过程中,展向涡的下洗效应能够使零速度线靠近吸力面,导致 $T^* = 0.5$ 和 $T^* = 1.5$ 之间的回流区面积减少。在 $T^* = 1.5$ 之后,涡面和被抑制的零速度线开始恢复,回流区面积增加。

由图 6.10 和图 6.16 可知,受 PSJ 激励的失速流动由从分离剪切层脱落的大尺度旋涡支配。这些旋涡在吸力面上进行周期性对流,增加了失速后的时均升力系数,这与俯仰翼型动态失速中观察到的情况类似[23]。具体来说,一旦俯仰角超过静态失速角,就会从前缘脱落一个失速涡,在吸力侧形成一个对流低压核心,从而产生远高于静态升力最大值的升力。这种分离控制机制与高压纳秒脉冲电源驱动的 SDBDA 一致[29]。

图 6.17 与图 6.18 进一步展示了 $F^* = 1$ 和 $F^* = 2$ 时典型时刻的锁相平均流场,以解释图 6.12(a) 中最佳激励频率的形成机制。图 6.17 和图 6.18 中的符号含义与图 6.10 相同。当 $F^* = 1$ 时,可以从流线中清楚地识别出两个大约间隔半个翼弦的旋涡。如前面所述,这些涡是通过脉冲射流周期性地拦截前缘涡脱落而产生的。零速度线的调控程度随展向涡的强度和大小的增大而增大。对于 $F^* = 1$ 的情况,由于一个周期 $(0.5c)$ 的对流距离足够大,相邻旋涡之间的相互作用不显著。因此,每个涡都可以增长到相当大的规模,并有效地调节回流区面积。而在 $F^* = 2$ 的情况下,旋涡每半个时间单位产生一次,弦向间距减小到约 $0.3c$。一方面,由于生长时间有限,每个涡的总涡量大大减少;另一方面,相邻涡之间的相互作用在短

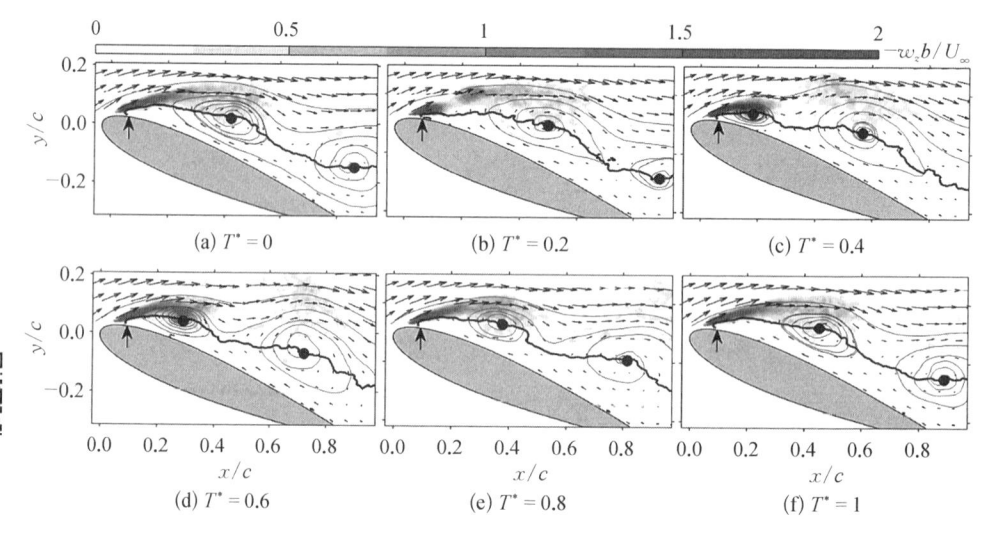

图 6.17　$F^* = 1$ 时典型时刻的锁相平均流场

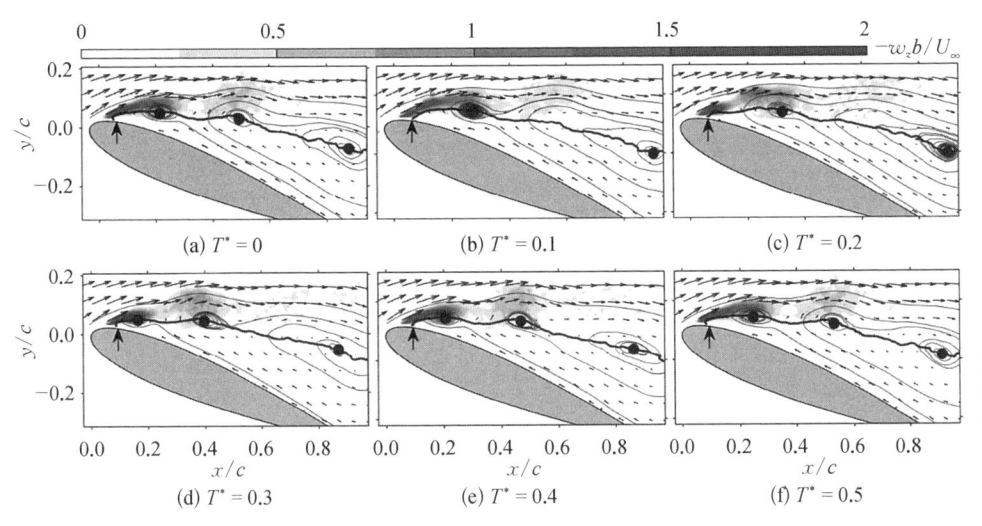

图 6.18　$F^* = 2$ 时典型时刻的锁相平均流场

间距时加剧。具体来说,产生的涡是顺时针方向旋转的。新生涡旋的下洗效应在向下游传播时,会被前涡的上洗效应部分抵消,导致对回流区的调控效果减弱,在 $F^* \geqslant 1$ 之后升力系数呈下降趋势[图 6.12(a)]。

6.3　低速翼型后缘流动分离

6.3.1　实验装置

1. 风洞和机翼模型

本实验在航空动力系统与等离子体技术全国重点实验室的低速回流风洞中进行。该风洞的实验段为矩形,高度为 1 m,宽度为 1.2 m,实验段最大速度可达 40 m/s,湍流度小于 0.2%。在本书中,选择了一个较厚的弧形翼型(NACA-4421)作为流动分离控制的模型,该翼型可以发生后缘失速。如图 6.19 所示,模型安装在实验段中间,一端直接安装在风洞侧壁上,另一端安装在分流板上,该分流板作为端板,防止形成翼尖涡,从而确保气流相对于展向中心近似对称。模型的弦长和展长分别是 $c = 0.2$ m 和 $s_0 = 0.4$ m。根据本书中的自由流速度 U_∞ 和翼型弦长,确定雷诺数 $Re_c = 2 \times 10^5$。坐标系的 x、y 和 z 轴分别沿流向、垂直方向和展向,坐标原点位于翼型前缘的中点。

如图 6.20(a)所示,为了便于安装 PSJA,在翼型的吸力侧开了一个矩形槽(宽度为 20 mm,高度为 20 mm,长度为 400 mm)。射流出口到前缘的流向距离为 100 mm,即 $0.5c$。

在矩形槽的下游到翼型的尾部有一部分是空心的,可以看作一个舱室,用来放

(a) 侧视图   (b) 俯视图

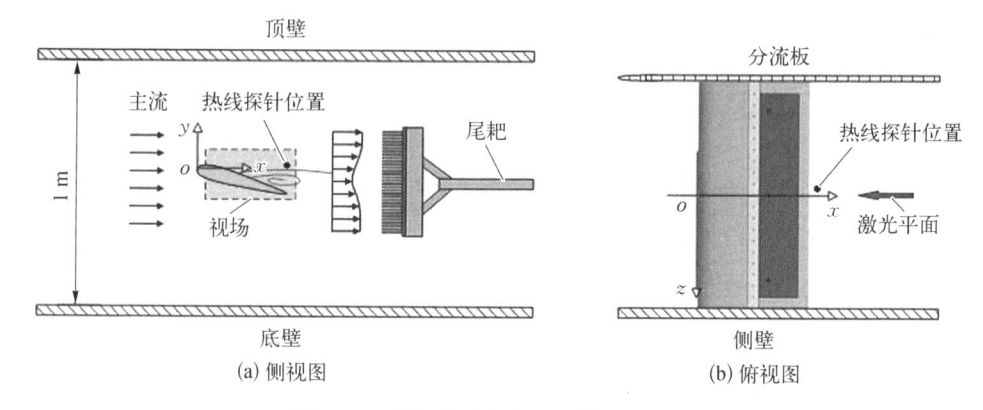

图 6.19 风洞实验段和机翼模型示意图

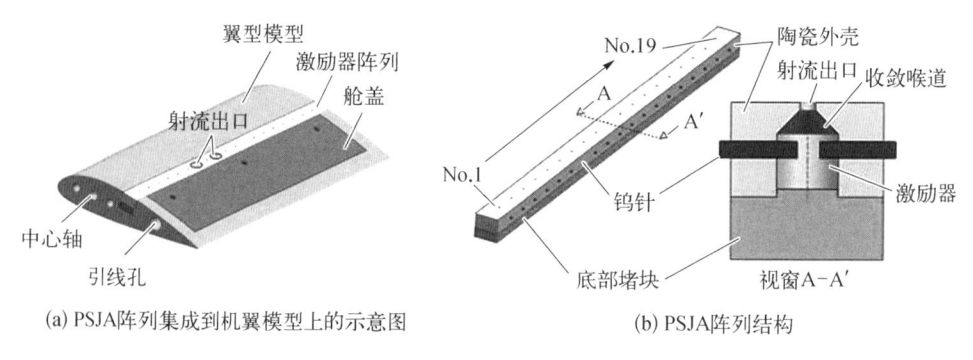

(a) PSJA阵列集成到机翼模型上的示意图   (b) PSJA阵列结构

图 6.20 PSJA 阵列示意图

置 PSJA 的部件(例如,电极,电缆)。要打开舱室,只需要从吸力侧打开舱盖。此外,在翼型的一侧钻了一个引线孔,以连接等离子体激励器和供电电源。模型俯仰运动中心在前缘下游四分之一弦处(即 $x = c/4$)。

2. 激励器和放电电路

如图 6.20(b) 所示,19 个 PSJA 阵列紧密地排列在一个矩形块中(尺寸为 20 mm×20 mm×400 mm)。这些等离子体激励器从左到右编号为 No. 1 ~ No. 19。整个 PSJA 阵列由陶瓷外壳、底部堵块和钨针三部分组成。在陶瓷外壳表面沿展向均匀地钻了 19 个直径为 $D = 2$ mm 的圆孔(间距为 20 mm)。每个圆孔通过一个收敛喉道与陶瓷外壳内部的圆柱形腔体相连。圆柱形腔体的直径和高度分别为 $D_{ca} = 2$ mm 和 $H_{ca} = 7$ mm,因此,腔体体积为 $V_{ca} = H_{ca} \cdot \pi D_{ca}^2/4 \approx 352$ mm^3,与文献[30]使用的尺寸接近。每个腔体中,两根直径为 1.5 mm 的钨针从两侧插入,形成约 1.5 mm 的气隙。下游的钨针作为阳极,连接到供电电源的高压输出;上游的钨针作为阴极接地。底部堵块和陶瓷外壳通过螺钉紧固在一起。在以往的研究中,为了避免腔体内高温气体的侵蚀,PSJA 的外壳通常由陶瓷制成。在本书中,放电能量仅为 12.5 mJ,无量纲能量沉积 $\tilde{E} = 0.085$,平均腔体温升仅为 23 K[7,10]。激励器的陶瓷外壳和底部堵块均由聚醚醚酮制成,聚醚醚酮是一种成本较低的热塑性塑料,具有较好的热性能(熔点高达 616 K)。

在此使用本书著者团队[30]提出的电路为单个 PSJA 供电。如图 6.21(a)所示,其中,P_1 为放电电压测量点位,P_2 为放电电流测量点位。使用直流电源(输出电压为 0~1 kV,峰值功率为 3 kW)对电容 C_1(容值为 0.1 μF,最大可承受电压为 3 kV)充电,并使用电阻 R_1(阻值为 5 kΩ)限制最大充电电流。一旦电容器 C_1 充满,就从触发电源发出一个高压脉冲,使得阳极和阴极之间的放电通道开启。随后,储存在电容器 C_1 中的能量通过电弧加热释放到电极气隙中。放电结束后,电容器 C_1 再次充电,等待下一个触发脉冲。通过两个高压二极管(D_1 和 D_2),将充电回路和触发回路隔离,使直流电源和高压触发电源不会互相破坏。

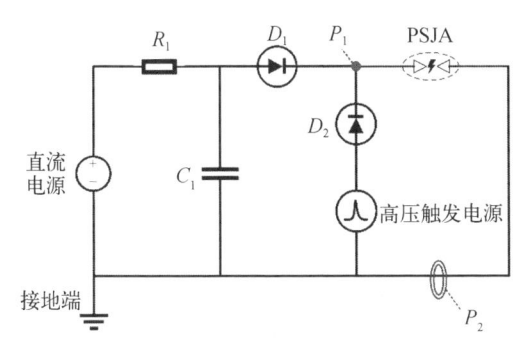

(a) 等离子体合成射流激励器的供电电路   (b) 多路高压触发电源

图 6.21 供电电路及电源

由以上描述可知,放电能量实际上是由直流电压(记为 U_{DC})控制的,最大放电频率(记为 $F_{d,max}$)是由电容器充电时间决定的。根据电容充电回路的时间常数 ($\tau_C = R_1 \times C_1 = 0.5$ ms),估计 $F_{d,max}$ 为 $1/(3\tau_C) \approx 667$ Hz。

为了给 19 个等离子体激励器组成的阵列供电,可以简单地将图 6.21(a)所示的电路复制 19 次,使我们能够独立控制阵列中的每个激励器。在连接这些电路时,为了节省成本,共用直流电源,设计了一个 20 路输出(电压为 0~20 kV)的多路高压电源,它可以决定何时触发,触发哪一路输出。如图 6.21(b)所示,这个电源的前面板上有 20 个触发端口。一旦信号上升沿被给定的端口接收,高压脉冲将立即发送给对应的 PSJA。

3. 传感器和控制器

如图 6.22 上半部分所示,完整的闭环流动控制系统由实时嵌入式控制器 (National Instruments, CRIO‑9038)、热线风速仪(Hanghualab, CTA‑04)和 PSJA 阵列组成。直流电压保持在 $U_{DC} = 500$ V,所有 PSJA 同步接通和关闭。这有效地将等离子体激励器的动作空间减小为单一的逻辑变量(a: 0/1 相当于关/开)。为了简化控制任务,同时保证激励翼型分离流近似二维,本书没有对其异步工作模式进行探讨。否则,在展向中心的尾耙测量得到的翼型阻力系数将失效。

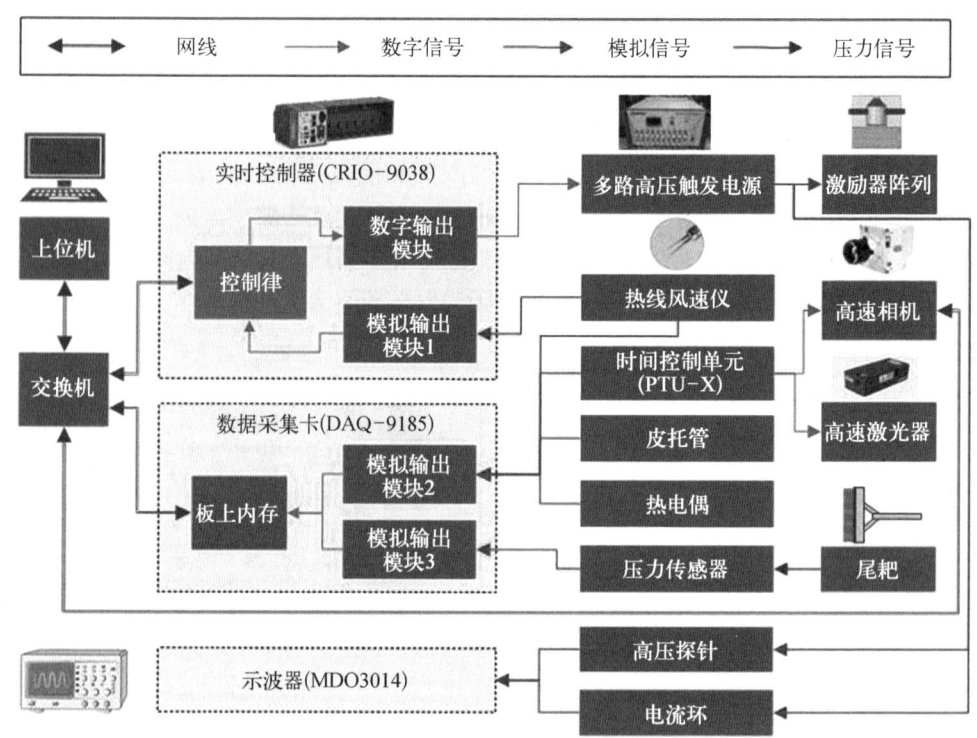

图 6.22 控制和测量系统的信号流程图

为了有效地监测流场状态,热线传感器应该放置在速度变化与流场主导的非定常运动十分相关的位置[30]。对于翼型上的流动分离,速度脉动较大程度来源于分离剪切层的上下摆动,因此,可以直接将热线放置在剪切层内。在进行攻角 α = 25.5° 下基准状态翼型流动的 PIV 测量时(见 6.3.2 节),热线放置在 (x, y, z) = $(1.05c, -0.075c, -0.05c)$。注意,在 z 方向上,热线略偏离展向中心平面,以避免阻挡激光束(图 6.19)。在该位置下,热线测量的瞬时速度 U_h 的变化趋势大致反映了分离流的行为。例如,如果 U_h 大于其基准平均值并不断增加,那么瞬时流动分离可能较小,并且尺寸减小。反之亦然。

CRIO - 9038 控制器的机箱有 8 个插槽,可以插入可互换的模块,机箱中还有一个内置的 FPGA,可以用 Labview 语言进行编程,非常适合高速信号的处理。本书中将两个模块安装在 CRIO - 9038 的机箱中。一个是模拟输入模块,用于获取热线的瞬时输出电压;另一个是数字输出模块,向多路高压电源发送脉冲(脉冲宽度:

15 μs)。首先用 Labview 语言编写 Q-learning 算法,然后编译并加载到 FPGA 中实时执行。FPGA 的基准时钟频率为 40 MHz。在控制回路中,FPGA 在模拟电压读取、数字信号处理和数字脉冲输出上花费的时间不超过 50 μs,对应的最大控制回路频率为 20 kHz。对于目前的研究,无须使用如此高的控制回路频率,因为由 $F_0 = U_\infty/c$ 确定的翼型流动的特征频率仅为 75 Hz,而控制回路频率(记为 F_C)比 F_0 高几倍就足够了。此外,为了保证电容 C_1 在一个控制回路周期后可以充满电,需要满足 $F_C \leqslant F_{d,\max}$。这些限制导致最终选择的控制回路频率为 $F_C = 500$ Hz。

实现闭环控制需要对状态变量(即瞬时速度)精确测量。本书中热线在风洞实验段的自由流中校准,自由流的速度范围为 0 m/s $\leqslant U_\infty \leqslant$ 30 m/s。一共校准了 20 个速度点,每次测量时,以 1 kHz 的采样频率对热线的输出电压采样 10 s,标定曲线的拟合误差在 0.2% 以下。在长时间无冷却的风洞实验中,空气温度不可避免会发生变化,这会给热线测量带来不可忽略的误差。为了校正温度的影响,采用 Hultmark 和 Smits[31] 提出的基于相似变量的校准方法。

此外,还采取了三种方法消除高压脉冲等离子体放电产生的电磁干扰。首先,热线风速仪的机箱用两层细红铜网屏蔽,使电磁波产生的干扰不会穿透设备外壳,干扰内部惠斯通电桥电路。其次,数据采集和控制系统放置在远离多通道高压触发电源的地方,并由隔离变压器供电,以避免电磁干扰通过电力电缆传播。最后,使用中值滤波器(长度为 3)去除热线电压数字信号中的异常尖峰。

4. 测量系统

如图 6.22 下半部分所示,实验中进行了电信号测量、尾耙测量和粒子成像测速(PIV)测量,来分别评估放电能耗、翼型阻力变化和速度场演化。在电信号测量中,由于所有的等离子体激励器具有相同的几何形状,并且由相同的电路供电,因此,只需选取一个具有代表性的 PSJA(10 号)进行测量。相应的放电电压与电流波形分别由高压探头(Tektronix,P6015A)和电流探头(Tektronix,P6022)获得。

尾耙放置在中间平面上,可以从尾流的速度剖面中获得翼型阻力。尾耙上总共有 32 个微型探头(外径为 1.5 mm)按照 $\Delta y = 8$ mm 的间距进行排列。翼型后缘和探头尖端的流向距离是 200 mm,探头测量的总压力(记为 P_w^i, $i = 1, 2, \cdots, 32$)首先通过一系列压力传感器(范围:0~1 kPa,测量不确定度:0.1%)转换成模拟电压信号,然后由数据采集设备(National Instruments,DAQ-9185)记录。该设备安装了两个多通道模拟输入模块。除了记录尾耙压力,还记录了分别通过皮托管和热电偶测量得到的来流风速和环境温度,以消除流动条件变化对测量结果的影响。根据动量理论,翼型阻力系数 C_d 可以写成尾流速度分布的函数[32]:

$$C_d = \frac{\sum_{i=1}^{i=32} \rho_0 U_w^i (U_\infty - U_w^i) \cdot \Delta y}{0.5 \rho_0 U_\infty^2 \cdot c} \tag{6.6}$$

式中，ρ_0 为空气密度；U_w^i 为第 i 个总压探头测得的尾迹速度（$i = 1, 2, \cdots, N$）。

阻力测量误差主要由以下三个因素造成：风洞阻塞效应、压力测量不确定性和有限的样本量。第一类误差可以通过堵塞修正进行消除，其方法为采用 Gill 等[33]给出的公式计算翼型流动引起的动压增量。第二类误差估计为 0.1%，因为 $C_d \propto (U_w^i)^2 \propto P_w^i$。为了量化最后一种误差，进行了阻力系数的收敛性测试。具体来说，尾耙压力以 2 Hz 的采样率连续记录 400 s（足够低，使得相邻的样本不相关）。每个采样点产生一个阻力系数的瞬时值。根据 C_d 的标准差和平均值的收敛曲线，在 30 s、90 s 和 400 s 的样本时间内，估计阻力测量的误差分别为 1.03%、0.42% 和 0.16%。因此，同时考虑到效率和精度，尾流阻力测量的采样时间与频率分别选择为 90 s 和 100 Hz。若有修改，则另作说明。

PIV 系统由高速激光器（Grace laser, TABOR‐D30，脉冲能量：30 mJ）、高速相机（Phantom VEO‐310L，分辨率为 1280 像素×800 像素）和可编程定时单元（LaVision, PTU‐X）组成。激光束首先通过球形和圆柱形透镜，形成厚度为 0.5 mm 的薄激光片，然后从下游传递到测量区。选择恰当的激光间隔时间，使图像中的最大粒子位移在 12 像素左右。在机翼流动测量实验中，给高速相机安装了一个 105 mm 焦距物镜，其视场（FOV）大小为 256×160 mm^2（$1.28c \times 0.8c$）。使用 DaVis 10.2 来记录和处理原始图像。最后一次互相关迭代的问询窗大小和重叠比例分别设置为 24 像素×24 像素和 75%，可以获得 1.2 mm 每速度矢量的空间分辨率。

表 6.1 列出了 PIV 测量的所有案例。在不同控制策略的十个案例中都进行了 PIV 测量。为了得到每一种案例下的速度统计数据，采用随机采样的方式，以 1 001 Hz 的采样率采集了 3 003 个样本。选择奇数采样率（1 001 Hz）是为了避免与放电频率具有公约数。否则，PIV 拍摄的相位不是随机的。

表 6.1 PIV 测量案例列表

种 类	拍摄模式	采 样 率	采 样 数	测试次数
基准翼型流动	随机拍摄	1 001 Hz	3 003	8
流动分离控制	随机拍摄	1 001 Hz	3 003	2

6.3.2　开环控制结果

在本节中，PSJA 在恒定的放电频率下工作，没有使用来自热线的速度反馈，即开环控制模式。为了得到基准状态下翼型流动情况，通过 PIV 测量从速度场提取两个指标：一个是流向分离位置 X_s，定义为流动分离点和翼型后缘之间的流向距离。另一个是流动分离区面积 A_{sep},定义为沿流向速度为负的流动面积。根据之前的研究[30],X_s 与 A_{sep} 分别通过弦长和由翼型表面及其水平投影、沿壁面法向投影包围的三角形面积进行无量纲化,从而得到如下二维量:

$$\begin{cases} \overline{X_s} = X_s/c \\ \overline{A}_{\text{sep}} = \dfrac{A_{\text{sep}}}{0.5 \cdot c^2 \cdot \cos\alpha \sin\alpha} \end{cases} \quad (6.7)$$

图 6.23 为翼型阻力系数、无量纲分离区面积和分离位置随攻角的变化情况。在 $\alpha \leq 18°$ 时,没有发生流动分离,阻力系数变化不大。而当攻角大于 $18°$ 时,开始发生流动分离。分离点逐渐向前缘移动,在 $\alpha \leq 22°$ 处阻力系数明显增大,表现为后缘失速。根据 C_d 陡升和分离位置突然前移到 $\overline{X}_s = 0.14$,可确定翼型失速角为 $\alpha_{\text{stall}} = 27°$。后续的流动控制实验在攻角为 $\alpha = 25.5°$ 进行,该攻角下的分离点位于 $\overline{X}_s = 0.47$,靠近射流出口,使得射流可以有效地影响分离流。

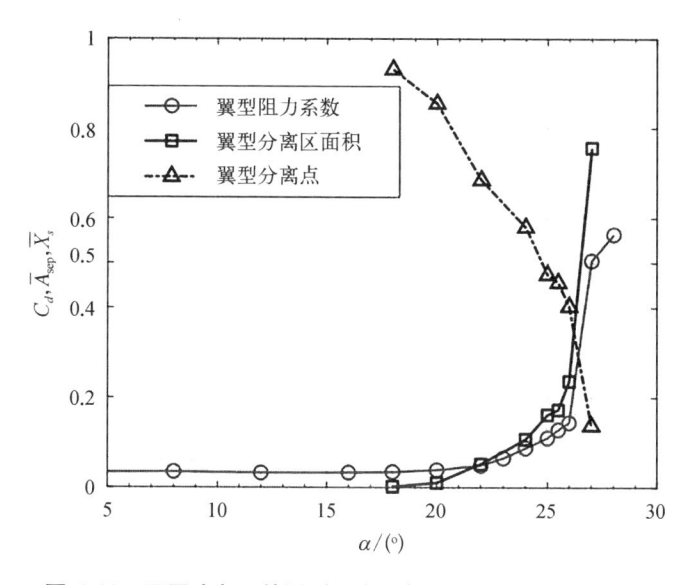

图 6.23 不同攻角下的翼型阻力系数、分离区面积和分离点

将基准和激励工况下的阻力系数分别记为 $C_{d,\text{BL}}$ 和 $C_{d,\text{AT}}$,则相对减阻量 ΔC_d 和能量节省比 η 可计算如下:

$$\begin{cases} \overline{\Delta C_d} = \dfrac{C_{d,\text{AT}} - C_{d,\text{BL}}}{C_{d,\text{BL}}} \\ \eta = \dfrac{0.5\rho_0 U_\infty^3 s_0 c \cdot (C_{d,\text{BL}} - C_{d,\text{AT}})}{f_d E_d} \end{cases} \quad (6.8)$$

其中,第二个公式的分子与分母分别表示由于阻力减少而节省的功率和等离子体激励器消耗的电功率。图 6.24 显示了在 α = 25.5° 情况下,$\overline{\Delta C_d}$ 和 η 随无量纲放电频率的变化。随着放电频率的增加,减阻幅度($|\overline{\Delta C_d}|$)先增大后减小,在 F^* = 4 处达到峰值。后缘分离控制的最佳频率远高于前缘分离控制的最佳频率(F^* = 1),因为前者的分离长度(半弦长)更短,特征流动频率更高。在图 6.24(b)中,η 与 F^* 呈负相关。固定频率控制的最大能量节省比为 0.16,这表明等离子体激励的成本超过了减少阻力所带来的收益。

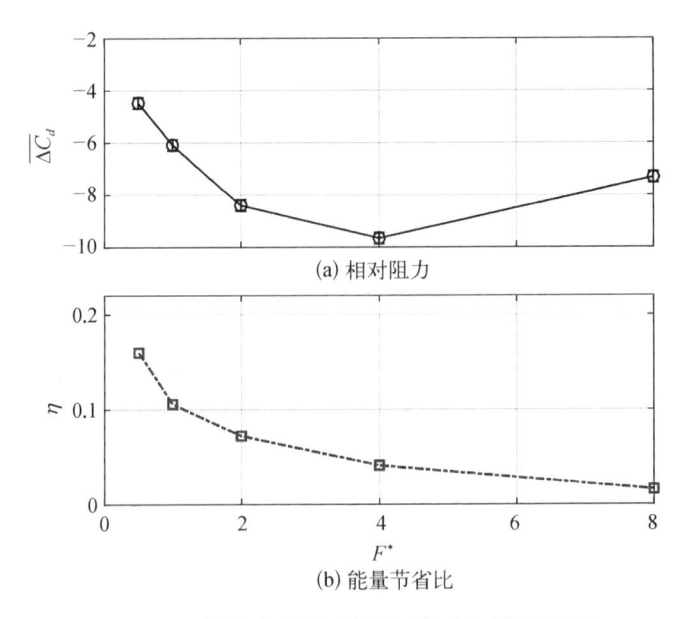

(a) 相对阻力

(b) 能量节省比

图 6.24 不同放电频率下的相对阻力和能量节省比

图 6.25 比较了基准和激励状态(F^* = 4)下的时均速度场。其中,黑色箭头表示 x = 0.3c、0.5c、0.7c、0.9c 时的速度剖面。虚线表示零速度等值线(U/U_∞ = 0),黑色十字与黄色圆点分别表示翼型旋转轴位置和热线测量位置。虽然分离点仍然几乎不变,但是激励条件下分离剪切层被推向翼型的吸力侧(见零速度线),导致无量纲分离面积从 $\overline{A_{\text{sep}}}$ = 0.173 减少到 0.156。将热线置于剪切层 (x, y) = $(1.05c, -0.075c)$,测量的速度与流动分离区面积成反比。以图 6.25 为例,基准状态下测得的热线速度低于激励状态下测得的热线速度,两者的差异可以作为控制效果的指标。图 6.26 进一步比较了尾流速度分布。U_w 的变化趋势与 PIV 测量的速度场吻合较好。由于等离子体激励下流动分离区面积缩小,尾流宽度变窄,尾流速度亏损的最大值减小。

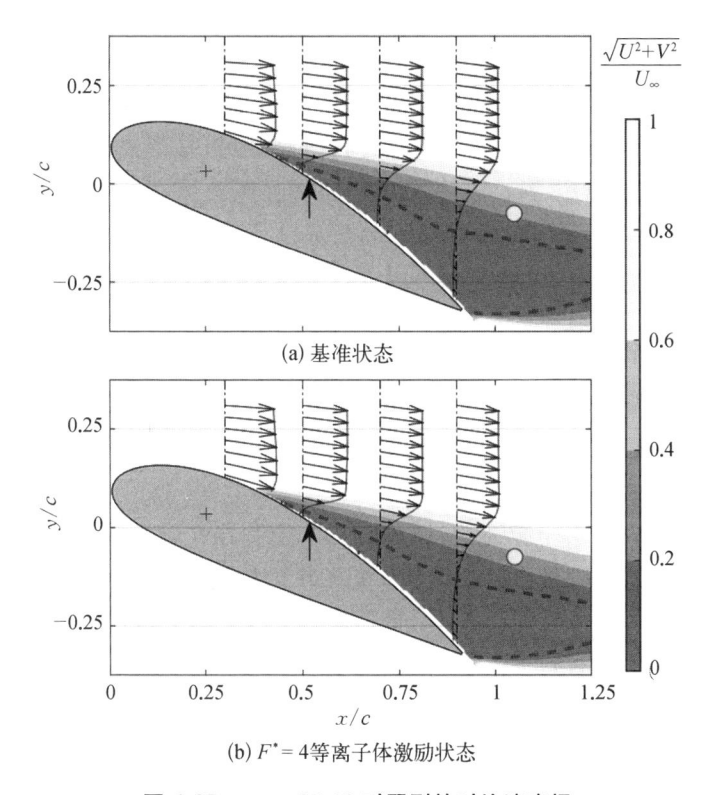

图 6.25　$\alpha = 25.5°$ 时翼型的时均速度场

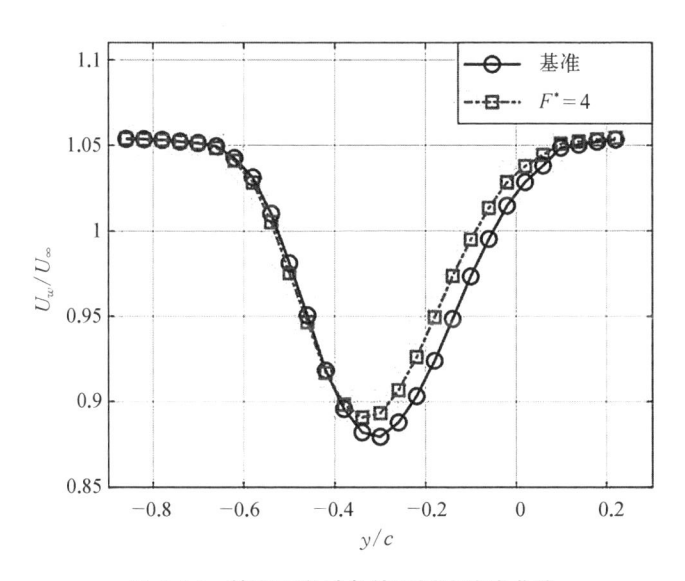

图 6.26　基准和激励条件下尾流速度曲线

6.3.3 基于 Q-learning 的闭环控制

Q-learning 是当前最流行的强化学习方法之一,本节以基于热线风速仪测量的速度作为反馈信号,进行等离子体激励的闭环控制。本节首先介绍采用的强化学习算法,然后给出了一个典型的优化过程,最后分析几个关键超参数(包括状态变量数和惩罚强度)的影响。

1. 算法实现

在数学上,主动流动分离控制可以看作一个由马尔可夫过程定义的顺序动作决策问题。状态的转变本质上是分离流的演化,由 Navier-Stokes 方程控制。由于湍流的随机性,下一时刻的流动状态在概率上取决于当前时刻的流动状态和控制动作。在流动分离控制的背景下,Q-learning 的主要要素解释如下所示。

状态(记为 s):状态是对环境的观察,由热线风速仪测得的瞬时速度 U_h 决定。

动作(记为 a):由于脉冲能量是固定的,控制器在给定状态下可以选择的动作是关闭或启动脉冲射流,因此,动作 a 是一个离散逻辑变量(0 或 1)。

奖励(表示为 r,依赖于 s 和 a):奖励是给予智能体的即时反馈,这样它就可以知道在给定状态下哪种行为是有利的。

策略(表示为 π):策略是在给定状态下选择特定动作的概率,即 $\pi(a|s)$。

状态价值函数(表示为 $\tilde{V}$,是状态 s 和策略 π 的函数):给定状态的价值是从当前状态开始遵循策略时预期收到的奖励的总和。根据定义,价值函数的递归形式为

$$\tilde{V}_\pi(s_i) = E_\pi[r_i + \gamma \tilde{V}_\pi(s_{i+1})] \tag{6.9}$$

其中,γ 为折扣因子,本研究将折扣因子设为 0.99;下标 i 和 $i+1$ 分别表示当前和下一个时间步中的变量。

动作价值函数(记为 $\tilde{Q}$),被称为 Q 函数,$\tilde{Q}$ 通常被解释为在给定状态 s 下基于策略 π 执行动作 a 后的预期奖励。根据定义,我们有如下表达式:

$$\tilde{Q}_\pi(s_i, a_i) = E_\pi[r_i + \gamma \tilde{Q}_\pi(s_{i+1}, a_{i+1})] \tag{6.10}$$

上式中的控制律是将状态与动作联系起来的函数,用 $a = \phi(s)$ 表示。在 Q-learning 中,它相当于策略。

强化学习的目标是找到一个最优策略(表示为 π^*),使长期的期望奖励最大化。在 Q-learning 中,这个过程是通过在给定状态下选择 Q 值最大的动作,并使用贝叶斯方程迭代更新 Q 函数来实现的,参见式(6.10)。由于 Q 函数通常初始化为随机函数,为了避免控制器陷入错误的选择,我们使用 ε-greedy 策略来选择动作,如下:

$$\pi(s_i, a_i) = \begin{cases} \varepsilon & a_i = \arg\max \tilde{Q}(s, a)\mid_{s=s_i} \\ 1-\varepsilon & a_i \neq \arg\max \tilde{Q}(s, a)\mid_{s=s_i} \end{cases} \quad (6.11)$$

在以往基于强化学习的主动流动控制数值研究中,采用了深度 Q 网络的框架,其中 Q 函数用全连接神经网络逼近。与之不同,本研究将状态变量(热线速度)离散化,将 Q 函数简化为查找表格,即 Q 表。这样做有两个原因。第一,本研究只有一个状态变量和一个动作变量。一个简单的分析函数或查找表就足以表示 Q 函数,不需要调用深度神经网络。其次,在当前的控制器(FPGA)中实现神经网络相当困难。FPGA 是为完成数据采集和数字信号处理等计算成本较低的任务而设计的。对于涉及大量矩阵乘法和非线性激活函数的神经网络,芯片上的资源(如内存、乘法器)很容易占满。此外,本书著者团队还尝试在主机 CPU 上运行神经网络,并将其传输到 FPGA。然而,此方法会产生 1~10 ms 的控制时延,这对于当前的应用场景是不可接受的。

瞬时速度的离散化由下式实现:

$$\delta U(t_i) = \min\left(\text{floor}\left(\frac{U_h(t_i)}{U_\infty} \times 10\right), 9\right) \quad (6.12)$$

式中,U_h 首先除以自由流速度,然后乘以 10,最后四舍五入为整数,得到离散热线速度 δU。因此,利用热线风速仪可以得到状态变量[$s_i = \delta U(t_i)$]的十个离散级别,为[0, 1, 2, ⋯, 9]。

即时奖励同样以无量纲形式给出,如下:

$$r_i = \frac{U_h(t_i) - \overline{U_{h,\text{BL}}}}{U_\infty} \quad (6.13)$$

式中,$\overline{U_{h,\text{BL}}}$ 为基准条件下的时均热线速度。当测量到的速度高于基准平均值($U_h > \overline{U_{h,\text{BL}}}$)时,给予正奖励。

虽然从理论上讲,瞬时阻力系数比热线速度更有价值,但在实际实验中使用 C_d 作为奖励是不可行的。首先,尾耙放置在翼型的下游,表明在流动分离阶段和尾流阻力阶段之间存在明显的对流时延。这样的时延会使控制器无法评估当前动作的有效性。其次,尾耙的频率响应只有几十赫兹,比闭环控制所需的频率响应($F_c = 500$ Hz)低一个数量级。第三,尾耙输出的压力信号由多通道 NI 数据采集设备进行采样,该设备通过网络协议与 FPGA 控制器通信。在通信过程中的时延也使得由尾耙测量的阻力系数无法被用作即时奖励。

通过上述方法,可将连续的 Q 函数离散为 10×2 的 Q 表(行为状态,列为动作)。在学习过程中,Q 表更新如下:

$$\tilde{Q}^*(s_i, a_i) = (1 - \beta)\tilde{Q}(s_i, a_i) + \beta\{r_i + \gamma \cdot \max_a[\tilde{Q}(s_{i+1}, a_i)]\} \quad (6.14)$$

其中，$\tilde{Q}^*$ 为考虑期望 Q 值与实际 Q 值之间的时间差分误差（TD-error）后的新 Q 表，β 是学习率。

由于 Q-learning 是一种时间差分（TD）学习方法，式（6.14）对每个时间步都应用一次。初始设置较小的 ε 值和较高的学习率 β，使控制器能够探索新的控制策略并频繁更新。随着时间步长的增加，ε 增大，β 减小，使得控制策略更具确定性。ε 和 β 的表达式如下：

$$\begin{cases} \varepsilon = 1 - \max\{\min\{5\,000/i, 0.5\}, 0.05\} \\ \beta = \max\{\min\{500/i, 0.1\}, 0.01\} \end{cases} \quad (6.15)$$

在 Q-learning 中，由式（6.11）确定的控制律根据 Q 表不断更新。如果在给定状态 s_i 下，最佳动作 $[a_i = \arg\max \tilde{Q}(s, a)|_{s=s_i}]$ 在 $\varepsilon = 1$ 的情况下被确定地选择，控制律 $[xa = \phi(s)]$ 将退化为查找表，由 Q 表唯一确定。10 个离散状态（$s_i = 0, 1, 2, \cdots, 9$）对应的控制律为一个十位数的逻辑数组（记为 Φ），例如，$\Phi = [0, 0, 0, 0, 0, 0, 0, 0, 0, 0]$ 与 $[1, 1, 1, 1, 1, 1, 1, 1]$ 分别表示全关和全开控制律。$\Phi = [1, 0, 0, 0, 0, 0, 0, 0, 0, 1]$ 对应于只在第一状态和最后状态激励的控制律。

10 位逻辑阵列（控制律）可以转换为 0~1 023 的整数，如下所示：

$$I_\phi = \sum_{i=0}^{i=9} \phi_i \times 2^i \quad (6.16)$$

其中，ϕ_i 表示 Φ 的第 i 个元素，当我们想要可视化 Q-learning 中控制律的时间演化时，这种转换特别有用。

Q-learning 算法在 Labview FPGA 中的实现如图 6.27 所示。首先，根据校准曲线，以 500 Hz 的采样率读取热线输出电压，并将其转换为瞬时速度 U_h。然后，根据式（6.12）、式（6.13）计算状态 s 和即时奖励 r。通过查找 Q 表，根据 ε-greedy 策略选择动作，参见式（6.11）。当 $a_i = 1$ 时，立即向多输出高压电源发送触发脉冲，使得等离子体激励器发射脉冲射流。否则，高压电源不输出（无激励）。随后，将从时间步中得到的经验样本 (s_i, a_i, r_i, s_{i+1}) 以先进先出的顺序存储，并周期性地传输到主机存储。通过贝叶斯优化方程，计算期望 Q 值，并利用 TD-error 更新 Q 表，参见式（6.14）。最后，迭代重复上述过程，直到达到最大的学习时间。

2. 典型学习过程

图 6.28 展示了典型 Q-learning 过程中瞬时奖励和阻力系数随时间变化的情况。最大学习时间为 400 s，并将以采样频率 500 Hz 获得的原始数据采用数字巴特沃斯滤波器（截止频率为 1 Hz）进行低通滤波，以突出体现长期的变化趋势。总的来说，无论是否有等离子体激励，都可以观察到 r 具有明显的振荡，这可能与分离

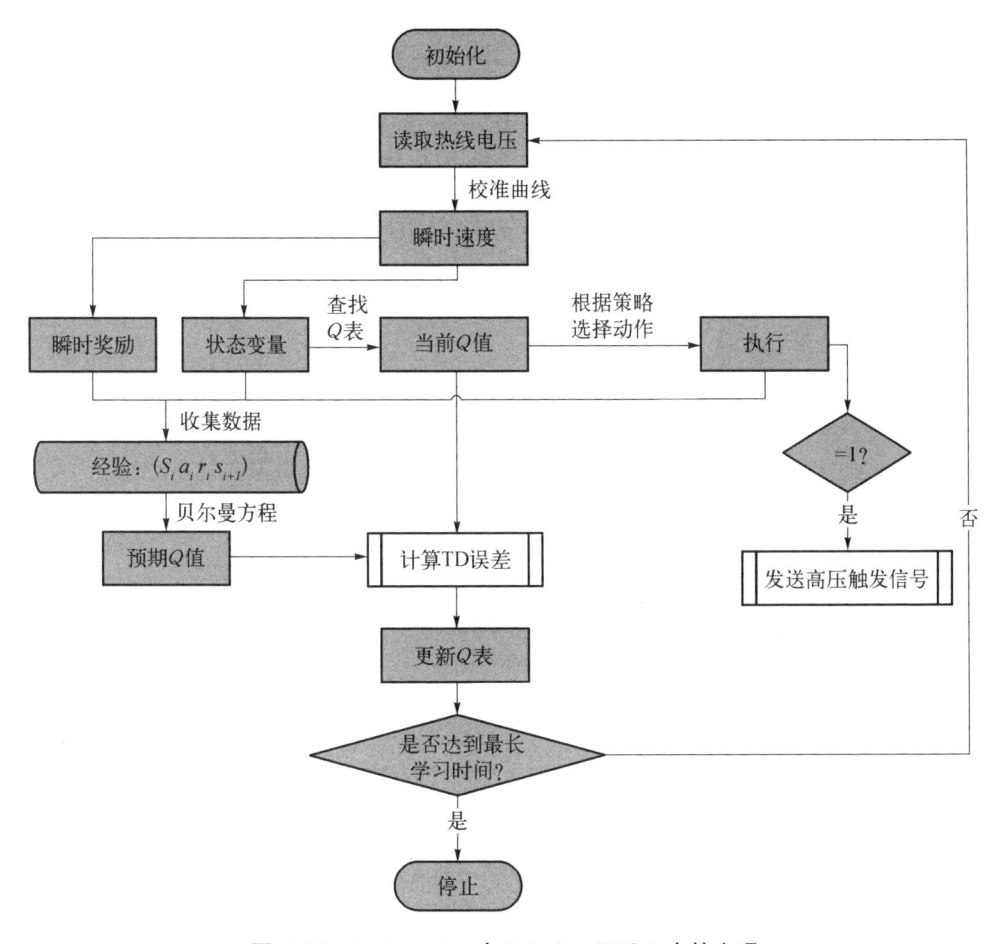

图 6.27　Q-learning 在 Labview FPGA 中的实现

剪切层的不稳定运动有关。与没有控制的基准条件相比，Q-learning 可以获得更大的时均奖励。具体来说，在 $t < 10$ s 的初始学习阶段，r 迅速增加，最大的奖励值达到 0.2。在之后的学习阶段，奖励维持在一个相对较高的水平，保持在 0.102 附近。而图 6.28(b) 中阻力系数的变化与瞬时奖励具有相同的物理特性。在 Q-learning 过程中，C_d 在 $t < 10$ s 时出现快速衰减，从 C_d 的时间平均值计算出其长期减阻量为 9.6%，与开环控制获得的最大减阻量相当 (图 6.24)。通过以上分析可以看出，Q-learning 可以在几十秒内找到与最佳开环控制效果相当的闭环控制律，省去了烦琐的参数扫描过程。

在整个 Q-learning 过程中，以 10 Hz 的频率连续记录控制律，使用式 (6.16) 将其转换为整数 I_ϕ。图 6.29(a) 显示了 I_ϕ 随时间的变化。很明显，在 $t ⩽ 20$ s 的初始学习阶段，控制律更新频繁且剧烈，部分原因是学习率高，ε 值小，参见式 (6.15)。随着时间的增加，I_ϕ 的变化变得不那么频繁，这表明控制器已经找到了

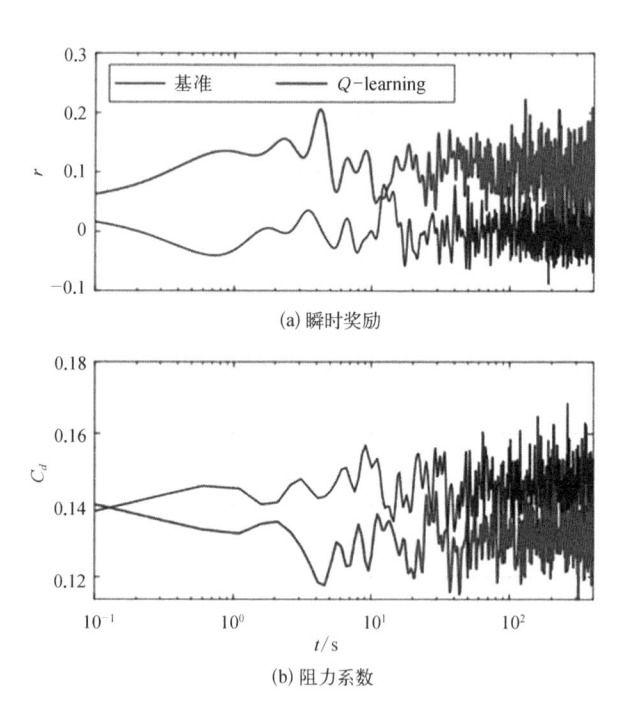

图 6.28　基准条件和 Q-learning 下的瞬时奖励和阻力系数时间演化

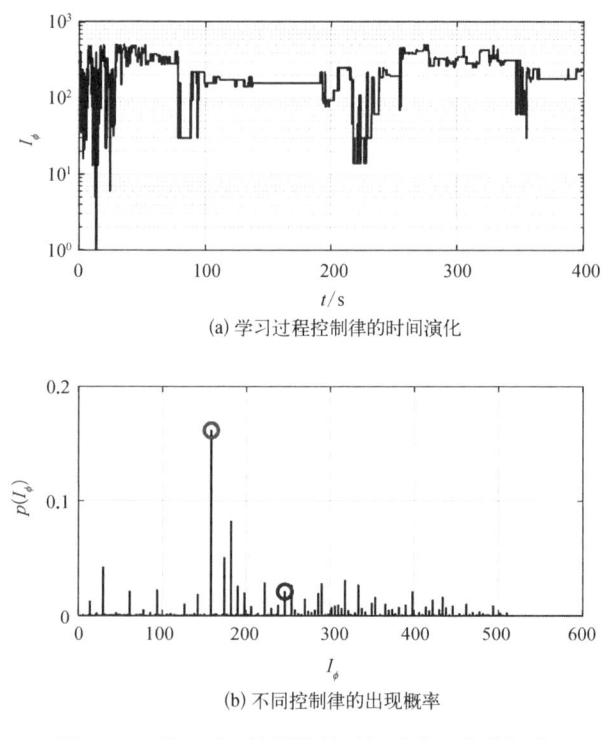

图 6.29　学习过程控制律的时间演化及发生概率

几个满意的控制规律,并倾向于坚持一段时间。特别是,在 135 s ≤ t ≤ 190 s 时,控制律在 I_ϕ = 158 保持不变。但是,在最大学习时间为 400 s 之前,Q-learning(在当前设置下)并没有找到明显优于其他控制律的控制律。相反,最优控制律在不断变化。这种行为可以通过图 6.29(b)中绘制的 I_ϕ 直方图来进行可视化,红色与蓝色圆圈分别表示最常见的控制律(I_ϕ = 158)和最终控制律(I_ϕ = 246)。从图中可见,最好的十种控制律的发生概率 p 大于 50%。此外,在 128 ≤ I_ϕ ≤ 256 的范围内,出现有利控制律的概率较大,根据式(6.16),它们具有 I_7 = 1 的共同特征。也就是说,Q-learning 告诉我们,要获得更多的奖励,至少应该在瞬时热线速度为 0.7 ≤ U_h/U_∞ ≤ 0.8 的范围内进行一次等离子体合成射流激励。

Q-learning 结束时得到的 Q 表如表 6.2 所示,状态的数值越大,价值也越大。因为在给定的时间步长获得的瞬时奖励是由在下一个时间步长测量的热线速度决定的。对于数值更大的状态,在随后的步骤中测量的速度也可能更高。因此,获得更多的奖励,其 Q 值在时间差分更新过程中不断增加,参见式(6.14)。在给定状态下,Q 值在 a = 0 和 a = 1 之间的差值相对较小。这在一定程度上解释了图 6.29 中控制律的频繁变化,因为 Q 表的微小更新可能会改变等离子体激励(a = 1)和不激励(a = 0)之间的相对重要程度。表 6.2(I_ϕ = 246)第三列中列出的最终控制律为仅在 0.2 ≤ U_h/U_∞ ≤ 0.6 或 0.7 ≤ U_h/U_∞ ≤ 0.9 时才开启等离子体激励。

表 6.2 最终 Q 表及控制律

s_i	$\tilde{Q}(s_i, a)\|_{a=0}$	$\tilde{Q}(s_i, a)\|_{a=1}$	argmax $\tilde{Q}(s, a)$
s_i = 0	1.54	-0.37	0
s_i = 1	7.87	7.74	0
s_i = 2	8.31	8.74	1
s_i = 3	9.02	9.11	1
s_i = 4	9.67	9.85	1
s_i = 5	10.27	10.42	1
s_i = 6	10.94	10.75	0
s_i = 7	11.34	11.42	1
s_i = 8	11.65	12.11	1
s_i = 9	12.66	12.03	0

图 6.30(a)与(b)比较了基准条件和 Q - learning 控制下得到的状态转移概率图。总的来说，两种案例下概率图较为相似。数值最低的状态 $s_i = 0$ 趋向于向右转变到 $s_i = 1$。相反，数值最高的状态 $s_i = 9$ 倾向于保持不变，而不是向左转变到其他状态。对于大多数其他状态，保持不变或转变到较低状态的概率远高于向右转变到较高状态的概率(例如，$s_i = 2, 3$)。而从图 6.30(c)所示的转变概率(即激励值减去基准值)之差可以最好地解释 Q - learning 控制的效果。具体而言，与基准条件相比，Q - learning 显著地提高了向更高状态转变的概率，而保持不变或向左转变的概率降低。从转变概率图的这种变化可以看出，Q - learning 控制将更多地转变到更高的状态，从而在时间平均意义上产生更高的热线速度和更小的流动分离区。

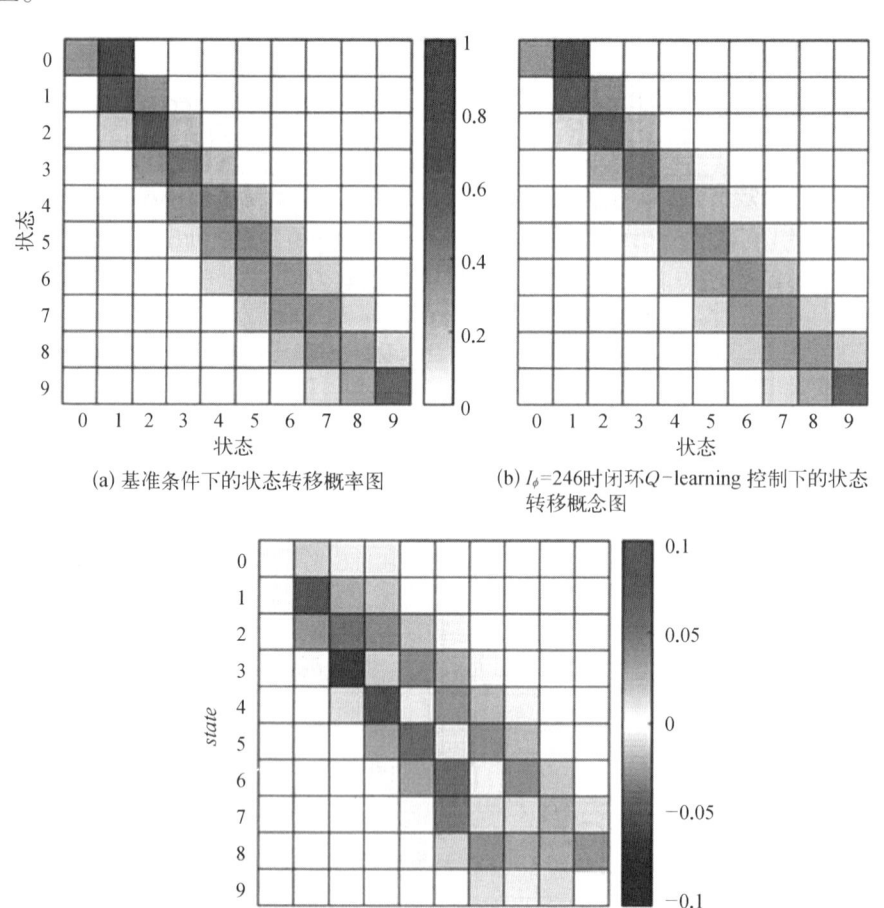

(a) 基准条件下的状态转移概率图

(b) $I_\phi=246$ 时闭环 Q - learning 控制下的状态转移概念图

(c) Q - learning 控制引起的状态转移概率变化图

图 6.30 不同条件下的状态转移概率图 6.30

可以根据400 s内测得的瞬时热线速度确定功率谱密度(power spectral density，PSD)函数。为了消除谱估计中的随机误差，将一个完整数据集均匀分割为100个数据段(持续时间为4 s)，并对所有数据段的频谱进行平均。通过降低频率分辨率来换取更高的频谱精度。

图6.31显示了基准和Q-learning情况下的预乘PSD，其中，St表示斯特劳哈尔数。可以看出，大部分的流向速度脉动都是在3 Hz<f<75 Hz(0.04<St<1)的频段产生的。通过Q-learning控制，频谱得到了整体提升，同时可以在f=8.5 Hz(St=0.11)处得到一个主导峰。由于横轴f用对数表示，曲线下方面积为雷诺法向应力($\langle u'u' \rangle$)，以来流速度作为无量纲化的参考标准，基准条件下无量纲雷诺应力($\langle u'u' \rangle/U_\infty^2$)为0.026，$Q$-learning控制下为0.038，较之基准增加了48%。这一观察结果与本书著者团队[30]先前的PIV结果一致，PSJAs通过增强剪切层的动量交换来抑制流动分离。

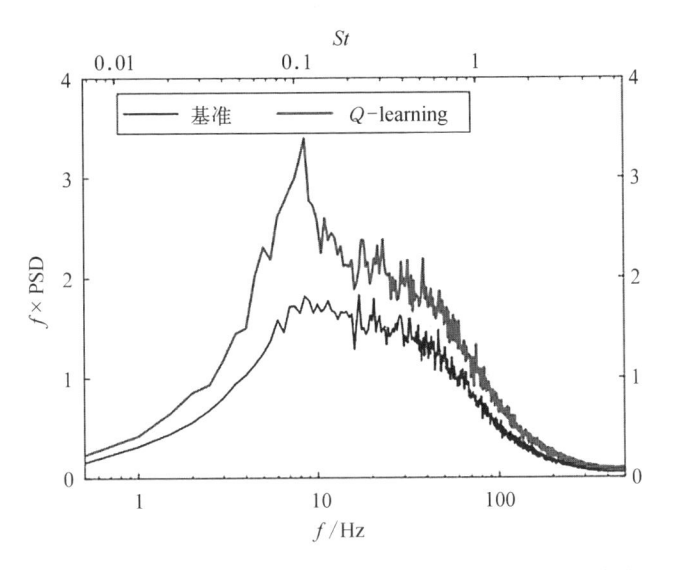

图6.31 基准与Q-learning控制情况下的预乘功率谱密度

3. 通过增加状态传感器和引入惩罚项来提高性能

在以上研究中，虽然Q-learning的性能在相对减阻大小和学习效率方面是可信的，但是没有得到收敛的控制律，也没有考虑控制成本。在本节的目标是通过增加状态传感器的数量和为每次等离子体激励增加惩罚来提高Q-learning的性能。

控制律不收敛可能与只使用了一个状态传感器有关。仅根据热线提供的有限信息，控制器很难预测环境的下一步变化。也就是说，我们应该提供更多的流场信息，以便控制器做出明智的决策。实际上，Rebault等[34]进行的数值研究使用了多达151个探针来研究Re=100的简单圆柱绕流问题，结果表明，RL实现的减阻幅度随着探针数量的增加而增加。因此,提高 Q - learning 性能的一个直接方法是增加更多的状态传感器。

本研究中配置了一个虚拟的"加速度计"传感器,它提供了一个额外的瞬时热线速度(相当于流动分离区域)的变化趋势信息。假定该传感器的输出为具有五个级别的离散加速度(表示为 δ_a)。实验中可直接由当前时间步与前一个时间步的热线速度的差值得到 δ_a,如下:

$$\delta_a(t_i) = \min\left(\max\left(\text{round}\left(\frac{U_h(t_i) - U_h(t_{i-1})}{0.05 \cdot U_\infty}\right), -2\right), 2\right) \quad (6.17)$$

上式中使用一个适当的比例因子 $0.05U_\infty$ 对速度差值无量纲化,使 $\delta_a(t_i)$ 在 $-2 \sim 2$ 的范围内。$\delta_a(t_i)$ 不同的数值表示如下: -2 表示快速下降,11 表示缓慢下降,0 表示保持不变,1 表示缓慢上升,2 表示快速上升。

两个离散的状态传感器(速度和加速度)构成了一个二维矩阵: $s = [\delta_U, \delta_a]$。这个二维状态矩阵(维数: 10×5)在 Q - learning 中被转化成一个包含 50 个元素的一维数组,这样速度和加速度信息都被整合到一个状态变量中。这种转换是通过下面的公式实现的:

$$s_i = 5 \times \delta_U(t_i) + \delta_a(t_i) + 2 \quad (6.18)$$

其中新的状态变量有 50 个离散级别(0 - 49)。级别增加的直接结果是控制律变成了一个 50 位的逻辑数组,对应于 $0 \sim 2^{50}-1$ 的整数,参见式(6.16)。

为了平衡激励器的能量消耗和阻力减少节省的能量,应该考虑等离子体激励的成本。在 Q - learning 中,这是通过在即时奖励的原始表达式中增加一个惩罚项来实现的,参见式(6.13),如下:

$$r_i = \frac{U_h(t_i) - \overline{U_{h,BL}}}{U_\infty} - \kappa a_i \quad (6.19)$$

其中,κ 是惩罚强度。随着 κ 的增加,强化学习智能体变得更加谨慎,只有在预期会收到大量奖励时才采取行动。一方面,惩罚的设置可以防止等离子体激励一直开启,有利于提高能量节省比;但是另一方面,惩罚过大可能会导致控制器变得保守,总是保持激励关闭,害怕被错误的行为惩罚。

Q - learning 的惩罚强度设置了七个级别($\kappa = 0$、0.01、0.02、0.05、0.1、0.2、0.5),分别对应于没有惩罚、惩罚较弱和惩罚较强。控制律的收敛过程如图 6.32 所示。与图 6.29 中控制律难以稳定的情况不同,在将虚拟加速度作为状态传感器后,所有案例下控制律都可以快速收敛。具体来说,在 $t \leq 50 \text{ s}$ 的初始学习阶段,I_ϕ 不断振荡。而随着学习的进行,控制律逐渐稳定。I_ϕ 保持不变之后的时间(即学习时间)范围在 $\kappa = 0.05$ 的案例下约为 $t = 70$ s,在 $\kappa = 0.02$ 的案例下约为 $t = 160$ s。结果表明,状态传感器的数量不仅影响 Q - learning 的平均收益,而且影响控制律的收敛速度。

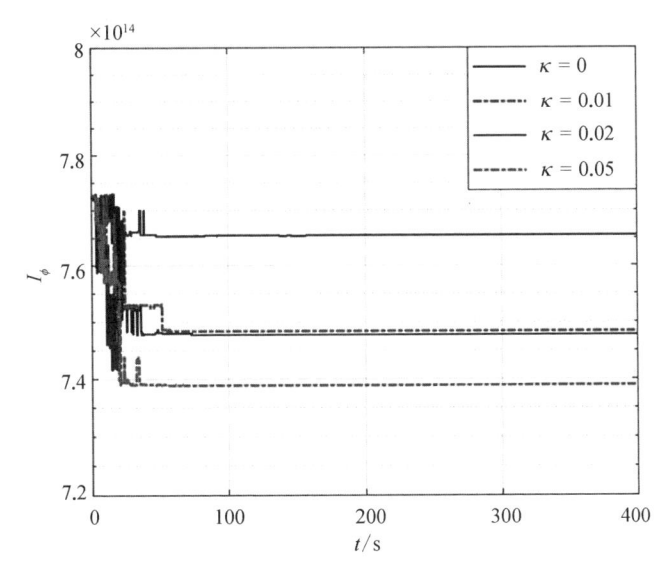

图 6.32 将虚拟加速度作为状态变量后控制律的收敛过程

在不同惩罚强度下得到的最终控制律可以用二维矩阵表示,δ_U 和 δ_a 分别表示二维矩阵的行和列。如图 6.33 所示,其中,白色表示 $a = 0$,即 PSJ 激励处于关闭状态,灰色表示 $a = 1$,即 PSJ 激励处于开启状态。随着惩罚强度的增加,激励状态的数量单调减少。将激励状态数除以总状态数,可以得到一个无量纲激励比 ψ,其范围从 $\kappa = 0$ 时的 0.44 到 $\kappa = 0.5$ 时的 0.04。在 1 s 内发出的合成射流脉冲数 N_p 可由控制回路频率与激励比的乘积估算,即 $N_p \approx F_c \times \psi$。因此,激励器的平均功耗 ($N_p \times E_d$) 随着惩罚强度的增加而急剧下降。

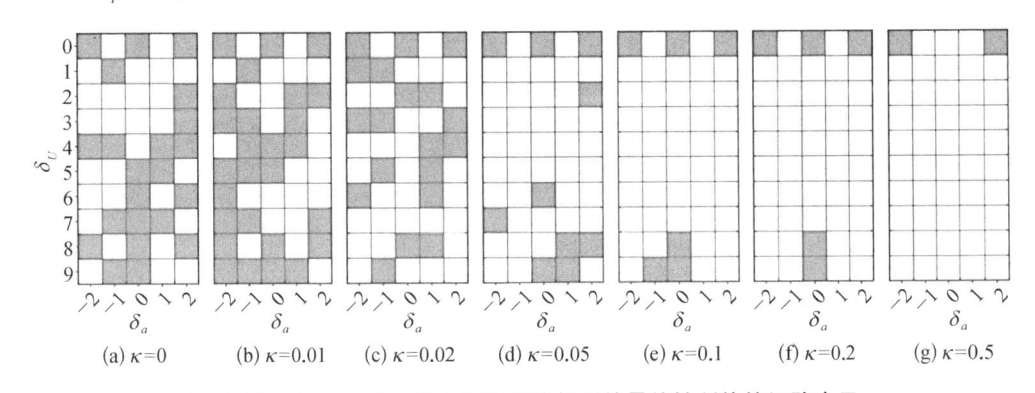

(a) $\kappa=0$ (b) $\kappa=0.01$ (c) $\kappa=0.02$ (d) $\kappa=0.05$ (e) $\kappa=0.1$ (f) $\kappa=0.2$ (g) $\kappa=0.5$

图 6.33 Q - learning 增大惩罚强度得到的最终控制律的矩阵表示

为了解释这些控制律,在基准条件下得到的状态概率图如图 6.34(a)所示。显然,离散速度 δ_U 大多为 1~5。$\delta_U = 0$ 对应于热线测量到极低速度的罕见事件(发生概率为 0.08%)。同样,$\delta_U \geq 8$ 的状态出现的概率也可以忽略不计(1.4%)。因此可以得出结论:在 $\kappa = 0.1$、0.2、0.5 时得到的最终控制律基本上是一种完全关闭的控制策略,参见图 6.33(e)~(g)。在这些情况下,所有激励状态都位于第一行和最后两行,这些属于罕见事件。由于它们的 Q 值在 Q-learning 中没有彻底更新,因此控制器在这些状态下的动作是不可信的,只有 $0 \leq \delta_U \leq 7$ 内的控制策略是可信的,但是在这个区间内,图 6.33(e)~(g)所示的控制策略基本上是相同的:都是全部关闭,因为惩罚强度已经超过了图 6.28 所示的长期平均奖励。

图 6.34(b)显示了在 $\kappa = 0$ 时 Q-learning 控制得到的状态概率图,在图中可以观察到与基准条件相似的概率分布。为了凸显控制效果,图 6.34(c)进一步绘制了激励图与基准图之间的差异。可以看出,Q-learning 控制可以显著地降低低速状态($\delta_U = 1$ 或 2)发生的概率,同时提高高速状态($\delta_U \geq 4$)的发生概率,特别是 $\delta_U \geq 8$ 的罕见事件的发生概率从 1.4% 提高到 5.4%。从这些变化中可以看出,Q-learning 控制增加了平均的热线速度,从而减少了流动分离。

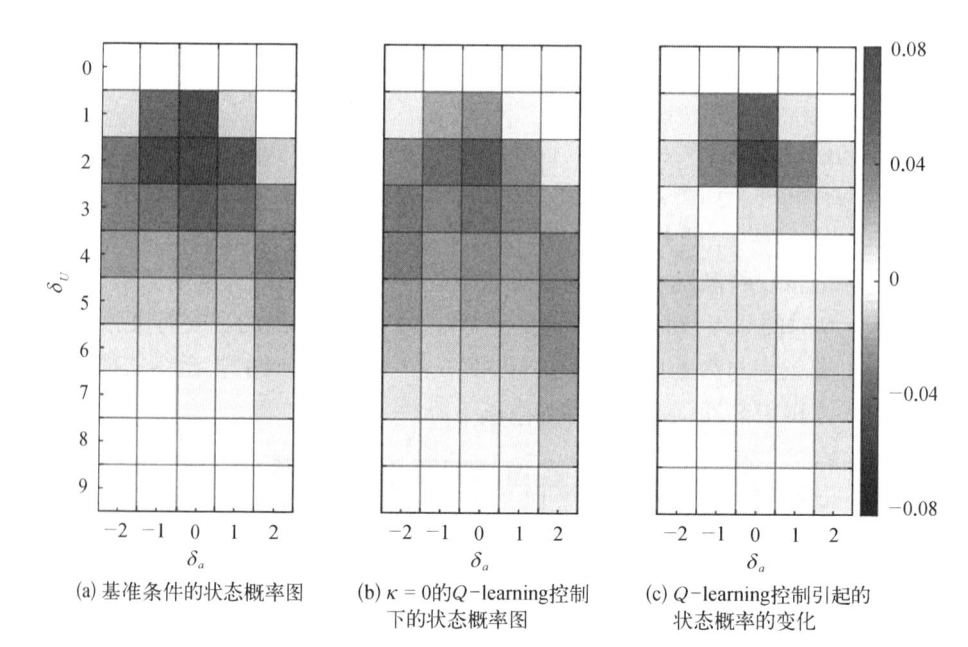

(a) 基准条件的状态概率图　(b) $\kappa = 0$ 的 Q-learning 控制下的状态概率图　(c) Q-learning 控制引起的状态概率的变化

图 6.34　不同条件下的状态概率图

不同惩罚强度因子下 Q-learning 控制得到的相对减阻幅度和能量节省比如图 6.35 所示。在 $\kappa = 0$ 处达到的最大减阻量为 10.2%,甚至高于 $F^* = 4$ 时的最佳开环控制情况(9.6%),参见图 6.24(a)。回顾图 6.33(a)所示的最终控制律,激

励状态大多出现在 $\kappa=0$ 的置信区间的对角线以下。随着 κ 值的增大,减阻幅度单调减小,因为智能体变得更加谨慎,等离子体射流的发射频率更低。与 $\overline{\Delta C_d}$ 相比,随着惩罚强度的增加,能量节省比先升高后降低,在中等惩罚强度为 0.005 时达到峰值。与开环控制得到的值 0.16 相比,能量节省比(0.26)显著地提高了 62.5%。因此,通过在即时奖励表达式中引入惩罚项,Q-learning 可以有效地考虑激励器功耗问题,将阻力最小化问题转化为节能最大化问题。

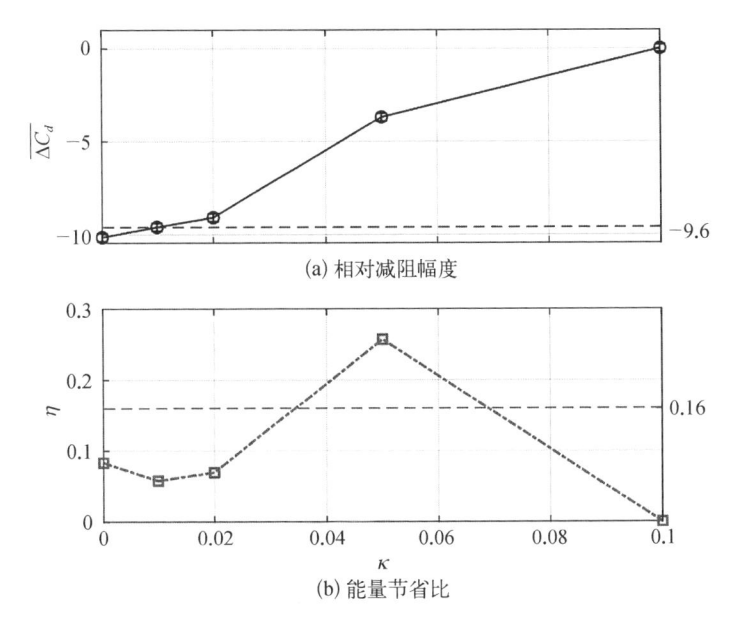

图 6.35 不同惩罚强度因子下 Q-learning 控制得到的相对减阻幅度和能量节省比

6.3.4 调控机理分析

在前两节中,主要从积分性能指标($\overline{\Delta C_d}$ 和 η)的角度比较了不同的控制策略。基于这两种策略得出结论,采用适当的状态传感器和惩罚强度的闭环 Q-learning 控制不仅在最优搜索速度方面优于定频开环控制,而且在最终指标方面也优于定频开环控制。本节以热线和 PIV 测得的速度数据为基础,分析不同策略控制的流场是否存在差异。选取定频开环控制和 Q-learning 控制中减阻效果最好的两种情况,即 $F^*=4$ 和 $\kappa=0$ 作为代表进行比较。

图 6.36 为不同案例下热线速度的概率密度分布,记为 $p(U_h)$。在形态上,这些分布与统计学中经典的 χ^2 分布非常相似,即在原点附近有一个突出的峰,而顶峰之后是一条长尾。在基准条件下,最大概率发生在 $U_h=3.2$ m/s,与 $\delta_U=2$ 的离散速度水平相对应,与图 6.34(a)所示一致。等离子体激励开启后,整个分布变平并

向右明显位移。定频开环控制和 Q-learning 控制之间的差别很小。在这两种案例下,热线速度的平均值和标准差相对于基准都有所增加,表明在测量位置有更多的掺混。

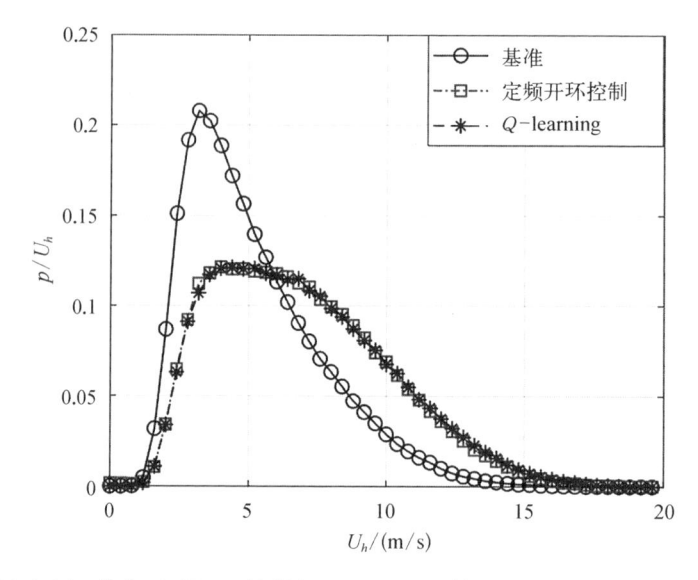

图 6.36 基准、定频开环控制和 Q-learning 控制下速度概率密度分布

采用本征正交分解(proper orthogonal decomposition,POD)方法识别引起湍流脉动的主要流动结构。该方法的详细说明参见 Sirovich[35] 和 Berkoozx 等[36] 的研

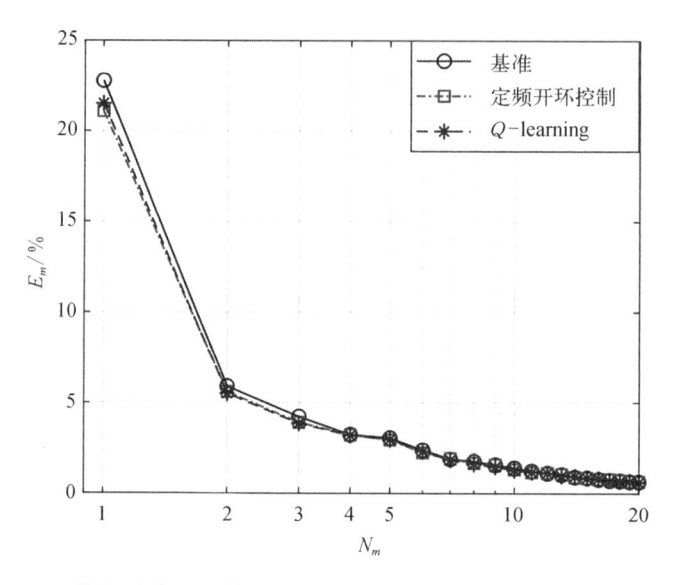

图 6.37 基准、定频开环控制和 Q-learning 控制下 POD 模态能量分布

究。图 6.37 为基准和激励情况下的模态能量分布(用 E_m 表示)。其中,第一模态对湍流总动能的贡献超过 20%。同时,与射流/来流相互干扰[37]和圆柱尾流[38]不同,本书的模态分布没有发现与模态 1 能量占比相当的共轭模态。随着模态数 N_m 的增加,E_m 在 $N_m = 2$ 处急剧下降至 6%,之后模态能量呈现稳定的缓慢下降。与基准条件相比,主动流动控制下前三个模态的总能量减少了约 3%。而 $4 \leqslant N_m \leqslant 2$ 内的更高阶模态的能量占比几乎保持不变。

基于速度场获得的前四阶 POD 模态如图 6.38 所示,其中,从上到下四行分别对应模态 1~4。流向速度分量和面内速度矢量分别用云图和箭头表示,热线测量位置用黄色圆圈表示。显然,基准条件和激励条件的第一和第二模态大致相同。通过对最高或最低模态系数的瞬时速度场进行条件平均,可将一阶 POD 模态的物

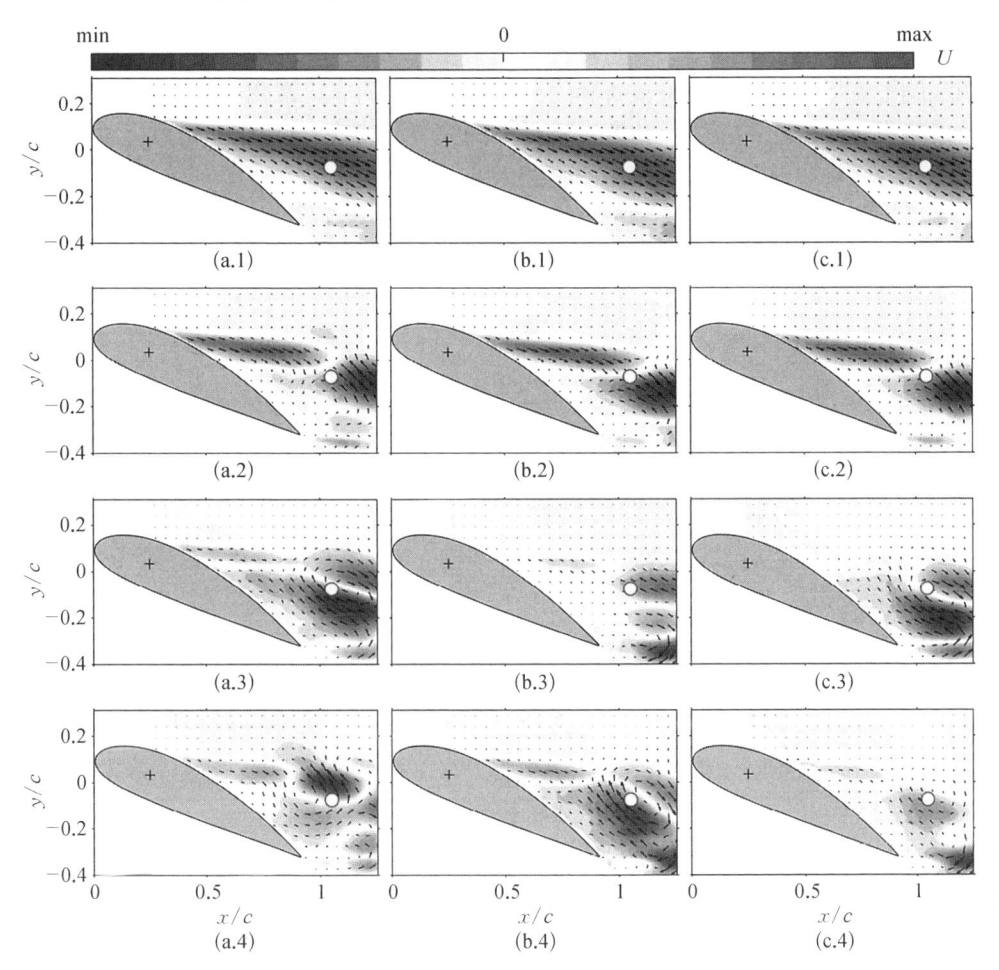

图 6.38 基于速度场的 POD 模态

(a) 基准;(b) 定频控制;(c) Q - learning 控制

理意义解释为分离剪切层的非定常摆动,即流动分离区会像肺部呼吸一样增大和减小,在时均分离线附近(即图 6.38 中第一行的红色区域)产生强烈的速度脉动。由此类推,二阶 POD 模态表示分离剪切层的一阶弯曲运动。在平均流动中加入该模态会导致剪切层的上游部分更靠近吸力侧,而下游部分向上倾斜。基准条件和 Q-learning 控制下的三阶 POD 模态本质上代表了非定常涡的脱落过程,参见图 6.38(a.3) 和 (c.3)。具体来说,由于开尔文-亥姆霍兹不稳定性,存在于分离剪切层中的旋涡自然卷起形成一个集中涡,在向下游传播过程中,旋涡变大,进入尾流区。在 $F^* = 4$ 的定频控制下,这种旋涡脱落过程表现在第四阶模态中,说明高频等离子体激励在一定程度上中断了自然旋涡脱落过程。这一猜想在本书著者团队[30]的 PIV 结果中得到验证,其中,高频等离子体射流将分离剪切层切割成小块,阻止了大规模集中涡的形成。在图 6.38(b.3) 中,波动主要出现在 $x/c \geqslant 1$ 的尾流区。从平均流中增加或减小该模态将导致翼型尾迹宽度的扩大或缩小。因此,定频激励下流场的三阶模态可被解释为翼型尾迹宽度的非定常变化。基准条件下的第四阶模态[图 6.38(a.4)]与激励条件下的第五阶模态(未示出)相对应,反映了一个包含涡旋脱落和剪切层摆动的复杂运动。

6.4 超声速激波/边界层干扰诱导流动分离

6.4.1 实验装置

1. 激励器和放电电路

本实验在代尔夫特理工大学 ST-15 风洞中进行。ST-15 风洞是装配刚性壁喷管的超声速风洞。在 150 mm(宽度)×160 mm(高度)的实验段中使用可更换的拉瓦尔喷管组可获得马赫数 1.5、2 或 3。高压空气存储在 300 m³ 的压力容器中,在需要重新充气之前,风洞总运行时间约为 18 min。本研究采用马赫数为 2 的喷管,并在实验段底部壁面的上表面加装一个金属薄衬垫(最大厚度为 10 mm,材料为铝),以产生容纳激励器腔体所需要的空间,并避免破坏原始的喷管[图 6.39(a)]。垫片的前缘被磨尖并平滑地附着在喷管的扩张段,以最大限度地减少由于喷管轮廓不连续而产生的弱冲击波。这种改装导致喷管稍微不对称,并且减小了实验段截面的面积。由于喉道与出口面积比的减小,改装后实验段的实际马赫数(根据 PIV 结果计算 $M_\infty \approx 1.86$)低于标准马赫数 2。

图 6.39(a) 展示了实验段的结构(未按比例),图中 SG 为激波发生器,FOV 为 PIV 测量中的视场,x_A 和 x_B 分别表示平板前后缘的位置,x_I 是壁面上的非黏性冲击位置。斜激波是由一个宽度为 120 mm、向下倾斜角为 8.8° 的楔块与底部壁面上形成的湍流边界层相互作用产生的。由自由流速度($U_\infty = 486$ m/s)的 99% 确定未扰动边界层,厚度 $\delta_{99} \approx 6.3$ mm。以自由流速度作为参考速度,单位长度雷诺数为

$Re_L = 4.4 \times 10^7/\text{m}$。等离子体合成射流激励器阵列的设计与翼型分离控制类似（图6.1），由多个圆柱形腔和陶瓷玻璃（MACOR）制成的平板顶盖组成。这些部件可以紧密地安装在垫片的其余部分上，从而形成一个完整的平面。激励器腔体内径为6 mm，高度为4 mm，腔体体积为113 mm^3。本书中腔体体积较小，是为了获得较高的无量纲能量沉积，从而获得与自由流速度相当的峰值射流速度。两根钨针从两侧插入激励器腔内，分别作为阳极和阴极。如图6.39（b）所示，平板在展向、流向和壁面法向上的尺寸分别为150×100×3 mm^3。在壁面非黏性冲击位置 x_I 上游42.4 mm处（$6.7\delta_{99}$），垂直于壁面钻出一排5个圆形孔。这些等离子体合成射流的出口孔径和间距分别为 $D = 2$ mm 和 $s_a = 15$ mm。在位于中间的出口孔的中心设置一个坐标系，x、y、z 轴分别沿流向、壁面法向和展向。

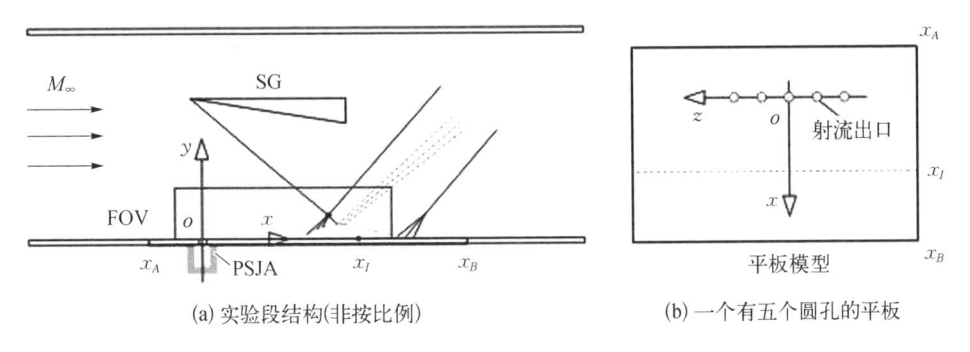

(a) 实验段结构（非按比例） (b) 一个有五个圆孔的平板

图6.39 实验设置与激励器布局

在本书中，采用2.3.2节中所提出的多路放电电路（图2.5）对等离子体合成射流激励阵列进行供电。所有气隙固定为2 mm，C_1 的电容和初始电压分别设置为 $C_1 = 0.1$ μF 和 $V_1 = 2.5$ kV。根据式（3.1），确定无量纲能量沉积为 $\varepsilon = 7.7$。

2. 纹影和PIV系统

纹影成像用于定性诊断SWBLI对等离子体激励的动态响应。Z形纹影系统的基础知识已在2.4.2节中详细介绍，在此不再重复。刀口沿壁面法向方向，用来可视化流向密度梯度。纹影图像（分辨率为512像素×256像素）由高速相机（Photron，FastCam SA-1）在40 kHz采样频率下以锁相模式获得。在放电频率为10 Hz的情况下，每个相位采集80个样本进行统计平均操作。

高速PIV测量是在展向平面（yoz 平面）中间进行的。PIV系统由两个高速相机（Photron，FastCam SA-1），一个高速激光器（Quantronix，Darwin Duo 527-80-M）和一个可编程定时单元（LaVision，高速控制器）组成。DEHS颗粒由气溶胶发生器（PivPart 45，PIVTEC）产生，并通过粒子散播装置进一步引入风洞的稳压腔。激光束从激光头发射，通过内部导光臂传送到测试部分。导光臂中配置了一组圆柱形透镜和一组球形透镜，将圆形激光束变成薄激光片（厚度为1 mm），这个薄激光片严格通过中间出口孔的中心[图6.39(b)]。每个相机都安装了一个200 mm 焦距的物镜(Nikon, Micro Nikkor),在传感器上成像 $3\delta_{99} \times 6\delta_{99}$ 的视场(FOV)(分辨率为 1024 像素×512 像素)。这两个视图具有约 10 mm 的重叠,它们沿流向缝合,并使用 DaVis 8.3.1 对图像进行记录和处理,最终通过的问询窗大小和重叠率分别设置为 48 像素×48 像素和 75%,空间分辨率为 0.47 mm 每速度矢量。为最大限度地提高壁面法向的空间分辨率,问询窗的加权函数选择为椭圆。

PIV 系统工作在双帧模式下,激光时间间隔为 2 μs,最大粒子位移为 26 像素。利用 PIV 系统测试了能量沉积恒定,不同放电频率下(f_d = 0 Hz、100 Hz、500 Hz、1 000 Hz)的四个案例。在每个案例下以 5 100 Hz 的采样率获得了 5 400 组图像对的长序列,得到统计收敛的平均速度分量和脉动速度分量。值得注意的是,虽然数据集是在高频下获得的,但由于粒子散播装置的间歇性,在时间序列中丢失了大量的速度矢量(高达 30%),因此无法进行频域分析(例如傅里叶变换)。

6.4.2 锁相平均纹影结果

图 6.40(a)和(b)为基准和放电击穿后 50 μs 的锁相平均纹影图像,其中,G 表示图像灰度,从图 6.40(b)中提取的入射和反射激波用蓝色实线表示。边界层在入射激波引起的强烈压力梯度下产生流动分离,并使入射激波明显远离壁面。在分离泡的上游,几个微弱压缩波合并成一个反射激波,并与入射激波相交。这种情况可以用自由相互作用理论[39]来解释,因为初始流动分离产生的压力增量[1.79,见式(6.20)]远低于入射-反射激波系所产生的压力增量(2.44)。在此基于相似条件下湍流边界层的测量结果[40],设置参考摩擦系数 $c_f = 1.9 \times 10^{-3}$。

$$\frac{P_1}{P_0} = 1 + 6\frac{\gamma}{2}M_0^2 \sqrt{\frac{2C_{f_0}}{(M_0^2-1)^{1/2}}} \tag{6.20}$$

在放电击穿后 50 μs,高速射流从出口孔射出,在上游形成弓形激波,这与文献[41]~[43]的观察结果一致。弓形激波是由于流动停滞导致射流迎风侧压力升高而产生的[44],发展到下游时其角度减小,最小的激波角约为 32°,与理论的马赫角基本一致。在射流后期,为了强调等离子体激励引起的相互作用区域的相对变化,首先从射流激励的图像[图 6.40(b)]中减去基准 SWBLI[图 6.40(a)],并将灰度差 ΔG 绘制为图 6.40(c)~(h)中的云图。在 $t = 50$ μs 和 $t = 100$ μs 之间,从出口孔射出的流体被限制在湍流边界层中,向下游的干扰区对流。在 $x/\delta_{99} \approx 3$ 的流向位置,扰动到达分离区,并与分离剪切层相互作用。根据剪切层的灰度变化规律,推测分离区在 $t = 100$ μs 时开始向下游运动(即蓝色在红色之前),然后在 $t = 200 \sim 300$ μs 向上游恢复(即红色在蓝色之前)。此外,当射流诱导激波穿过入射激波时[图 6.40(f)和(g)],观察到反射激波向上游运动,这与文献[45]的观察结果非常

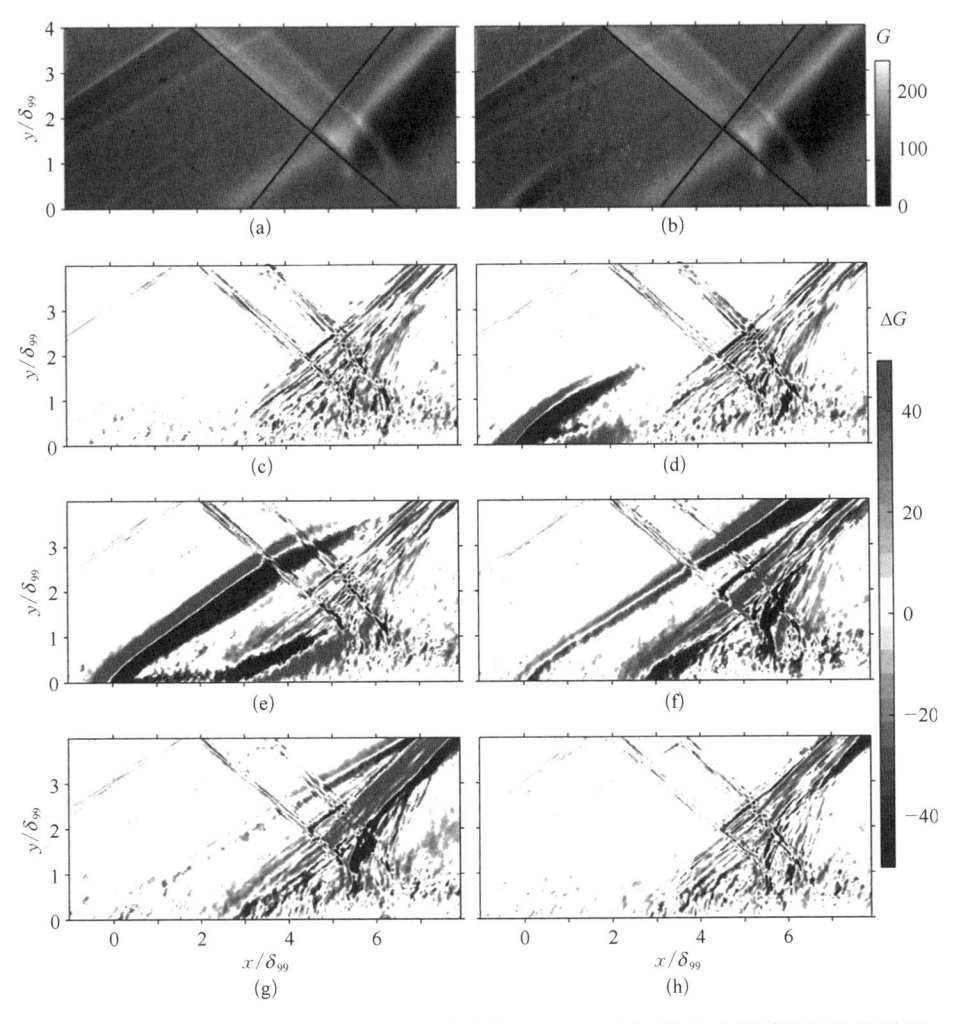

图 6.40 （a）与（b）基准条件（左侧）和放电击穿后 50 μs（右侧）的典型锁相平均纹影图像；（c）~（h） $t=0$ μs、50 μs、100 μs、200 μs、300 μs、400 μs 时，激励和基准条件锁相平均灰度差云图

吻合。这是由于反射激波上游的局部马赫数略有下降。$t=500$ μs 后，灰度变化可以忽略不计，PSJ 的作用结束。

6.4.3　PIV 测量结果与分析

图 6.41 为不同放电频率下的锁相平均 PIV 结果，黑色的虚线为声速线。每个案例下的入射和反射激波用蓝色实线表示。这两个激波在基准条件下与壁面的交点表示为 x_F 和 x_I。U_{xy} 表示面内速度分量的和，$U_{xy}=(U_x^2+U_y^2)^{1/2}$。从壁面法向速度脉动[图 6.43（b）]中可以看出入射和反射激波向远离壁面方向运动，两个

交点(x_F和x_I)之间的距离设为相互作用长度L_I。使用未受扰动的干扰长度(L_I = 22.7 mm)与自由流速度(U_∞ = 486 m/s)作为参考长度和参考速度,可以得到无量纲放电频率(斯特劳哈尔数),即$F^* = f_d U_\infty / L_I$。对于所有测试案例,在时均速度场中都没有观察到逆向流动。等离子体激励的影响虽然不像斜坡涡流发生器那样突出[38],但仍然可以通过比较声速线和干扰区的速度曲线来证实。与基准条件($F^* = 0$)相比,声速线的最靠上的位置在$F^* = 0.02$时向下移动约$0.2\delta_{99}$,同时最小流向速度U_x从$0.21U_\infty$增加到$0.28U_\infty$。对于其他两种激励情况,声速线略微向下游移动$0.2\delta_{99}$,最小流向速度保持在$0.24U_\infty$左右。从图中可得出最佳激励频率为$F^* = 0.02$,接近文献[46]中描述的最佳频率$F^* = 0.018$[47]。

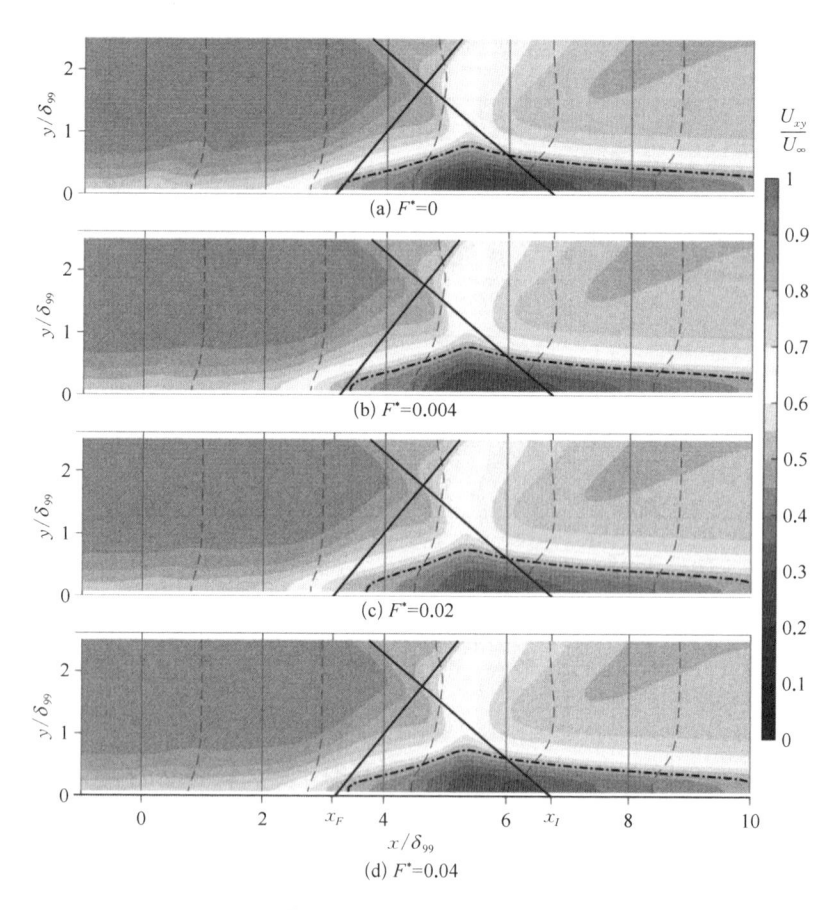

图 6.41 PIV 锁相平均流场

基于平均速度场,用式(5.4)计算不可压缩边界层形状因子H,从最接近壁面的矢量($y = 0.08\delta_{99}$)到视场上限($y = 2.9$)进行积分。图6.42(a)为不同放电频率下边界层形状因子沿流向的变化。由于 PIV 测量的空间分辨率较低,缺少 TBL

速度剖面的底层信息,因此,H 值略低。基准条件下形状因子在 $x/\delta_{99} < 2$ 范围内变化不大,而在干扰区先急剧上升,随后下降。此外,图中原点附近可以观察到一个凸起,对应于射流孔引起的微弱激波(图 6.40)。而在有激励的情况下,在原点附近的凸起高度明显降低,表明由于弱吸力流,PSJ 对射流出口附近流动的影响效果较好,与图 5.35 的观察结果很吻合。此外,在干扰区($3 < x/\delta_{99} < 10$)等离子体激励会使形状因子降低。图 6.42(b)给出了 $x = x_F$(干扰区起始位置)和 $x = 5.7\delta_{99}$(形状因子最大位置)的边界层速度剖面。从图中可看出,在干扰之前 TBL 底层已经被激励,并且在 $F^* = 0.02$ 时的激励效果最好。

(a) 不同激励频率下边界层形状因子的流向变化

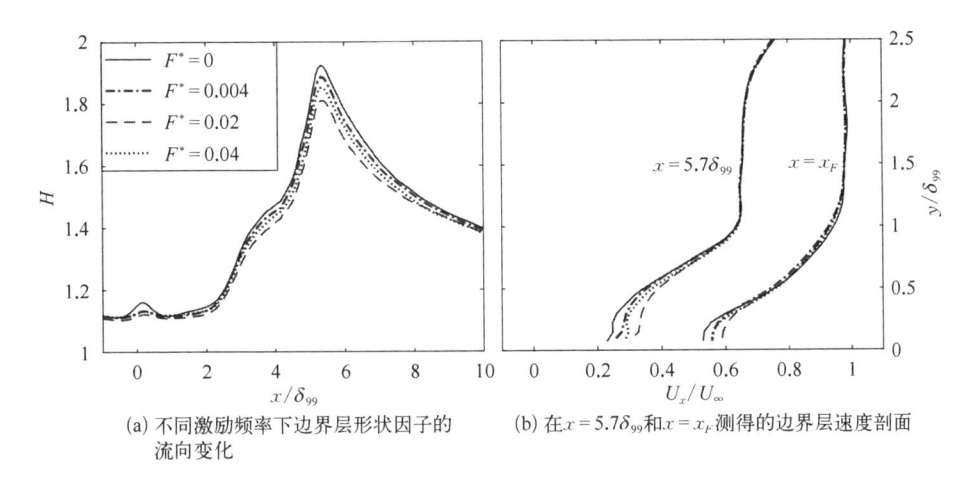

(b) 在 $x = 5.7\delta_{99}$ 和 $x = x_F$ 测得的边界层速度剖面

图 6.42 边界层形状因子和边界层速度剖面

边界层速度剖面的变化与湍动能引起的掺混增强有关。图 6.43(a)与(b)显示了基准条件下平面内速度脉动曲线(u_x, u_y),其中,红色虚线表示 $p_s = 0.05$ 时的曲线。由于本书没有涉及 TBL 的底层($y/\delta_{99} < 0.1$),可用文献[40]中测量的 TBL 摩擦速度($u_\tau = 20.8$ m/s)进行无量纲化。高强度的速度脉动($u_x/u_\tau > 4$)主要存在于干扰区内,特别是在声速线内。相比之下,壁面法向速度分量在干扰区、入射激波和反射激波附近均有明显的脉动,且脉动强度远高于来流边界,这可能与分离泡的低频不稳定性有关,而分离泡的大小和流向位置每次实验均会有差异[47]。此外,u_x/u_τ 的峰值约为 u_y/u_τ 峰值的 3 倍,这与文献[48]的观测结果一致。

为了表明等离子体激励对速度脉动的影响,平面内 TKE 按 $k_{xy} = 0.5(u_x^2 + u_y^2)$ 计算,k_{xy} 在每个流向位置的峰值如图 6.43 所示,其中,两条灰线表示基准条件下声速线的流向范围。在所有测试案例下,k_{xy}/u_τ^2 都呈现出非单调变化,与图 6.42 所示的边界层形状因子的趋势是相似的。而当施加等离子体激励后,由于上游干扰区长度减小,TKE 曲线的上升沿向下游移动。干扰的时延和干扰区 TKE 峰值的升高共同表明,等离子体激励显著地增强了上游干扰区($3 < x/\delta_{99} < 5$)的混合,

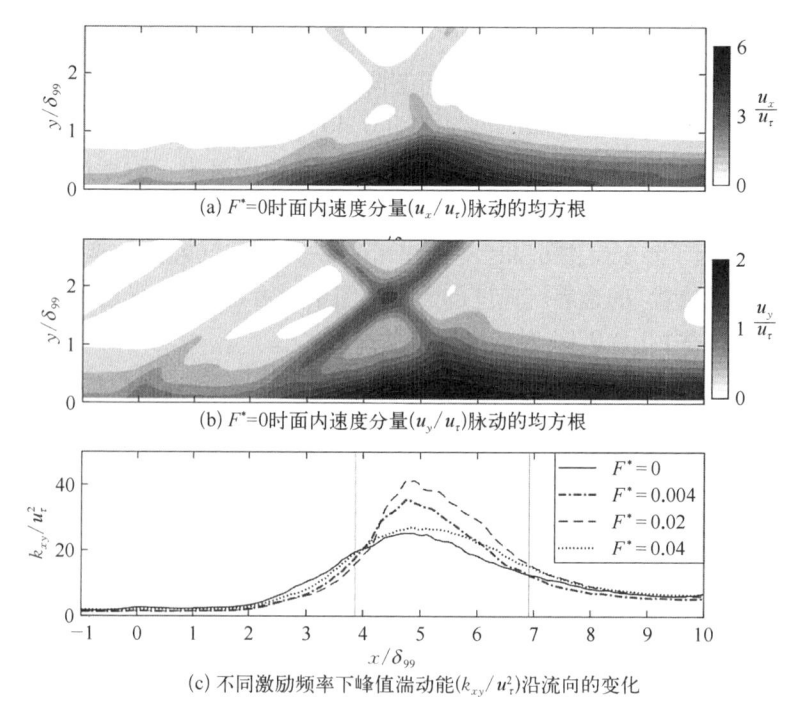

图 6.43 速度分量脉动的均方根和峰值湍动能

这与图 6.40(e)的观察结果一致。干扰区上游产生的等离子体合成射流是促进掺混的扰动来源。一方面,这些扰动产生了一个更饱满的湍流边界层,可以在下游继续保持附着。另一方面,这些周期性扰动被上游相互作用区的分离剪切层放大,提高了 TKE 峰值,有利于流动再附。由图 6.43 可知,分离剪切层的感受频带为 $0.004 \leqslant F^* \leqslant 0.02$。

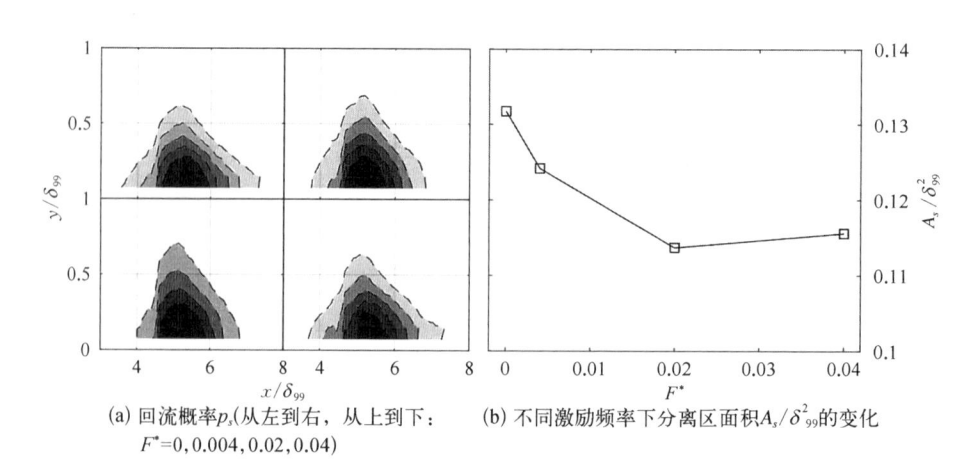

图 6.44 回流概率及分离区面积

尽管在时均速度场中没有观察到分离区（图6.41），但瞬时流场频繁出现回流现象。回流概率定义为一个时间序列中负流向速度的百分比。图6.44为所有测试案例下的回流概率$[p_s(x,y)]$等值线，其中，p_s等值线以0.03的间隔向内增大。在基准条件下，p_s的峰值为0.22，回流区域的流向范围大致受入射和反射激波的两个交点$(x_F, x_I) = (3.1\delta_{99}, 6.7\delta_{99})$的限制。当激励频率为$F^* = 0.004$和$F^* = 0.02$时，流动分离区域相对于基准条件明显缩小，最大分离概率分别降至19%和16%。在$F^* = 0.04$时，最大分离概率也降低了，而分离区域的流向和壁面法向范围与基准条件大致相同。

对整个区域内的分离概率进行积分，即可计算分离区的总面积，即为$A_s = \iint p_s(x,y)\mathrm{d}x\mathrm{d}y$[40]。图6.44(b)展示了不同激励频率下分离区面积A_s/δ_{99}^2的变化，A_s/δ_{99}^2的量级为0.1。随着频率的增加，分离区面积先减小后缓慢增大。$F^* = 0.02$为最佳激励频率，在此频率下分离区面积减少14%。Giepman等[40]的研究表明微斜坡涡流发生器可以控制SWBLI，且分离区面积的减小很大程度上取决于激励位置和斜坡尺寸（即产生旋涡的尺寸）。在最优情况下，时均分离区面积减少87%。而在某种程度上，等离子体合成射流也可以被视为涡流发生器，但这些旋涡的持续时间很短（本书的射流持续时间约为200 μs，见图6.40）。在未来的研究中，应该开展射流速度、位置和持续时间等的参数研究，以最大限度地提高PSJA的控制能力。

6.5 本章小结

本章首先针对"亚声速分离流调控机理"问题：采用PIV、热线等高时空分辨流场测量手段，对不同激励参数下的翼型边界层湍动能、时均速度剖面和升力系数变化进行了系统诊断，揭示了激励控制亚声速边界层流动分离的四大机理：等离子体合成射流诱导的冲击波和脉冲射流作为强扰动，可以直接促使层流边界层转捩；三维涡结构如CVP、FVR、SV等的上扫下洗效应加快了边界层内部掺混，使得速度剖面变得更加饱满；冲击波和脉冲射流作为周期性的扰动源，激发剪切层的K-H不稳定性，诱导产生展向涡，实现分离区的动态重附；激励器的吸气恢复效应移除上游边界层底部的低能流体，提高了边界层抵抗逆压梯度的能力。

后又针对"低速翼型后缘流动分离"问题，通过热线风速仪等实时测量手段，利用Labview和FPGA实现基于Q-learning的闭环控制，提高了最佳控制律的收敛速度，并以较低的激励能量获得了较好的控制效果。最后针对"超声速激波/边界层干扰诱导流动分离"问题，在不同激励频率下进行纹影和PIV测量，得到了抑制分离的最佳激励频率，揭示了等离子体合成射流对超声速SWBLI诱导流动分离的调控原理：等离子体合成射流作为虚拟涡流发生器，可以促进湍流边界层内的掺混，承受更高的逆压梯度；同时，等离子体合成射流产生的周期性扰动向下游干扰区移动，提高了 TKE 水平，有利于再附发生。

参考文献

[1] Amitay M, Smith D R, Kibens V, et al. Aerodynamic flow control over an unconventional airfoil using synthetic jet actuators[J]. AIAA Journal, 2001, 39(3): 361-370.

[2] Zong H H, Kotsonis M. Interaction between plasma synthetic jet and subsonic turbulent boundary layer[J]. Physics of Fluids, 2017, 29(4): 045104.

[3] Lardeau S, Leschziner M A. The interaction of round synthetic jets with a turbulent boundary layer separating from a rounded ramp[J]. Journal of Fluid Mechanics, 2011, 683: 172-211.

[4] Postl D, Balzer W, Fasel H F. Control of laminar separation using pulsed vortex generator jets: Direct numerical simulations[J]. Journal of Fluid Mechanics, 2011, 676: 81-109.

[5] Zong H H, Wu Y, Song H M, et al. Investigation of the performance characteristics of a plasma synthetic jet actuator based on a quantitative Schlieren method[J]. Measurement Science and Technology, 2016, 27(5): 055301.

[6] Zong H H, Kotsonis M. Electro-mechanical efficiency of plasma synthetic jet actuator driven by capacitive discharge[J]. Journal of Physics D-Applied Physics, 2016, 49(45): 455201.

[7] Zong H H, Kotsonis M. Formation, evolution and scaling of plasma synthetic jets[J]. Journal of Fluid Mechanics, 2018, 837: 147-181.

[8] Zong H H. Influence of nondimensional heating volume on efficiency of plasma synthetic jet actuators[J]. AIAA Journal, 2018, 56(5): 2075-2080.

[9] Smy P R, Clements R M, Dale J D, et al. Efficiency and erosion characteristics of plasma-jet igniters[J]. Journal of Physics D-Applied Physics, 1983, 16(5): 783-791.

[10] Zong H H, Wu Y, Li Y H, et al. Analytic model and frequency characteristics of plasma synthetic jet actuator[J]. Physics of Fluids, 2015, 27(2): 027105.

[11] Haack S, Taylor T, Emhoff J, et al. Development of an analytical sparkjet model[C]. Chicago: 5th Flow Control Conference, 2013.

[12] Anderson K V, Knight D D. Plasma jet for flight control[J]. AIAA Journal, 2012, 50(9): 1855-1872.

[13] Zong H H, Kotsonis M. Experimental investigation on frequency characteristics of plasma synthetic jets[J]. Physics of Fluids, 2017, 29(11): 115107.

[14] Chiatto M, de Luca L. Numerical and experimental frequency response of plasma synthetic jet actuators[C]. Grapevine: 55th AIAA Aerospace Sciences Meeting, 2017.

[15] Seifert A, Greenblatt D, Wygnanski I J. Active separation control: An overview of Reynolds and Mach numbers effects[J]. Aerospace Science and Technology, 2004, 8(7): 569-582.

[16] Amitay M, Smith D R, Kibens V, et al. Aerodynamic flow control over an unconventional airfoil using synthetic jet actuators[J]. AIAA Journal, 2001, 39(3): 361-370.

[17] Maskell E C. Theory of the blockage effects on bluff bodies and stalled wings in a closed wind tunnel[J]. Aeronautical Research Council London (United Kingdom), 1963: 3400.

[18] Yarusevych S, Sullivan P E, Kawall J G. On vortex shedding from an airfoil in low-Reynolds-number flows[J]. Journal of fluid mechanics, 2009, 632: 245 - 271.

[19] Sciacchitano A, Wieneke B. PIV uncertainty propagation[J]. Measurement Science and Technology, 2016, 27(8): 084006.

[20] Benard N, Moreau E. Electrical and mechanical characteristics of surface AC dielectric barrier discharge plasma actuators applied to airflow control[J]. Experiments in Fluids, 2014, 55(11): 1846.

[21] Timmer W A. Two-dimensional low-Reynolds number wind tunnel results for airfoil NACA 0018[J]. Wind Eng (UK), 2008, 32(6): 525 - 537.

[22] Post M L, Corke T C. Separation control on high angle of attack airfoil using plasma actuators[J]. AIAA Journal, 2004, 42(11): 2177 - 2184.

[23] Corke T C, Thomas F O. Dynamic stall in pitching airfoils: Aerodynamic damping and compressibility effects[J]. Annual Review of Fluid Mechanics, 2015, 47(1): 479 - 505.

[24] Jukes T N, Choi K S. Long lasting modifications to vortex shedding using a short plasma excitation[J]. Physical Review Letters, 2009, 102(25): 254501.

[25] Giepman R H M, Kotsonis M. On the mechanical efficiency of dielectric barrier discharge plasma actuators[J]. Applied Physics Letters, 2011, 98(22): 221504.

[26] Schlichting H, Gersten K. Boundary-layer theory[M]. Berlin: Springer, 2016.

[27] Simpson R L. Turbulent boundary-layer separation[J]. Annual Review of Fluid Mechanics, 1989, 21: 205 - 234.

[28] Michelis T, Yarusevych S, Kotsonis M. Response of a laminar separation bubble to impulsive forcing[J]. Journal of Fluid Mechanics, 2017, 820: 633 - 666.

[29] Little J, Takashima K, Nishihara M, et al. Separation control with nanosecond-pulse-driven dielectric barrier discharge plasma actuators[J]. AIAA Journal, 2012, 50(2): 350 - 365.

[30] Zong H H, van Pelt T, Kotsonis M. Airfoil flow separation control with plasma synthetic jets at moderate Reynolds number[J]. Experiments in Fluids, 2018, 59(11): 169.

[31] Hultmark M, Smits A J. Temperature corrections for constant temperature and constant current hot-wire anemometers[J]. Measurement Science and Technology, 2010, 21(10): 105404.

[32] Anderson J D. Fundamentals of aerodynamics[M]. New York: McGraw Hill, 2011.

[33] Gili P A, Pastrone D M, Quagliotti F B, et al. Blockage corrections at high angles of attack in a wind-tunnel[J]. Journal of Aircraft, 1990, 27(5): 413 - 417.

[34] Rabault J, Kuchta M, Jensen A, et al. Artificial neural networks trained through deep reinforcement learning discover control strategies for active flow control[J]. Journal of Fluid Mechanics, 2019, 865: 281 - 302.

[35] Sirovich L. Turbulence and the dynamics of coherent structures. 1. coherent structures[J]. Quarterly of Applied Mathematics, 1987, 45(3): 561 - 571.

[36] Berkooz G, Holmes P J, Lumley J L. The proper orthogonal decomposition in the analysis of turbulent flows[J]. Annual Review of Fluid Mechanics, 2003, 25(1): 539 - 575.

[37] Meyer K E, Pedersen J M, Özcan O. A turbulent jet in crossflow analysed with proper orthogonal decomposition[J]. Journal of Fluid Mechanics, 2007, 583: 199 - 227.

[38] Feng L H, Wang J J, Pan C. Proper orthogonal decomposition analysis of vortex dynamics of a

circular cylinder under synthetic jet control[J]. Physics of Fluids, 2011, 23(1): 014106.
[39] Babinsky H, Harvey J K. Shock wave-boundary-layer interactions [M]. Combridge: Cambridge University Press, 2011.
[40] Giepman R H M, Schrijer F F J, van Oudheusden B W. Flow control of an oblique shock wave reflection with micro-ramp vortex generators: Effects of location and size[J]. Physics of Fluids, 2014, 26(6): 066101.
[41] Emerick T, Ali M Y, Foster C, et al. SparkJet characterizations in quiescent and supersonic flowfields[J]. Experiments in Fluids, 2014, 55(12): 1-21.
[42] Wang H Y, Li J, Jin D, et al. Manipulation of ramp-induced shock wave/boundary layer interaction using a transverse plasma jet array[J]. International Journal of Heat and Fluid Flow, 2017, 67: 133-137.
[43] Zhou Y, Xia Z X, Luo Z B, et al. Effect of three-electrode plasma synthetic jet actuator on shock wave control[J]. Science China-Technological Sciences, 2017, 60(1): 146-152.
[44] Mahesh K. The interaction of jets with crossflow[J]. Annual Review of Fluid Mechanics, 2013, 45: 379-407.
[45] Narayanaswamy V, Raja L L, Clemens N T. Characterization of a high-frequency pulsed-plasma jet actuator for supersonic flow control[J]. AIAA Journal, 2010, 48(2): 297-305.
[46] Greene B R, Clemens N T, Magari P, et al. Control of mean separation in shock boundary layer interaction using pulsed plasma jets[J]. Shock Waves, 2015, 25(5): 495-505.
[47] Clemens N T, Narayanaswamy V. Low-frequency unsteadiness of shock wave/turbulent boundary layer interactions[J]. Annual Review of Fluid Mechanics, 2014, 46(1): 469-492.
[48] van Oudheusden B W, Jöbsis A J P, Scarano F, et al. Investigation of the unsteadiness of a shock-reflection interaction with time-resolved particle image velocimetry[J]. Shock Waves, 2011, 21(5): 397-409.